本书受浙江省哲学社会科学重点研究基地"文化发展创新与文化浙江建设研究中心"资助

Dispersion And Regression

Humanistic Reflection And Contemporary
Orientation of Emotion Research

离异与回归

情感研究的人文反思与当代定向

徐律 著

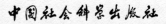
中国社会科学出版社

图书在版编目(CIP)数据

离异与回归：情感研究的人文反思与当代定向／徐律著 . —北京：中国社会科学出版社，2020.9

ISBN 978 - 7 - 5203 - 7036 - 3

Ⅰ.①离…　Ⅱ.①徐…　Ⅲ.①情感—研究　Ⅳ.①B842.6

中国版本图书馆 CIP 数据核字 (2020) 第 158721 号

出 版 人	赵剑英	
责任编辑	马　明	
责任校对	师敏革	
责任印制	王　超	

出　　　版	中国社会科学出版社	
社　　　址	北京鼓楼西大街甲 158 号	
邮　　　编	100720	
网　　　址	http://www.csspw.cn	
发 行 部	010 - 84083685	
门 市 部	010 - 84029450	
经　　　销	新华书店及其他书店	

印　　　刷	北京君升印刷有限公司	
装　　　订	廊坊市广阳区广增装订厂	
版　　　次	2020 年 9 月第 1 版	
印　　　次	2020 年 9 月第 1 次印刷	

开　　　本	710 × 1000　1/16	
印　　　张	16.5	
字　　　数	238 千字	
定　　　价	96.00 元	

摘　　要

　　本书主要围绕西方社会学理论中有关结构线索下情感的理性化研究脉络，通过社会学学科史意义上的知识考古与理论反思方式，展开以日常生活与历史时间两个人文向度上的情感反思与当代定向工作。

　　自 20 世纪 80 年代西方情感社会学诞生以来，人文主义研究视角就没有得到很好的关注，即有关日常生活中人的历史与经验一直受到发源于文艺复兴时代以现代性理性智识为代表的"人类中心论"的遮蔽，这就是生发于早期现代社会指向人之所在的人文主义传统向理性话语转变的过程。进一步地说，对作为以现代性后果自立的社会学，如何将自在的、经验的、历史的人重新纳入情感社会学考察维度，将是本书的主要线索。是故，这就需要一种历史的发展视野来予以把握。追溯人文主义思想脉络，自文艺复兴时期人与经院神学的神本理念分殊开始，人的自我意识觉醒就是布克哈特人文主义旗帜下"人的发现"的一大内涵。从近代哲学理性认识论的发生发展到启蒙时代科学主义将人文主义模塑为唯理性的"人类中心论"为止，人文主义一直受到现代化思潮影响而不断形变。也正如此，社会学在反人文的现代主义学科书写体例——"结构的社会学"中得以证成，继而大有将"人"这一情感栖居与发生存在的多元丰富之维取消之虞。本书正是在思想追溯的基础上，将目光投入社会学经典时期，挖掘与结构社会学相对的、批判的日常生活情感视野。同时，通过审视以吉登斯为代表的晚期现代性理论尝试将寄寓于日常生活的具二阶反思性的历史时间观带入情感研究。最后，借助日常生活经验与历史时间的双重维度对当代情感研究的人文视野予以重塑与定向，这也将为情感社会学理论反思及社会学史中经典人物的重新认知、挖掘提供启示与契机。

本书大体分为三个部分。第一部分即导论，包括本书第一章，就当代情感社会学创立以来的理论范式发展与反思主题进行文献梳理，引出人文主义知识考古对当代情感社会学人文视野下反思工作的必要性。在此基础上，对本书的分析框架、基本概念、研究方法、篇章逻辑进行逐一说明。

第二部分主要包括梳理现代人文主义思潮的历史嬗变过程，并尝试以社会学的"结构"思想谱系为主题，以日常生活及历史时间的双重维度进行人文反思，包括第二章到第四章三个章节的内容。第二章主要为情感社会学进行学科史前史的知识考古。首先，以"人的现代化"即人文主义思潮的发生为背景，通过对早期现代时期文艺复兴运动中基于人与宗教神学本位的关系分离论证，为封闭的自我意识觉醒铺设基础。进一步通过近代哲学认识论及启蒙的科学主义乐观精神，梳理传统人文的理性化转变，这也是人文主义趋向失语并从认识论滑向实证主义方法论的过程。第三章主要是就古典社会学之实证主义传统延沿以来，围绕资本自由主义思潮下实证的结构社会学对人的漠视与非实证的资本主义日常生活批判思想谱系进行双边对话，进而提请出基于永恒无历史时间的、形上日常生活的情感研究取向。第四章则在晚期现代性境遇下，以制度化反思指向的形而下日常生活为阐述空间，从时间社会学角度对吉登斯结构化理论内涵的微分权力关系说及莫扎里斯、阿切尔等学者积分的层级说进行反思与整合，引出前者内涵持具个人的思想局限，继而就情感劳动及情商理论作为具体情感研究议题予以刍议。最终提炼出具"中断性"历史视角的二阶反思路径。以上即从人文主义发展的思想史脉络及社会学经典的反思性解读开始，逐渐触及有关人文反思的——日常生活与历史时间维度的——情感研究议题。

第三部分是对当代情感社会学的反思性研究定向与小结，其中第五章以当代社会的个体化进程为背景，通过埃利亚斯极具人文二阶反思意涵的型构社会学视角，以拒斥帕森斯"过去决定论"及吉登斯"接受性现在"的时间逻辑，重新将个体与社会通过以"中断性"的历史有机形式予以融通。并进一步与当代梅斯特洛维奇所谓后情感主义思想接续，于社会人类学的文明发生视野下反思个体性理性话语在当代的延展，从对情感现代化的拓展性考察重识原来基于情感与行动关联意义的社会学想象力。

目　录

第一章　导论

第一节　研究缘起与问题

人们对情感（emotion）可谓非常熟悉。现如今，在这个贴满"后工业社会""消费社会""信息社会"等诸多时代大写标识的时代，各种纷繁的情感表象可谓甚嚣尘上。

日常生活中，在新兴媒体流的助推下，即时感性的动态资讯推送使我们每天都不断遭遇着各种不同内容的情感刺激。不管身处何方，我们总能够通过多种方式来体验诸如商业文化中的情感呈现。又或者当我们将视野转向密闭的私人空间时，谁又能说自己没有直接或间接地接触过热门的心灵小说、富含正能量的成功学及各类民间宗教循循善诱的"友情推介"？但与此同时，情感对我们来说似乎又是非常陌生、难以捉摸以至难以把控的。不知从何时开始，我们莫名地产生了诸如失望、恐惧、焦虑的情感体验，开始以诉诸即时的、感性的、虚拟的手段来达成自我情感困惑的消解。来自家庭、亲朋好友的安抚告慰开始变得越发琐碎，而更多的是求助于专家及治疗手册的操作程序。或许不是我们不明白，只是这个世界变化太快，对许多人来说情感既熟悉又陌生。

那么，要对越发复杂多样的情感现象及问题进行恰切的社会学考察，就离不开特定视角与立足点。从社会学学科视野上看，如果以 20 世纪 80 年代情感社会学会在美国创立为标识作为对情感的正式探索来看，情感社会学研究也不过 30 年时间，但其涉及的现象问题可谓纷繁复杂。根据肯普尔（Kemper）的划分，从社会学角度研究情感的范式大致分为实证主义与文化建构主义，但实质上，两种研究取向都多少带上了传统狭隘的基于个人—社会、生理—文化等二元色彩的先天论断。也就是说，作为一门分支社会学，情感社会学在诞生之初，也一样不可避免地陷入类似传统社会学以实证主义 vs 建构主义/非实证主义这样的二元范式划分的固囿，两者都试图为寻求客观性因果关系来达成知识上的确认与定论。殊不知，这两大范式进行的是社会学追求自身学科发展时采取的不同的方法论策略，它并没有进一步地对其所追求事物背后的客观性有半点怀疑，认识论问题早被方法论所取代。当我们将目光转向现实发生时，理念应然与现实实然间便出现很大的裂缝。

具体来说，作为情感栖居与发生之所在——日常生活，它本身就以其内含的非线性社会关系纽带与异质经验的相互作用而存在。那么，作为对情感的理性解读，因果分析内含的一个典型机制便是"事后"解释的范型，依据时间的先后，研究者进行观察与测量。在统计学史上，这种对线性因果规律的描述分析内含现象主义的偏狭，个体被以"人口学"的量化方式安顿于"均值人"意象下，继而丧失情感栖居与发生的日常生活之维。并且，从宏观的发展视角来看，理性分析框架同样也不能很好适应历史发展的要求，普遍性规律与极具本质主义色彩的分析注定充满黑格尔口中所谓的"理性的狡计"，由此理性的历史观即将时间观安排在类似"过去决定论"的静态历史框架内。传统理性二元分立本身，即这一理性思维范型的突出表现，也是诸如埃利亚斯型构批判视野下的空中楼阁，随时会被历史洪流推倒。继而，如将人作为具体日常生活与"中断性—变迁性"历史的关联而得以展现其情感存在的话，以上两个维度意义上的理性致盲就是情感社会学研究对人自身维度的忽视。简单说，这便是情感社会学对"以人为本"的人文主义学科失语，人被以二元的理性话语形式所分割了。如何将人文视野下的日常生活与具"中断的"、反思性的历史时间维度重新拉入情感社会学研究，将是我们认知与反思当代情感的基础与前提。那么自然地，为了达致这个目的，日常生活与由时间观所撑张起来的历史将成为不可或缺的视角，因为过去的历史将在现代化越发趋向流动与漂浮特质的境遇下扮演着重要的反思性存在。

作为以研究现代性后果自立的社会学，情感社会学本身就是社会学者回应时代主题变迁产生的，不管其理论抑或经验研究都脱离不了现代化的时代背景。那么，情感社会学的人文主义研究范式及反思问题，其背后必然指向社会学学科史甚至现代思想史的脉络。这也是其创始人霍赫希尔德在其著名的代表作《情感的商业化》中所反复指陈与重申其思想来源的动机之一。那么，从学科思想史的角度反思理性二元话语，自然就成为当代情感社会学重新将身处历史变迁的日常生活中的人纳入研究所必然要求的。

从思想史发展的视野看，促成人文主义之日常与历史维度缺损的原因无疑是理性智识的传统，抑或说是由趋向"人类中心论"的二元理性话语造成的。这种割裂主体与客体的线性话语体系，无疑会将人抛离于具体而微的日常生活与律动的历史之维，以普遍的证成模式拒斥丰富的人文意涵。如以布克哈特对文艺复兴有关"人的发现"之现代化特质的论说来看，人文主义作为个体意识觉醒的思潮，其"人的现代化"内含的正是理性主义精神从本体论层次逐渐侵入对人的本身认知的过程。作为个体向外界展现自我心理活动、思维及情绪表达的存在，情感也将注定在这一西学传统延沿的张力中有极其厚重根深的基础。由此，对以实证主义为主导的社会学来说，以现代人文主义为反思性视野，情感研究的反思工作将会引发很大"反响"，进而对人文主义即寄予有血有肉的人的日常生活及历史时间观的双重反思性情感研究追溯。这将不仅仅为情感社会学提供范式反思与探索空间，也将为当下反主体中心论的趋势以及社会学发展提供反身性的启示。

值得进一步注意的是，随着现代化进程的不断推进，这种理性话语也一并以不同姿态呈现着。正因如此，思想史上对理性话语的把握就不能停留在固定的个人 vs 社会、内部 vs 外在的线性对立标准中。二元理性话语的表现甚至在某一特定时期完全隐而不显成为学术迷思，最明显的莫过于启蒙时代对理性精神的鼓吹，从而使个体与自然间原先的对抗被埋没压制，甚或消解了。但社会从生产主导向消费主导的发展面向转换，欲望满足的诡计却让理性成为幕后之灵，科学主义乐观精神亦似让人有了无上全能感，让制度化的日常生活之维与"过去决定论"社会进化曲线呈现，而其背后是让人文主义有关人的自在经验与变迁的历史时间维度继续失语。理性二元形式的流变本身即一项封闭话语，在思想史中对这一封闭话语的把握无疑会令我们认清当代情感研究中表面客观恰当的研究话语，实则无视人文研究意涵的局限。

诸如晚期现代性有关安全感、信任等话题，是对这一隐而不作封闭化谜语的经典表述，而时兴的情感劳动及情商理论等概念依旧遵循这一逻辑内里。是故，以思想史意义上的话语追溯，将是我们捕获二元逻辑流变的关键，也为学科史视野下发掘人文主义情感研究意涵提供可能。

有了以上的铺垫，在此以更简洁明晰的表达来阐述本书的主要研究内容与目的。本书的主要行文线索是对当下情感研究所隐含的反人文理性话语即发生于文艺复兴的现代人文主义之"实证性坠落"进行思想考古，以此为基础通过诸如现代帕森斯到吉登斯围绕有关"结构"谱系的思想追溯，以日常生活与反思性的历史时间观为面向，进行一项反思性探索的尝试。具体地说，即通过追溯人文主义思潮下"人的现代化"——人与宗教、自然、社会分殊过程，梳理人的封闭化理性观念，进而与科学理性发展背景下的实证主义社会学对话，把握社会学研究方法中理性话语即人类中心论的理性特质。并就经典社会学时代基于人之现代性境遇的社会批判思想的考古，来捕捉人文主义下的日常生活意涵及对相应反思性历史维度的挖掘，以此重识情感社会学的人文视野，并最终就当代情感社会学研究的反思性定向进行观照。

第二节　文献回顾及反思

回顾社会学史发展，对于情感的反思性研究观照从来都不乏独到、精妙的论述。这一方面与倾向于研究情感的社会学家对现代性问题的界定有关，如古典社会学大师——西美尔发起基于人的心理与精神体验问题基础上的现代性研究；另一方面也与历时的现代化进程本身有关。社会学作为一门对时代主题——现代性及其后果等相关问题——回应的学科，也会相应受到这一进程的速度、范畴、强度等不同参量的影响，而向世人呈现出时代的精神与气质。也就是说，社会学对情感的研究介入过程，本身就是在不断地回应着时代发展主题，尤其是于现代化进程中，反身性（reflexive）地进行学科之想象力拓展的尝试。论及晚期现代性中的反思性/自反性（reflexivity）时，吉登斯就社会科学的反思性问题进行了定义："社会科学、社会学知识是巨大地、建构性地涵括在现代性境遇下。"① 即它的发展需要进行知识生成与回返认定的双向解释，社会科学生成的知识也将作用于现实，因而需要不断反思。所以，从基于反思性的知识社会学视角看，情感社会学从 20 世纪 80 年代初创立以来就是沿着社会学自身的反思而逐步确立的。

　　值得说明的是，这一反思性不仅是对时代潮流、脉动的即时性回馈，而且从前面对理性实证精神与人文主义传统流变之间关系的探讨中，不难发现社会学视野下的情感研究本身即受到传统主流社会学范式思维的影响。也就是说，一方面，情感研究极具知识社会学意义上的，以时代变迁为背景的反思性思想意涵；另一方面，促使这一反思契机却很大程度上源于传统理性话语的辩证式发展。因而，在这一看似悖谬的学科发展趋势下，情感研究的反思性活力便寄寓于对理性话语的反向认知中。想要摆脱理性话语对情感研究的缺失并予以进一步反思，首先就须深入情感研究范式的理性脉络，而这从当代情感社会学建立之初便有所表现，即脱离于 20 世纪六七十年代范式综合潮流，以实证主义与建构主义为代表的传统二元范式。正是在这一传统范式基础上，反思才逐渐向日常生活与变迁的历史时间之双重人文反思之维迈进。下面从情感

---

① Giddens A., *Modernity and Self-identity*, Cambridge, England：Polity Press, 1991, p. 16.

社会学诞生之初的范式纷争说起，一步步地引出具体情感人文反思的意涵及脉络。

一 国外情感社会学研究的文献回顾

(一) 实证主义与建构主义：情感社会学的范式纷争

在 20 世纪 80 年代初，情感社会学从确立自身作为社会学的一门独立学科开始，学科内部之间的范式争论一直不断，这也直接激发了情感社会学对自身反思的努力。如果从范式研究的取向与性质而论，大体上分为以追求客观规律及外部环境条件为研究导向的实证主义范式、以追求社会规则 (social norms) 和文化研究范畴下的建构主义。

从建构主义一端来说，先就这一领域代表人物的观点进行梳理。在微观视域下，尤其是符号互动论成为一些建构论学者关注情感的理论基础。如肖特 (Shott) 在很大程度上承继符号互动论传统，认为个体在具体情境中与他人互动，通过对他人之于自己的想象及 "一般化他人" 的感受来唤起生理性反应，并进一步与社会文化与规则相连接，对这种生理的唤起进行社会形塑。通过不同情感，如内疚 (guilt)、羞愧 (shame)、尴尬 (embarrassment) 等，达成互动下的情感对自身行为的社会控制目的。[1] 谢尔登·斯特赖克 (Sheldon Stryker) 从个人的角色扮演以及身份出发，将自我标注在社会网络结构中，认为身份在社会结构中层级的不同，会产生不同的情感行为。[2] 所以，社会结构与角色定位决定人的情感流露与自我呈现，其背后隐藏着一套规范期望、文化价值对情感与角色定位的推动。

作为承继戈夫曼拟剧理论、米尔斯有关都市白领个性贩卖观点的艾

---

[1] Shott Susan, "Emotion and Social Life: Asymbolic Interactionist Analysis", *American Journal of Sociology*, Vol. 84, 1979, pp. 1317 – 1334.

[2] 参见 Sheldon Stryker, *Symbolic Interactionism: Asocial Structuralversion*, Menlo Park, Ca: Benjamin Cummings, 1980; Stryker Sheldon, "The Interplay of Affect and Identity: Exploring the Relationships of Social Structure, Social Interaction, Self, and Emotion", Paper Presented at Social Psychology Section, American Sociological Association, Chicago, 1987。

莉·霍赫希尔德（Arlie Hochschild），就通过情感管理下的情感运作、情感劳动等一系列概念对丹尼尔·贝尔所述的后工业社会的情感商业化问题进行集中讨论。[①]尤其是她在发表了代表作《心灵的整饰——情感的商业化》（*The Managed Heart—The Commercialized Emotion*）之后，有情感劳动的商业化模式运作分析不断出现。她的出发点是后工业为背景下的空乘人员的情感劳动分析，以资本主义商业化作为重要的线索来展现不同于马克思时代经典体力劳动的分析。此后，她的情感劳动理论成为社会对个人私人领域——情感控制展现的一个经典。戈登（Gorden）则将情感研究集中在儿童到成人情感控制模式的转变上，通过类似对外部他人表情符号的习得，逐渐获取对情感的操控。[②]这一过程就是儿童到成人的情感社会化历程，基于不同社会情境对应了不同情感控制标准，由此个体本能与欲望下的情感诉求就通过不同社会化路径得以被掌控，表情与情感体验分离。也有一些建构论学者做了跨学科的理论融合尝试，如舍弗（Scheff）尝试将符号互动融入精神分析，他用羞耻感作为个人日常生活中的情感自控的维度，认为在与他人互动的情境下，部分如羞耻感的情感会成为个人自我的社会规约。[③]

　　通过分析以上学者的观点可以看到，自情感社会学建立以来，初期社会学者相当多地从微观视野出发，观察日常生活中个人在具体情境中的自我呈现，以此透析内隐的情感。这正是以承载着大量社会规则、文化价值等符号基础的社会化历程。因此，不难看出，对研究微观情感的前提是对宏观社会条件的分析，从外部达致内部情感这一路径成为建构论者的一个关键，但也正因如此受到实证主义者的批评。

---

　　① 参见 Hochschild and A. Russell, "Emotion Work, Feeling Rules, and Social Structure", *American Journal of Sociology*, Vol. 85, No. 3, 1979; Hochschild A. R., *The Managed Heart: Commercialization of Human Feeling*, Berkeley, CA: Universityof California Press, 2003。

　　② Gordon Steven L., "The Sociology of Sentiments and Emotion", In M. Rosenberg & R. H. Turner, eds., *Social Psychology: Sociological Perspectives*, New York: Basic Books, 1981.

　　③ Thomas J. Scheff, "Shame and Conformity: The Deference-emotion System", *American Sociological Review*, Vol. 53, No. 3, 1988.

　　早在 20 世纪 80 年代初，以追求客观规律的情感本质为基础，实证主义者对以通过个人主体对社会文化解读的建构论模式多有批评。如情感社会学先驱之一，西奥多·肯普尔（Theodore Kemper）就提出建构论者在研究情感问题时普遍出现的三个典型问题：一是社会建构论者普遍地拒斥生理及生物性基质对决定特定情感的重要性；二是社会建构论者假定情感主要由社会规范或情感规则所决定，而实证论者推定情感主要由权力与身份的关系决定，对前者来说，社会规范通过个人认知来达成理解，社会文化规则似乎成为凌驾其他因素的存在；三是就情感生成机制来讲，建构论者追随符号互动论者的模型，认定在情感生成前需要定义情境本身，但是他们并不解释对情境本身的辨识，而实证论者认定用特定的社会结构性事项来定义情境及相关的情感生成。① 所以在建构主义者的视域中，他们并没能很好地对具体情境下文化与情感呈现间的复杂关系予以把握。比如在葬礼上，一般文化意义上的哀伤情感要求与不同社会结构和身份差异的双重作用是如何发生的？一个敌人在他的对手的葬礼上，情感体验就不能从社会文化意义上阐释。

　　在实证主义者看来，情感在社会中的生成，关键应落在社会结构上，即有关社会身份—地位的因素解释。因为社会规则、文化价值更多的是通过个体自身所处的社会结构性因素而发挥作用，所以社会建构主义的解释仅仅是通过只触及表面而没有具体深入情感所发挥作用的本质一层。简言之，建构主义仅仅停留于社会规则，而具体情感的生发需要进一步结合个人的社会结构要素，个体并非接受社会规约的消极物。与肯普尔代表的基于社会结构的实证主义相似，柯林斯（Collins）的互动仪式链理论则将情感能量的交换作为微观互动的重要一环，以地位的高低来做互动中个体情感交流的分析。② 又如里维茨（Ridgeway）等则通

---

　　① Theodore Kemper, "Social Constructionist and Positivist Approaches to the Sociology of Emotions", *America Journal of Sociology*, Vol. 87, No. 2, 1981.

　　② Theodore Kemper & Randall Collins, "Dimensions of Microinteraction", *American Journal of Sociology*, Vol. 96, No. 1, 1996.

过对情感的预期理论强调地位预期理论对情感运作与动员的重要性。[①]对社会学中的实证主义来说，他们将情感的生发看作通过社会结构等外在客观因素与情感作为钥匙与锁的关系来定位的，更加强调本真性（authentic）的情感分析，所以竭尽全力通过深入社会结构来具体展现情感的运作机制。这其中不乏基于偏向生理因素的解释。这方面的代表人物是克雷伯（Ian Craib）。[②]他从精神分析的视角，认为一系列的情感潜藏于生物基础下，同时也有文化与历史的维度。基本的情感因为是被所有人类共有的，但是经过文化的雕琢，而变得在社会与历史维度上的细微差别。但是在基底，情感有它本身的自洽逻辑，并不完全与文化标准及认知图式一致。在这个意义上，我们能有自己的感受，但不能合适地解释它，或体验到思考与感受之间的矛盾。所以，在克雷伯看来，一切基于社会还原色彩的事物，不管是社会规则、文化或是语言，都不能很好地进行情感解释的自洽。从以上两个情感研究范式来看，双方都有各自的立场、视角。但与此同时，实证主义与文化建构主义都多少沾上了它们各自客观性的理想主义色彩，都有二元范式对立及其变迁所带来的自我封闭研究的痕迹，以至于对情感发生的日常生活本身与历史都缺少关注。不管是实证主义下的社会行动与结构也好，还是文化建构旗帜下对文化意涵及社会价值的分析也罢，都是通过社会学作为一门学科所独有的类似"社会学主义式"的视角来进行情感研究的。情感更多地被当成基于客观性规律及普适真理基础上的一种印象表达供我们做更多的、具有深度理性的、"人本中心论"式的因果分析而存在，它甚至也成为一种以社会作为研究对象的事项，继而以人为出发点的日常生活与变迁的历史时间就失去了依靠。这样一来，情感就在以"人"作为理性中心的过度关注中悖谬地被标签化进而失语，人文意涵并没有得到

---

① Ridgeway C. L., "Status in Group: The Importance of Emotion", *American Sociological Review*, Vol. 47, No. 1, 1982.

② Ian Craib, "Some Comment on the Sociology of the Emotions", *Sociology*, Vol. 29, No. 1, 1995; Ian Craib, "Social Constructionism as a Social Psychosis", *Sociology*, Vol. 31, No. 1, 1997.

当代情感社会学研究范式的很好观照。

不过，需要进一步指出，作为从社会学视角进行的情感研究，两者不是以完全对立的姿态处于水火不容的混乱纷争中的。毋宁说这更像是不同研究取向的两端，它更多地立足方法论上研究策略的不同罢了，所以双方都有通过评议而得以借鉴、完善己方的可能。正是在这些论争中，他们看到了情感社会学反思自身的可能。如霍赫希尔德就肯普尔的实证主义非难进行了回应，指出文化建构立场将会对市场及劳动等非文化规范领域予以关注。西门·威廉姆斯与吉力安·本德罗（Simon Williams & Gillian Bendlow）就克雷伯精神分析视域下的所谓"社会学主义"的情感研究评议予以回击，对其带有精神分析的立场进行批判，指出作为生理的人与作为文明进程的人其实是一贯地通过不断的社会化进程得以可能的，情感在此则是多种面向之一贯性可能的一个最好诠释。①

众所周知，情感社会学研究是 20 世纪 80 年代之后才逐渐得以确立的，其学科内部范式的确立则可视为其诞生之初，为确立自身所必然经历的过程。那么，社会学经典思想本身就成了以上范式立场的思想源泉。尤其是在不同学者争论及自我引述的文本中，除了对自己新近研究的把握外，对经典的挖掘与引介成为自己观点论述的重要基础。恰恰是对经典文本的回溯与重读，情感社会学的理论研究工作有了很大的推进，进一步地作为理性与感性、个体与社会等诸多二元对立的传统经典命题一并通过"情感"议题为契机而得以讨论。这样以现代性反思、情感研究反思与整合等一系列相关主题，就接续初期范式争论的激烈氛围开始大量出现。

（二）身体、惯习及历史变迁：重返经典与反思性人文探索

如果说孔德通过创立实证哲学的名目，运用精确性、有效性、真实性、有用性等一系列实证主义精神，将社会学研究提升到人类智力发展

---

① Benton, "Biology and Social Science: Why the Return of the Repressed Should Be Given a (Cautious) Welcome", *Sociology*, Vol. 25, No. 1, 1991.

之最高阶段的集大成的话，情感作为一个历来受理性主义忽视的存在一并受到影响，而被加诸到如社会有机体、社会事实等停留于表象的认知上。不过，情感并非没有得到社会学家的关注，即使停留于初级层面，至少也可作为他反思命题的一个经典给予后人启示。对于像马克思、西美尔、韦伯等深受德国历史主义传统影响的社会学家来说，现代性更像追求有关个人到社会的一贯运作与协调议题。所以，在各种非实证主义或人文主义倾向的社会学家看来，情感不仅仅是一个社会事实分析的附属品，而是关乎切实个体自我的存在。

　　早在经典阶段，马克斯·韦伯就认为，情感是一种非理性的力量，因此需要以一种区别于社会行动的传统理性分析模型。这种以个体为主的研究取向虽然也陷入了理性二元的理路，但无疑为破除实证的固囿提供了可能。人文意涵正是在批判理性的传统下发展起来的。比如，他对社会分层的划分直接启发了肯普尔的实证主义研究倾向。① 霍赫希尔德在其著名的代表作《情感整饰——人类情感商业化》的附录 A 部分，对自己的思想谱系进行描绘，通过对米尔斯白领个性贩卖、基于涂尔干"遭遇"（encounter）的戈夫曼拟剧理论之消极人的批判等，对以后工业社会为背景的情感劳动（emotion labour）及情感管理（emotion management）等现象给予揭示。② 对后来的反思情感及现代性学者来说，经典的回溯与文本重读的工作是其实际研究工作展开的基础。近年来出现的大量情感理论的反思研究，都不约而同地将目光转向如吉登斯、贝克、布迪厄、埃利亚斯等人身上，以这样或那样的方式重新对人这一情感发生载体予以审视。

　　具体来说，一些学者结合时代主题，就情感中如风险、认同、焦虑等时代议题进行深入探讨，为情感的人文主义视野做了铺垫。在当代西

---

① Kemper, "Social Constructionist and Positivist Approaches to the Sociology of Emotions", *America Journal of Sociology*, Vol. 87, No. 2, 1981.

② Hochschild A. R., *The Managed Heart：Commercialization of Human Feeling*, Berkeley, CA：University of California Press, 2003.

方社会，正处于吉登斯、贝克所谓的风险与专家等抽象系统境遇中，如玛丽·赫尔墨斯（Mary Holmes）、阿特金森（Atkinson）、艾恩·柏克特（Ian Burkitt）等人重点就所谓风险社会理论予以批判式解读。① 他们认为，吉登斯将个体放置在基于监控特质的反思现代性境遇中，是对无视个人自我特质及社会关系结构的集中表现，焦虑、恐惧似乎成为没有亲密关系依托的常态表现，因此情感成为即成的地面清理装置所打扫的杂碎一般，被排除在整个日常生活之维。进一步地说，吉登斯的观点也忽视了个体间的关系性及在生成身份感过程中他人对己认知作用的重要性。② 简言之，吉登斯对现代人情感体验的定位是非自我反思的、专家监控的。由于反思性本身的不稳定，这种导向制度主义的专家模式将作为一项永恒的存在得以树立。因此，他借助的"本体论安全"（ontological security）为基础的情感观，因最终导向恐惧及其衍生的制度化理性思维以至于无法为其带来更好的解释效力。无意识领域已经被纳入抽象体系而难以得到伸张，情感研究自然在这一理性的晚期形态中受到压制。③ 那么，具体的、身处日常生活社会关系中的人，将是拒斥理性话语的关键。

在通向有关具现化的（embodied）、日常生活—社会关系的情感反思研究中，诸如艾恩·柏克特就借助有关维特根斯坦日常生活中的"快乐"（joy）及埃利亚斯有关"攻击"（agression）等情感论说来阐释情感本身的生成机制。④ 它是具现化的、即时性的，认为情感就是社会事实本身，而不是"前设"（pre-exist）于情感背后的某个还原物

① 参见 Ian Burkitt, "Beyond the 'Iron Cage': Anthony Giddens on Modernity and the Self", *History of the Human Sciences*, Vol. 5, No. 3, 1992; Atkinson, "Anthony Giddens as Adversary of Class Analysis", *Sociology*, Vol. 41, No. 3, 2007; Holmes M., "The Emotionalization of Reflexivity", *Sociology*, Vol. 44, No. 1, 2010。

② Kilminster Richard, "Structuration Theory as World-view", In Bryant C. and Jary, eds., *Giddens's Theory of Structuration: A Critical Appreciation*, London: Routledge, 1991.

③ Ian Burkitt, "Dialogues with Self and Others: Communication, Miscommunication, and the Dialogicalunconscious", *Theory & Psychology*, Vol. 20, No. 3, 2010.

④ Ian Burkitt, "Social Relationships and Emotions", *Sociology*, Vol. 31, No. 1, 1997.

导致的，因而带有主体阐释与社会结构对抗预设的建构主义者也没有很好地将主体实践之维纳入研究逻辑中来。① 与实证主义者相似，笛卡尔以来的理性二元逻各斯，并没有在两者长期的历史对抗中消退。可以看出，通过对时下新兴概念如风险、监控等的回溯，为情感的当下反思清理出一大片可供理论耕作的区域。在后续的研究中，诸如埃利亚斯、布迪厄的社会理论更为学者进一步关注日常生活中的情感逻辑提供有益见解。

作为20世纪70年代后期才声名鹊起的埃利亚斯，其理论本身就展现了对破解传统个人—社会、生理—情感之二元命题的巨大潜力。凯斯·华尔特斯（Cas Wouters）对埃利亚斯在《文明进程》中有关殖民地与征服者在社会风俗和行为模式的内在化问题予以重读，将情感的内在化模式与20世纪60—80年代情感的非正式化到正式化历程进行解读，进一步就霍赫希尔德的情感劳动理论所隐射的非动态的、真—假的文化建构立场进行批判性回应。② 基于埃利亚斯社会发展的型构（figuration）视角，为当下尤其是英国学者提供了巨大的反主体中心的人文主义反思源泉。如詹森·哈赫斯（Jason Hughes）利用埃利亚斯情感控制模式中的内在化与非正式化模式及有关福柯性史的非理性知识考古方法对当下的情感劳动及情商理论（emotion intelligence）的异同进行意识形态与权力批判的解读。③ 同样，蒂姆·牛顿（Tim Newton）从社会历史的发生学角度对情感现代化进行考察，试图从埃利亚斯与福柯之间的历史观比较开始，逐渐展开情感在社会历史角度的变迁问题，从宫廷社会到19世纪资本主义工业社会再到当代的非正式化情感自控，以埃利

---

① Ian Burkitt, "The Shifting Concept of the Self", *History of Human Science*, Vol. 7, No. 7, 1994.

② 参见 Cas Wouters, "Formalization and Informalization: Changing Balance in Civil Process", *Theory Culture & Society*, Vol. 3, No. 2, 1986; Cas Wouters, "The Sociology of Emotions and Flight Attendants: Hochschild 'sManaged Heart'", *Theory Culture & Society*, Vol. 6, No. 1, 1989。

③ Jason Hughes, "Emotional Intelligence: Elias, Foucault, and the Reflexive Emotional Self", *Foucault Studies*, Vol. 8, 2010.

亚斯、摩根（Morgan）及华尔特斯三位学者为代表展现了情感与特定社会关系结构变迁的对称关系。①

在埃利亚斯历史进程下对基于社会关系的型构考察，可以说为情感提供了很好地破解二元逻各斯的人文主义线索。一方面，变迁的历史进程让相对静态的个体—社会间的关系更加灵动，就如其对中世纪贵族礼仪的考察。现代化进程下，礼仪本身会发生从粗暴到精致化的转变，真—假的对立随时间的转移而不会变得强烈对立。进一步从社会结构关系的微观视野分析，情感的"自在逻辑"逐渐通过对理性二元的摒弃而得以呈现出来，由此生理、心理、社会多元面向的人在具体而微的历史脉络下得以融通，人开始作为一种完整的存在得以考察，人文意旨表露无遗。社会关系在建构论者看来更像对生理性因素的区分而设立的，这正是建构论者大量引用符号互动论的一个原因。所以，他们往往通过将情感体验细分为感知（sensation）与知觉（perception）来区分生理性和社会性。但问题也正如此，相同的生理特质却在不同的文化情境下都有表现。如果将其置入惯习这一建立在身体生理与文化共同关系性作用的范畴，就可以重新看待了。在本顿（Benton）看来，这种生物感知论需要被以生物及社会性的不可分割关系所取代。② 布迪厄有关情感惯习（emotional habitus）及身体技术（body technology）的观点，在继埃利亚斯历史型构视角后，为进一步打破生理与情感二元的对立提供了进一步启示。

在具体形成情感惯习过程中，如从婴儿时期，个人就开始在特定文化背景下发展情感惯习，并在此后的一生中都以某种微妙方式以情感性情的方式予以诠释。其过程是文化建构及身体性情渗入社会实践的相互过程。这种情感本身不是对场景的认知解释，也非内在生理的唤起，而

---

① Tim Newton, "The Sociogenesis of Emotion: A History Sociology?", In Gillian Bendelow and Simon Williams, eds., In *Emotion in Social Life Critical Themes and Contemporary*, 1996.

② Benton, "Biology and Social Science: Why the Return of the Repressed Should Be Given a (Cautious) Welcome", *Sociology*, Vol. 25, No. 1, 1991.

是在特定情境下身体展现而赋予我们的快乐。快乐并不指向任何东西，既不指向某些内部，也不包含某些外部。[①] 这里的快乐并不意味着是对内在或外在原因的表达，而是这种表达即快乐感受本身。快乐不是对感受到的快乐的认知，而是快乐自己本身。解释它自己只能从快乐思维及行动本身中挖掘。它是过程的、即时性的，因而共同反映了生理与心理生活的结合。所以，感知体验与情感文化建构之间的矛盾并非生物与文化之间的断裂，可能正是社会环境自身的矛盾性所致，而这种矛盾性更多的是寄寓关系下的结构。因此，身体的具现，感知与情感的断裂是社会矛盾性本身的缘故，也是惯习的结果。最终，身体与情感之间通过社会关系情境中权力结构下的技术化机制得以具现化呈现。

综上所述，自20世纪80年代创立以来，国外情感社会学理论研究工作经历了从学科内部的二元理性范式纷争到经典回溯下的反思性情感研究阶段。可以说，情感开始逐渐被当作一个自为的存在。学者们纷纷将目光投注到情感所在的人的社会化历史进程及日常生活情境，从而二元思维逐渐得以消解，人也开始被当作一个多元融通的完整的人而被纳入情感研究视域。人文的反思性视野开始通过身体、惯习、经验等日常生活及变迁的历史等维度剔透出来。当然，这一过程不仅是理论意义上的，而且相应地与实际应用维度下的工作同时进展，相辅相成。对来自众多经典社会学思想的重读与挖掘，成为这一反思工作的重要一环。

二　国内情感研究现状

相对于国外日益勃兴的情感社会学研究，国内的情感社会学研究工作相对滞后，基本停留在理论与具体概念的引介上，未曾就情感的理论与实际应用开展反思工作。一方面，可能与国内社会学学科自身发展有关，情感社会学还未成为社会学学科内部关注的焦点，更多的是作为其他分支社会学多元化视角的补充而存在；另一方面，也与社会发展阶段

---

① Luduig Wittgenstein, *Zettel*, Berkeley: University of California Press, 1967, p. 487.

相关，西方社会对情感之社会问题的大量关注起始于 20 世纪 70 年代末，也就是进入所谓"丰裕社会""消费社会"的新境遇下引发的大量人与人、人与社会间关系的思考而产生的。相较下，转型期国内问题众多，社会学注意力自然相对分散，从而间接导致对情感问题的忽视。但无论如何，已经有一些社会学者开始关注情感社会学领域，而这些初期工作将无疑为未来理论与本土化应用的研究推进带来有益启示。

首先，就学科内部对情感研究的关注来说，一些学者梳理了传统社会学对情感研究的脉络、学科确立的基础、机制。如王宁从社会接受、社会沟通、社会支持三个维度论述情感社会学研究何以可能与何为的问题。① 潘泽泉就社会学对情感自身话语的压制及心理学对情感问题的非社会的研究取向进行批判，并就情感社会学当下的微观、宏观取向进行梳理。② 王鹏和侯钧生就情感的内涵、发生、根源、影响等有机维度综述了西方情感社会学研究的进展。③ 郭景萍从情感社会学史的角度，就情感社会学形成、发展、成熟进行纵向历时的把握。④ 成伯清则对情感社会学在人类社会思想史中有关心灵、身心的观念进行阐释，并以古典社会学时期以来结合发展中的社会理论与时代新潮如大数据、神经科学等进行了相关评述。⑤ 可以说，对国外情感社会学的引介工作，对情感研究的不断推进是必不可少的。从以上主要的引介文献可以大致看到，其引介范围正不断扩展，越发深入，为将来情感社会学的具体研究展开打下良好的基础。

其次，就国内学者对情感研究的实际具体应用而言，情感社会学研究更多地作为一种"问题化"的视角、取向予以展开。在这一研究取

① 王宁：《略论情感的社会方式——情感社会学研究笔记》，《社会学研究》2000 年第 4 期。

② 潘泽泉：《理论范式和现代性议题：一个情感社会学的分析框架》，《湖南师范大学学报》2005 年第 4 期。

③ 王鹏、侯钧生：《情感社会学：研究的现状与趋势》，《社会》2005 年第 4 期。

④ 郭景萍：《西方情感社会学理论的发展脉络》，《社会》2007 年第 5 期。

⑤ 参见成伯清《情感社会学的意义》，《山东社会科学》2013 年第 3 期；成伯清《情感社会学：通过情感透视时代精神》，《中国社会科学报》2015 年第 2 期。

径上，更多地改采一种概念的引介与经验的套用，而相对忽视了概念本身作为西学语境的反思性解读。这与当下社会转型期出现的对诸如社会治理、公平维系、城镇化等热点问题的关注有关。如郭景萍关注情感资本运作中的社会问题、情感资本社会分层、情感资本在企业和家庭中的运用以及网络和消费时代情感资本向情感资本主义的转向等议题研究。[①] 王鹏讨论了社会分层中情感资源的流动分配所带来的影响社会地位的问题。[②] 作为一项重要的维持社会秩序的要素，情感将以社会化的方式通过个体所在的社会阶级以赏罚的方式强化社会分层。[③] 此外，除了社会分层与流动这一社会学关注的传统领域对情感视角的借鉴外，它在劳工研究与女性研究方面也得到了相应的情感研究回应。

比如，淡卫军就情感社会学先驱霍赫希尔德的两本著作《心灵整饰——人类情感的商业化》（*The Managed Heart：The Commercialization of Emotion*）与《第二轮班：职业父母与家庭变革》（*The Second Shift：Working Parent and Second Shift*）中关于资本主义商业化时代的情感劳动及个性心理发展的思想进行了引入，并就对家庭内部原先亲密的情感关系模式向公共商业化模式的转型提供描述。[④] 马冬玲就情感劳动理论的劳动性别分工问题进行了探索。[⑤] 周永康和冯建蓉从制度入手对农民工的情感困境进行分析，以社会与政府双重角色职责的担当来化解其中不良情感体验的困境。[⑥] 谢燃岸就农民工在城市打工的体验——社会与家园故土隔离下的孤独、自卑、封闭等情感体验进行了探索。[⑦] 李梦雅从现代性视野下的认同问题，并结合个体与集体两个维度发起怀旧的情感

① 郭景萍：《情感资本社会学研究略论》，《山东社会科学》2013 年第 3 期。
② 王鹏：《情感社会学的社会分层模式》，《山东社会科学》2013 年第 3 期。
③ 王鹏：《基于情感社会学视角的社会秩序与社会控制》，《天津社会科学》2014 年第 2 期。
④ 参见淡卫军《情感：商业势力入侵的新对象》，《社会》2005 年第 2 期；淡卫军《社会转型时期的情感精英》，《社会》2008 年第 3 期。
⑤ 马冬玲：《情感劳动：研究劳动性别分工的新视角》，《妇女研究论丛》2010 年第 3 期。
⑥ 周永康、冯建蓉：《农民工生活困境的情感社会学分析》，《城市问题》2011 年第 11 期。
⑦ 谢燃岸：《青年农民工的都市体验》，硕士学位论文，南京大学，2013 年。

社会学分析。①

　　通过以上情感社会学研究的引介与相关学科内情感具体议题的实际分析，可以看出，情感社会学在国内的展开至少从引入来说还是新近的事。大抵上，情感理论及相关议题的涌现到了 2000 年后才逐渐进入学界的视野。当然，情感社会学这一"舶来品"的引入也离不开本土学者对本学科反思工作的努力。与情感社会学引入同时期，本土学者开展的反思社会学及经典社会学范式研究，如周晓虹②、文军③等人，开始将目光集中到理论的反思维度，反思社会学中的理性与非主流范式及其关系问题。这不能不被视为在相同时代背景下，国内社会学者带着自身的理解对反思理论进行研究的尝试，也将为情感社会学研究拒斥理性叙事，为将来发起本土化的人文回归提供有益的基础。

三　讨论与反思

　　通过对国内与国外情感社会学理论研究工作的回顾，我们可以大致掌握关于理论及其学科反思的形成脉络。从 20 世纪 70 年代后期情感社会学研究在学界出现，到 80 年代得以确立（1986 年，美国社会学会情感社会学分部建立），一开始便有了不同研究范式间对话、争鸣的局面。但正如前面所提及的，各个范式间还是更多地站在理性思维的逻辑立足点上，带有浓厚的二元色彩。那么，如将这种基于理性思维的范式纷争局面，置入以实证 & 理性为主导的社会学史的发展脉络考察，便会发现情感极具反思的敏感性与理论的拓展空间。

　　从现代社会学发展的历史脉络观之，可以发现，自 20 世纪 60 年代

---

　　① 李梦雅：《当代怀旧情感之社会学分析》，硕士学位论文，南京大学，2012 年。

　　② 参见周晓虹《经典社会学的历史贡献与局限》，《江苏行政学院学报》2002 年第 8 期；周晓虹《理想类型与经典社会学的分析范式》，《江海学刊》2002 年第 2 期；周晓虹《社会学理论的基本范式及整合的可能性》，《社会学研究》2002 年第 5 期。

　　③ 参见文军《论西方社会学的元理论及元理论化趋势》，《国外社会科学》2003 年第 2 期；文军《论社会学研究的三大传统及其张力》，《南京社会科学》2004 年第 5 期；文军《论社会学理论范式的危机及其整合》，《天津社会科学》2004 年第 6 期。

后，随着社会学危机话语的出现，实证主义范式开始遭受质疑，配合着激进的社会批判理论及日常生活理论内涵的人文主义范式，有关结构与能动、微观与宏观等一系列传统二元理论议题开始走向综合。在米尔斯发出社会学的想象力呐喊后，符号互动论、现象学、社会学、常人方法论等开始进入人们的视野，情感社会学的诞生即是在这种综合与反思境遇下诞生的。正如前面所提及的，在这种趋向范式综合的潮流下，于20世纪80年代诞生的情感社会学似乎并未能很好地解决传统的理性固囿，即人本身在实证与建构主义两大范式纷争下并未得到"话语的伸张"。究其原因，在学科定位上，情感社会学可以说是社会学的新兴学科分支，如同初生的婴儿一般，此时它亟须借助"他者"的关怀获致安全体验，即如精神分析对人初生以来的"本体论安全"主张那般。那么，尽管有范式综合的学术背景为依托，仍然免不了传统社会学主流范式的吸取。当然，在历史的发展变迁下，这种理性话语的形态自然会有所不同。就此，情感社会学作为一门新兴的学科分支极具传统理性话语意涵，如要尝试对它进行反思，就免不了深入传统实证社会学的发展语境，以此作为当代情感社会学反思的路径。

职是之故，重读经典社会学家的思想就成了重识、反思这一时期范式纷争的重要进路与前提，也为当代情感研究提供了反思契机。如此，一方面如从批判性视野来看，通过批判性解读对传统以"结构"为线索的社会学理性话语进行澄清与解蔽。这即为从帕森斯结构功能主义到当下吉登斯等人的结构化理论，与相应为从青年马克思到西美尔、列斐伏尔的日常生活批判思想谱系进行双边对话提供可能。进一步地，另一方面，在原有批判的基础上，遵循人文传统，探寻人之所在的日常生活与历史变迁下的思维反思方式。这在社会学史中，即如以埃利亚斯等人的思想为代表所逐渐展现的，通过将关于历史及日常生活中的基于惯习、身体技术等人之存在的维度重新纳入情感社会学的发生视野。相较于国外蓬勃发展的情感社会学，国内情感社会学起步较晚，大致在21世纪后才得以通过引介进入研究视野，相对缺乏系统的情感社会学理论反思与实证研究。

应该说，以现代性后果为立足的社会学对情感的发掘正在走向更加开放、多元对话的局面。这是对时代主题进行回应的结果，也是社会学自身学科不断发展、拓宽专业领域的诉求。不过，其中不免有些问题有待进一步探索。首先，自国外情感社会学逐渐进入学科反思的工作时，其关键是凭借对经典的回顾与反思得以展开的，问题是社会学得以建立之时，它是凭借实证主义精神作为学科指导的。我们都知道社会科学本身与自然科学不应等同起来，其中研究关于人尤其是情感问题时，社会学学科下的实证传统将会发挥很大的制约效力，我们如何保证这种反思不受实证主义及建构主义等封闭话语的影响？

如果借鉴库恩在论及科学发展史中所提及的范式思想，社会学范式与经典文本本身就有相当大的局限，那么，基于情感人文视野的元理论反思工作必须对经典有一个反思的观照，批判与建构不可偏废其一，语义学与知识考古的长时段探索将无疑为此提供启发。但是综观情感社会学的理论反思工作，学者们更多地停留在单一的经典学者的评议中，而对不同学统、范式下思想系列的系统反思较少涉及，缺乏历史的纵深评述，这样就不免让基于人文主义视野的反思工作显得琐碎、低效，无法就社会学与现代性发展的长时段背景展开情感反思探讨。这在当下欧洲学者那里较为明显。虽然他们已经关注到身体、日常生活经验、历史等维度的反思问题，但却更多的是立于晚期现代性这一时空境遇所展开的，这样就有将现代性进行划分的可能，即早期现代性与晚期现代性。这种划分局限将不利于从历史纵深沿结构社会学线索进行反思，因为结构社会学问题并非当下才有的。

同时，也有相当多的学者容易固囿于学派对立下的考察，诸如针对建构主义与实证主义的情感研究纷争，这样做容易造成僵化研究格局，无法为更广阔的对话提供空间而呈现出一种封闭的状态。这似乎与社会学建立之初为获得学科"本体论安全感"而大搞"社会学主义"的实证主义潮流有几分相似。这便是本书从知识社会学的角度进行反思的研究方法的关键。不管之前已有学者就人文意涵下的日常生活与历史时间维度提出许多见解，从知识的思想谱系出发进行较成体系的建构性思想批判，将是以上国内外情感理论研究的一个重要趋势，也是反思性理论本身的要旨。

依据社会学理论的不同发展阶段，对经典社会学关于情感思想论说的挖掘，必然要就不同范式取向的传统予以反思。只有在这一基础上，才能澄清经典思想中可供利用的部分。正如前面所述，"结构问题"作为实证主义精神承继下社会学研究的关键，将为我们提供贯穿反思经典的线索。相信在现代人文主义思潮发生发展以来，于社会学诞生后，当代情感研究的人文反思——日常生活与历史时间观的——维度将逐渐被剔透出来，这也将赋予当代情感研究反思以体系式的批判性建构意涵，并为反思之关键——日常生活与历史时间两者的融通这一新尝试拉入情感理论的反思视野提供契机。最后，从西学语境的解读下，对于情感理论的反思，将为当下国内情感社会学从概念的简单译介与套用的层次向深度的本土化理论反思与经验研究，提供坚实的建设性批判启示。

第三节　研究路径与方法

一　研究脉络

在关于研究背景、问题及相关文献梳理的基础，本书的行文走向将大致沿着当代情感的人文反思主题，通过对有关"人的现代化"之理性话语演变，及社会学诞生以来围绕反思"结构"社会学下的日常生活及历史视角的知识考古，发起针对社会学之不同发展阶段的理性话语批判，为情感研究的反思与想象力拓展进行理论上的清理与推进。以下就围绕回溯与反思两大线索进行简要说明。

（一）文艺复兴以来的"人的现代化"思想追溯

要想进行当代情感社会学的人文性反思研究，必须抓住社会学之于情感研究的理论预设及其话语基础。情感研究脱离不了现代性及理性话语的历时性影响，那么，通观现代思想史而将当代情感社会学人文意涵的缺失看作其中一段的话，它至少会历经变化，逐渐陷入实证主义精神的座架，这也是社会学诞生的时代背景。基于此，我们有必要对人文主义本身进行思想史追溯，从历时性角度捕捉现代人文主义不断遭受理性冲击的过程，以此接续主流社会学因人文意涵的缺失而丧失情感研究的人文基础。所以，人文主义的定位便是人对自身所谓"自识"意识的出现，即以文艺复兴为标识的"人的发现"（布克哈特）①，作为人的现代化境遇下人文主义剧烈变化的先导。在进入社会学史的分析前，有关人文主义思潮的讨论将为实证主义范式的考察打下基础。

另外，这一时期对人自我问题的相关讨论，集中表现于宗教神学领域人与神之间的本体论层次的分殊，更确切地说，是人借宗教非离异的自证过程。比如，大批神学异端如奥卡姆等人所持的唯名论倾向，即对经院神学传统造成冲击，并经过新经学运动开始以完美的印象出现，这与原先人处于受苦难被施以救赎的地位大相径庭。进入 17 世纪，基于自然科学认识论的自然神学正是后续理性的发展代表，此后便进入近代哲学形而上学认识论的讨论。

这时候，对有关人的自我讨论不再是宗教神秘主义与人的关系了，机械唯物论成为自我问题追溯的关键，以唯理论与经验论为代表自我的同一性问题是这一阶段自我问题的集中表达。正是在这一社会学学科建立以来的史前史的追溯，在理性主义精神的弥漫下，人文主义开始趋向嬗变式的"消逝"，而与后面社会学学科成立以来的实证主义传统形成呼应。实证主义追求的是方法论意义上对现象及现象间规律的描述把握，以至于先前有关人的认识论工作被取消了，因其更多地关注社会事实的观察、比较，这种理性传统对正式的情感研究产生了遮蔽。

---

① 布克哈特：《意大利文艺复兴时期的文化》，何新译，商务印书馆 1997 年版。

（二）以实证—结构为线索的社会学经典解读：基于现代性之时空拓展的反思尝试

以法国大革命及英国工业化为背景，孔德通过实证主义将社会学形塑成拒斥神学与形上传统的实证科学，一方面，大量涉及包含情感的社会现象无不通过诸如社会事实等得以确立；另一方面，在实证主义精神指引下，对"认识何以可能"问题的抛弃也是社会学主流范式对人的认知失察的开始。相应地，即使情感被放入台面讨论，似乎也远远触及不到情感的人文自为逻辑。这一点从文艺复兴时代人的现代化、近代哲学认识论中，就通过类似埃利亚斯封闭自我的意象得以传承。①

从古典到现代乃至当代社会学发展阶段，基于传统个体与社会、感性与理性等二元对立一直存在，似乎双方都彼此隔绝，以封闭的姿态互不往来。在承继社会生物学"类型化"思维的基础上，社会被当作一项结构性事实，成为后来如帕森斯等人的结构功能的分析存在，实证的科学精神与结构的社会学分析成为一对主导社会学研究的共谋。另外，在社会学中占据非主流地位的如西美尔等学者却对情感有大量的真知灼见，从青年马克思、韦伯、西美尔再到后来的西方马克思，人的问题一直是这些学者关注的重点，即是其中闪透着诸多现代性批判下的悲观主义，但原先被实证主义者抛弃的日常生活人文视野却开始受到重视。对吉登斯、贝克等为代表的制度化反思进行考察，有关晚期现代性的情感研究及具体议题的理性内里也会一并呈现，继而将为揭示理性之于人之所在的日常生活与历史时间视野的作用一并提供了良好契机。也就是说，当代情感研究的反思将通过传统社会学"结构"理论的批判式解读，以日常生活与历史时间的双重维度为反思标准。这也是自社会学诞生以来，结构社会学就历史与日常生活视野考察的软肋。

由此封闭的二元理性传统与现代性批判谱系下的人文意涵在社会学

---

① 埃利亚斯：《个体的社会》，翟三江、陆兴华译，译林出版社 2008 年版。

发展的视域下并存。那么，对在揭露情感理性话语的同时，挖掘经典学者有关现代性视域下情感之有益思想，自然会为当代情感社会学反思带来开放的视角与启示。

二 研究方法与相关问题澄清

（一）日常生活与历史的双重之维：人文主义思想澄清与定位

回顾关于情感社会学研究的问题、目的、主题，人文主义及其历史流变是本书为情感社会学反思性追求的一大核心。基于这一概念的复杂性，这里就有必要结合本书的设计进行从大到小的概念界定与澄清。

如从思想史的角度观照，人文主义大体上是一种关乎人的思潮。就性质而言，借用阿伦·布洛克的说法，它更多的是"一种宽泛的倾向、一个思想与信念的维度，以及一场持续性的论辩，在这场论辩中，随时都会有各持己见，甚至针锋相对的观念出现"①。也就是说，人文主义本身不应当被视作固定的、具有普遍解释效力的思想流派或哲学学说。"它们不是由一个统一的结构维系在一起的，而是由某些共同的假设以及对某些具有代表性的，因时而已的问题的共同关切维系在一起的。"②也就是说，它是一场有关人的辩论与思想脚力。在不同的时期、不同的文化中，很有可能会有不同的范式展现与表达说明。所以，有学者将人文主义在思想史中的发展用三种形式归类，如发轫于文艺复兴时期的"完整的人"，最终成熟于启蒙理性的人类中心论式的人文主义，19世纪非理性主义关注非理性、生命、潜意识等的非理性人文主义，以及对非理性人文主义更加激进化后的20世纪后现代人文主义。③

进一步结合本书的设计主旨，即从当代情感社会学之理性话语的反思性主题来看，这里旨在通过人文视野来拒斥理性话语对情感研究的座

---

① 阿伦·布洛克：《西方人文主义传统》，董乐山译，群言出版社2012年版，第2页。
② 同上。
③ 孟建伟：《科学与人文主义——论西方人文主义的三种形式》，《北京师范大学学报》2005年第3期。

架机制，即可定位于类似批判理性与人类中心论——反人类中心论的理论叙事来达成。所以，这里的人文主义就性质上而言更是一种狭义上的，基于理性发展脉络通过批判的反题形式提出的反思性人文视野的搭建，更应视作一种基于人的视角的一项反理性霸权的形式。理性话语的形成即以文艺复兴时代完整的人诞生为起点，因而从时空维度上看，追溯人文主义受理性支配的叙事起点应从文艺复兴时期开始。另外，这也很符合 20 世纪 80 年代以来后现代社会诞生的研究背景。当然，笔者也认为这种人文主义更意在批判现代性意义上的。与某些后现代虚无主义不同，它更具建构论色彩。从概念的延异上看，后现代本身就是在如尼采、海德格尔、维特根斯坦等一大批思想家的学说中诞生的，所以毋宁说，后现代在全书的意味是与现代接续的，正如此，这也理所当然地为思想史的追溯与当代情感社会学人文反思间的有机关系的考察提供了可能。如当代美国情感社会学家梅斯特洛维奇，他在拒斥后现代虚无的意味上，借助后现代的新兴符码境遇来重识个体化时代下的情感变迁，为反思理性与情感的关系进行了人文意象的拓展。继而，传统"反人文"（资本自由主义普适理念）的马克思异化思想也将被视作一种人文的表现，因为其意在追求对全面的人的自由与解放，与资本主义学说相对立，从思想史上看，属于真正有关人的学说，也将为后续的日常生活这一人文视野提供启示。

最后，追溯挖掘社会学史中的人文成分仅仅是一种理想型的处理，即有关日常与历史的视野作为人文两大维度在经典与当代的划分也是出于分析的需要。是故，不同时期、不同维度的探索，并不意味着就有截然非此即彼的类型化划分意味，这也是社会学想象力所澄清的目的之一。最终通过经典时代与当代有关理性话语及基于人的现代性情感研究批判，来挖掘反中心论的人文维度。综上所述，这种基于批判现代性的人文视角在社会学史中就有很大的可供挖掘的余地。就社会学中代表主流理性的实证话语来看，将这种人文视野萌芽寄寓在反实证的社会理论中最为恰切，实证对人文的作用即从文艺复兴"人的现代化"为起点，这也是本书追溯的源头所在。因此，一方面，是追溯人文的源起到人本中心理性证成的路径；另一方面，则是通过社会学史中主流的实证主义批判来挖掘人文的视角，即日常生活与历史的双重维度。更确切地说，是形而上与形而下之日常生活的现代性批判和历史视角内涵的有关具体时间观的结合，以此做反思经典社会学理论进而为当代情感社会学研究定向的基础。

（二）研究方法

可以说，情感社会学的反思性研究，其基础视域是在社会学学科内部进行的。根据以上的研究脉络，为了探索从封闭实证观的社会学到逐步进入开放的人文反思发展阶段，自然地将采用一种学术观念史的历史纵深视角来捕获自我观念的变迁与情感的社会学知识关系问题。所以，首当其冲的将是对知识考古学方法的运用。所谓考古，更加关注一门学科形成前的观念谱系的考察，深挖隐藏于主流环境下不为人知且又对当下研究有所助益的线索。这一过程则涉及库恩所谓的前科学、常规科学、革命等发展阶段，故而在不同阶段需要辨明不同类型知识的形态特征，同时也不能用特定的先入为主的方法座架问题的研究进路。

从整体上，这一方法正是对某一特定领域、问题、观念的发展脉络的集中挖掘与展现，而这又不可避免地要与时代背景相联系。进一步地说，从情感社会学研究来看，正是人的现代化及之后实证精神对现代性后果的回应，成就了情感社会学知识于不同时代学者眼中的殊异。因此，我们不能对情感、现代性等概念本身有先入的定见。追溯本身是为了发展，所以在批判理性的思想追溯背后，要进行理论视野的发展观照。例如，人的异化思想是批判实证传统的一大要害，而后续如西方马克思及日常生活批判更是随时代发展而脱离了其经济与政治的视野局限。

沿着这一思路，上述的人文主义思想发展与反思为研究主题和脉络做了铺垫。所谓"现代性"问题的界定，成为不同时期社会学家研究社会的关键与基础，所以本书凡出现"现代性"下的社会学家的分析都是带有阶段性与特殊性的，如批判理论下的持具个体（possessive in-dividuality）的生产逻辑，以及消费的符码逻辑等。因此，这里不可用普适眼光来中和这些思想家关于现代性的论说。既然现代性是社会学研究的一个重要考察点，围绕着现代性问题及相关的议题自然也将带有各个学者对现代性问题之根本判断的痕迹（各个主流与非主流范式的对话与冲撞），情感社会学亦脱离不了影响。

如吉登斯（1991）所言，反思即是一项对来自外界变化的智识上的不断应对，那么，就此有关情感社会学的人文主义研究中关于情感的定义、范畴等问题，将是随着现代性的流变及学者对现代性判断的不同而不同。所以，情感的观念史本身将呈现不同的样态。为了进一步为当下的反思主题提供理论基础，不同分期的思想对抗及那一时期在整个学科发展史中的定位将成为讨论关键。这时米尔斯的社会学想象力将为这一不同时期现代性视域下情感研究形态的最直观呈现。

综上所述，现代性回溯下的人文主义的情感研究挖掘与当代学科反思定向（"何处去"问题）是本书的核心内容，这将直面不同形态的范式立场，也一并涉及社会学自身学科的反思问题。

第二章　离异：人文主义的思想流变及其向度

　　本章将重点考察人文主义与宗教神学、科学理性精神等多方关系的变化，以把握人文主义在现代思想史中的流变内涵。此为全书的线索——批判现代性及其理性主义定调。就整个行文的主题与思想文化史的关系看，虽然直至19世纪才通过"humanism"的特定术语提出，但人文主义思想由来已久，从古希腊到中世纪再到近世，一直以非概念的观念史形式存在。不管如何变化，其最显著的表现即是伴随现代化不断推使人的自我意识逐渐觉醒的历程。另外，自我意识的觉醒也意味着人与"他者"分殊的开始。毋宁说，这也是人文主义陷入理性话语进而遭受座架的开始。

第一节　源起：文艺复兴以来自我意识觉醒

一　人文主义思想溯源与厘定

（一）人文主义的词源学追溯

　　通常情况下，对于人文主义的认知基本停留在与这一术语直接关联的文艺复兴时代，认为人文主义即文艺复兴以来人反抗中世纪经院神学蒙昧、提倡个性与向往幸福生活的思想潮流。这虽然没有错，但却不利于我们在整个思想史中围绕理性来把握人文主义流变的主题。如果要追溯人文主义内涵，需要放到更广阔的历史纵深视野来厘定，这里首先可通过"人文主义"（humanism）的词源追溯进行。

从词源角度看，humanism 最初并非直接出自文艺复兴时期，而是在 1808 年由一个叫尼特·哈默尔（Niet Hemmer）的教育家于一次有关希腊罗马教育与中等教育关系的论辩中通过新造德语 humanismus 创立，而杜撰德语单词 humanismus 则取自拉丁文词根 humanus。在具体用法上，德国史学家乔治·伏依格特（George Voigt）在 1859 年出版的一部著作《古代经典的复活》中首先将德文新创的"人文主义"（humanismus）一词用于文艺复兴的研究。① 这样一来，19 世纪所创的术语就与文艺复兴时代尤其是古代世界西塞罗的 humanista 建立了联系，进而"一般来说西塞罗的 humanistas 是传统的人文主义的学术起源"②。在第二年，布克哈特出版了《意大利文艺复兴时期的文化》后，就将人文主义通过他那"世界的发现"与"人的发现"与古代文化勾连在了一起。

那么，进一步对拉丁语 humanistas 进行追溯，这一术语即可关联到 15 世纪末出现的意大利语 umanista，即指 15 世纪教授、研究及学习人文学（studiahumanitatis）的人。从词源上追溯人文主义的发生到此为止，人文主义便可有较为清晰的思想定位基础。这里的 studiahumanitatis 即指向"在基督教统治时代，尤其是在中世纪后期，指非基督教的古典学问；相对于崇高神圣的经典教义学问而言，这种人文学科更多地具有世俗的意味"③。所教学科内容即语法、修辞、逻辑（即论辩或辩证法）、算术、几何、天文、音乐七门科目。是故，人文学更是一种尚未与宗教发生密切联系的有关日常技艺习得的学科。就文化史上看，希腊就成为罗马这"七艺"的发源地，以至于布洛克将人文主义的源头定位于希腊的教育理念，"通过教育 paideia 来对人的个性品德进行"④。

从上面以词源学角度对人文主义梳理看，可以将 19 世纪初诞生的

---

① 周秀文：《人文主义概念的历史界定》，硕士学位论文，东北师范大学，2006 年。
② free online encyclopedia article for GeorgeVoigt, poweredby Wikipedia, availableat：http：//www. refer-ence. com/browse/wiki/George_ Voigt.
③ 钟谟智：《人文主义的由来及定位》，《四川外语学院学报》1999 年第 2 期。
④ 阿伦·布洛克：《西方人文主义传统》，董乐山译，群言出版社 2012 年版，第 8 页。

人文主义追溯到古代罗马及希腊有关在基于世俗日常生活意义的人性教育上，通过对关涉多方知识的涉猎不断发掘人的创造力与潜力。也就是说，在原初意义上，人文主义即带有古典文化中对人本身的关注内涵。所以，人文主义本身即含有深厚的西方文化积淀，只有先将它置入古希腊文明有关人文思想理念的考察把握其发生，继而与中世纪后文艺复兴时代人文精神的比照中理解①，才能把握人文主义在文艺复兴时期及其后所发生的现代性流变的深远意味。

（二）前文艺复兴的人文发生及定位

正如前面的词源学追溯，人文主义不仅是通常意义上文艺复兴的一个产物，它更早地发生于西方文明的出生源头古希腊、罗马的思想文化中。

根据古希腊哲学的大体划分：关于人的论断可最早追溯到前苏格拉底智者派的思想。这一时期的思想特点是基于本体论层面的判断，因而对人而言，也一同被纳入世界本原的论域。在泰勒斯做出"世界的本原是水"这一经典论断后，智者派著名代表普罗泰戈拉随即提出"人是万物的尺度，是存在者存在的尺度，是不存在者不存在的尺度"② 这一著名命题。爱菲斯学派的赫拉克利特即以火做世界本原的阐释，万物与火可相互转换，在时空中过去、现在、未来都是一团火，进而对位于其中的人而言，人也受火的支配，思想和灵魂都受其支配。其规律变化也由寄寓其中的逻各斯所操持。逻各斯不仅支配了自然，也支配了人本身，因而人与自然相互关联，一起呈现为本体论意义上的神秘存在。又如德谟克利特，他将原子与宇宙关联，人的本质即是在原子运动基础上的自然存在。人的本性即是自然的本性，提倡人用自身的生命力与行动

---

① 在这里还需强调，对于这种通过词源学意义的追溯来厘定人文主义并非为了将人文主义限于某一特定历史发展时期具体的文化界定。不同时期，人文主义亦有不同的主流发生与界定。比如，古希腊与罗马的人文教育对人性的发现探索，文艺复兴时通过回应经院神学与古典文化达成的人文主义，启蒙时代人类中心论的人文主义，再到19世纪非理性人文主义或本书研究情感的后工业、后现代背景下的人文主义等。不过，尽管古典文化意义上的人文内涵对至今的社会科学研究仍有重要意义，但重点是通过何谓人文主义的方式为人文主义与理性主义下的流变提供一个参照。

② 王太庆：《古希腊罗马哲学》，商务印书馆1961年版，第138页。

践行自然的真谛，反对过分用彼岸生活做存在的释义。

到了苏格拉底与柏拉图那里，随着朴素本原论向更为抽象的思辨学说的过渡，有关人的思想被更加鲜明地提请出来。在荷马史诗的神话范本中，人与神的关系以类似同型同构的方式存在。从神的一端看，他具有很强的世俗与人文色彩，才有了"希腊人的神为着人的利益而存在"。"他们赞美神也就是赞美他自己"①。苏格拉底发出"认识你自己"这一把哲学从天上带入人间的呐喊，可谓"开创了人文主义认识论的先河"②。柏拉图通过其"理念论"将人的灵魂提升到区别于动物的新高度，神创造人后，灵魂便被授予了人，最重要的即是如何通过人性的自我提升将思维—灵魂通达至理念世界。"当时的人是灵肉一致、理性和美德兼具的全面人，由于人具有自由意志和自我导向能力，所以可以通过教育培养全面发展的人。"③ 可以说，人文主义是通过人对外在事物的认知意义上得以发生的，此时的人文特质可以看作一般人与神、人与自然等诸多外部存在相契共生基础上对人的自我本身的关注。就此，虽然历史发展会继续影响人文主义，但就源头上把握人文主义内涵，其核心的题旨"都是从人出发，以人为最终根据和最高目的去考察、去说明、去处理一切问题。即人本主义反对离开人去考察、去说明事物本身是什么，反对离开人仅仅就事物本身去处理事物"④。

其实，如果将目光投入人文思想发生的背景将更有助于我们把握，在人文思想发生的古希腊时代，最显著的社会特征便是城邦制的起兴。城邦中的自由民与君主政体共同构成城邦日常生活的主体运作，民主的表达便是众多自由民的普遍诉求，人文主义精神便蕴含其中。如果我们将目光置入西方历史，于古希腊萌芽的人文主义亦不断历经现实变迁的影响。从西罗马覆灭进入中世纪，虽然后中世纪时期作为寄寓自我之思

① 伯恩斯：《世界文明史》第1卷，罗经国等译，商务印书馆1987年版，第248页。
② 史福伟：《批判理论的人本主义范式研究》，博士学位论文，首都师范大学，2014年。
③ 宋维静：《论马克思人学思想对西方人文主义的继承与超越》，硕士学位论文，西北大学，2008年。
④ 同上。

的哲学成为神学的婢女，但人文主义却一直通过教育（如上面所述的"七艺"）通达人性的方式得以继续传承，人文主义的文化瑰宝依旧留存等待后人发掘。这一契机便是文艺复兴时代中世纪经院哲学异端学者反对僵化神学体系的开始。

最后，仍需澄清与强调的是，这一过程中最显著的特质是资本主义现代化发展。西方文明逐渐进入现代社会，人文主义学者开始重返古典文化来吸收有益的批判思想。简言之，现代化是文艺复兴之后人文主义起兴的动力。正如此，随现代化进程不断推进，人文主义再次以人的现代化即自我意识的发展得以发展启程。此时的人文主义将不是通过简单地回归古典文化拒斥神学形上体系而得以证成，而更是在受自然科学的科学主义精神影响基础上得以嬗变，继而人文主义与科学主义在现代化进程开始相互疏离。正是这一人文主义遭遇现代性境遇的状况，让人文主义有了近世以来的独特内涵与反理性诉求。职是之故，结合古希腊人文主义的朴素内涵与本书的批判现代性主题，人文主义即可定为一种于现代社会出现的科学主义。更恰切地说，是唯科学主义相对立的以人的视角考察人与人、人与自然、人与社会的观念与总体视角。接下来，进入通常意义上人文主义正式诞生的文艺复兴时期，就人文主义现代意义的发生与现代性流变做出具体阐释。

二 文艺复兴以来的新经学运动及其效应

文艺复兴时期的人文主义产生具有较为复杂的背景，这既以当时地中海地区资本主义经济发展勃兴为背景，由商品经济倡导的立于平等交换原则基础上的对自由、平等、独立等人文观的现实要求，也有布克哈特所谓"发现世界"所带来的对古典文化传播的有利条件。就思想意识形态而言，从古希腊、罗马时期之后到文艺复兴的近一千年时间，中世纪经院神学传统可谓横亘在文艺复兴时代人文学者祈望人文回归的巨型"座架"。所以，人文主义的复兴必然离不开对传统形上经院神学的再解读、再释义乃至批判，其中最直接的途径便是对基督经典文本

《圣经》的重新解读。这期间，新经学运动正是最显著的标识。透过这一运动，中世纪经院神学传统开始由神的直观信仰转向人对经典理性解读基础上的"因信称义"理念，对人的压迫及其森严的教阶等级制也愈趋消解。

（一）基督教经学传统的僵化

所谓基督教的经学传统，即自基督教产生后，"对其原始经典《圣经》的翻译、注释与其神学内涵的发掘、阐证"[1]。这一传统的形成过程，是伴随着社会变迁而成的。具体而言，《圣经》包含《旧约全书》与《新约全书》两部分，基本上是由古犹太民族根据自身传说、历史、律法编纂而成。从古希腊、罗马时代，随着欧洲文明势力的变迁，《圣经》文本已几易其手，就语言上，从希伯来文、希腊文、拉丁文等各个版本之间翻译、传播乃至编纂的混乱，直至西罗马帝国时代，则开始全面实行拉丁化为止。从"拉丁教父"哲罗姆到奥古斯丁，"以通过超越于字面理解，发掘经典中的'微言大义'，进而体悟到背后隐藏或包含上帝意志与启示的经学传统继而成型"[2]。

但是随着基督教与新兴蛮族封建王权政治联盟的形成，基督教成为国教的同时，也继替为西欧最大的封建主，进而取得了对整个社会思想文化的绝对支配地位。最终，《圣经》成为独享最大的权威地位。其间历经查理曼帝国的统一与分立，宗教学者重新开启翻译与编纂的工作。

此期间，经院学者采取与拉丁教父不同的路径来解释《圣经》，最为典型的是将亚里士多德的逻辑与概念推理应用于其中，对上帝做宇宙本体的论证。中世纪托马斯·阿奎那的宇宙等级秩序论就是一个典型，其开启的"主观臆断与繁琐论证，最终让《圣经》成了玄虚的哲学命题与空洞的哲理思辨脚注，使得这一基督教原点逐渐丧失了它在宗教信仰与伦理上所蕴含的本原及应有的文化原创性活力"[3] 与时代发展相

---

[1]　孟广林：《欧洲文艺复兴史哲学篇》，人民出版社 2008 年版，第 77 页。
[2]　同上书，第 79 页。
[3]　同上书，第 82 页。

符。这种僵化的经学传统使得理性成为神学的婢女而被用来证成信仰的合法性，其严密与烦琐的解读也让基督教的文化专制有了基础。在此基础上，衍生出的教阶等级制与对《圣经》解释的话语垄断成为神学形而上学的根本依靠。此时，人只能作为位于上帝及其代理人之下的有罪存在，亦步亦趋。

（二）新经学运动的开启

自中世纪以来，经学传统的形成与神学对哲学的理性控制不无关系，但这并不意味着罗马教廷所倚重的经典诠释专断及其等级制就一直处于固定不变中。

早在 12 世纪后期，法国南部就曾发生阿尔比运动，正统的拉丁文本《圣经》被弃而不用，代之以法国南部鲁斯方言的《圣经》。进入 13 世纪后期，著名的经院"唯名论者"罗吉尔·培根在《哲学研究纲要》中提出"研究《圣经》要义原本经文结合历史、地理、天文、历法等方面的知识进行探讨"①。到了 14 世纪后期，英国"异端"思想家威克里夫（Wyclif）更是提倡让信仰回归经典，作为上帝中介者的教会和神职人员及相应宗教教规及仪式根本就是无用的，他甚至主张王权高于教权，其"权力甚至可以延伸到惩罚那些违背了基督法律的教皇"②。所有诸如以上中世纪晚期的经院神学内部的异端主张就为随后人文主义"新经学"的兴起提供了批判的理论先导。

从 14 世纪后期到 16 世纪，随着商品经济的发展与封建经济的瓦解，资本主义逐渐在西欧各个大陆渐次勃兴，反封建、反神权的愿望日益强烈。与此同时，神权的权威也随诸如"阿维农之囚"等一系列事件受到削减，主张平民化、廉价教会也开始与"个体本位"的人本观自由原则一道发生独特的化学反应，将《圣经》的重读与重识推向另一高度。以瓦拉等为代表的"圣经人文主义"，首先开启这一新经学运动的大门。

---

① 孟广林：《欧洲文艺复兴史哲学篇》，人民出版社 2008 年版，第 82 页。
② L. J. Daly, *The Political Theory of John Wyclif*, Chicago, 1962, p. 86.

　　瓦拉重新回到原始的经典文本对希伯来文及希腊文的《圣经》予以考订、翻译，摒弃了经院哲学狭隘的先验解释方式，逐步树立起去伪存真的批判主义与怀疑主义学术精神。随后，曼内蒂与皮科等人相继跟进，在诸如从犹太教《卡巴拉》等原典基础上进行《圣经》的追溯与释义。这一时期的后半段，对圣经的考订则由北方人文主义者接过，其中最著名的是伊拉斯谟对《圣经》做的伦理学阐释。他提倡对原始基督教中有关道德的讨论，这实际上就重振了人与社会的道德运动，否定教会教阶制度与利益制度存在的价值。

　　从以上新经学运动的简略回顾可以看出，作为基督教权威与维持文化专制工具的《圣经》开始逐渐被纳入世俗的学术批判视域，不断替代经院哲学的解释传统。由此，基督教教阶制与教会本位的立场开始松动，这为接下来借助古典文化从学术批判深入现实人性自我证成进而得以正式回归的人文主义发生提供了关键基础。

三　古典人文与宗教传统的文化弥合："完美人"的诞生

　　经学传统的形成离不开中世纪经院哲学对古代希腊哲学思想的借用与变相转变。通过世界本原的讨论，将理性作为一种信仰的工具进行证成。新经学运动造成的直接影响正是对神学本体论即托马斯—亚里士多德传统体系的冲击。在此先简单介绍这一体系，然后进入古典文化与宗教传统之间如何逐步借用经学传统摆脱这一体系过程的。

　　在神学对亚里士多德的改造中，前者阉割了亚氏的理论，将其中的"四因说"与逻辑推理的"三段论"化为整个神学的理论与方法。托马斯·阿奎那是这一进程最具代表的人物，他将信仰作为人认识问题的出发点和归宿点，指出"我们要证明信仰的真理，只能用权威的力量讲给愿意接受权威的人。对于其他人，则只说信仰坚持的事不是不可能的，便已足够了"①。从神学上帝本体到自然认知，无不受到这

---

　　①　车铭洲：《欧洲中世纪哲学概论》，天津出版社1982年版，第127页。

一形上经院体系的影响，从而形成托勒密为代表的"地形学说"、盖伦"三位一体"的解剖学派等。同样，这一经院哲学体系的维持也在中世纪末期出现裂痕，出现了以翻译考订经学的异端阿威罗伊为代表的反叛。

在新经学运动影响下，教权逐渐在学理上站不住脚，在诸如唯名论者罗吉尔·培根、奥卡姆等人对个别和特殊的倡导与《圣经》的人本解读下，重新为古典文化带入基督教神学与人之间关系的探讨带来契机。新柏拉图主义的出现，在古典文化与宗教相互融通作用下，为具体"以人为本"的人文精神提供了核心内涵与基础。例如，文艺复兴时期，新柏拉图杰出人物——费奇诺，就用古代的新柏拉图主义思想对世界图景进行了描绘。宇宙包括五个层次：上帝、理性、（属人的）灵魂、性质和形体，而人的灵魂处于万物的中间，可以通过沉思进入更高的境界获得理性，直至洞见上帝，继而上帝与万物等同，而人又是其中充满灵性的组成，所以人的自我完满诉求就在于自己。"真正有力量的人是既懂得人的个性，又懂得如何超越个性的限制并达到柏拉图所谓理念的境界，而人应当调动自己所有的感情、智慧因素与最高的存在即原型相感悟。"① 最后，作为基督教的信众也无非是对作为理念与世界万物法则的存在的上帝进行感悟而已。"人能够由于承认上帝而把他吸引到自己灵魂的狭窄范围以内来，但也能由于热爱上帝而使自己的灵魂扩展到他的无限大之中——这就是在尘世上的幸福。"② 不管是正统的还是异端分子，都是自己的能力抵达真理之光接近上帝的可能。

这样在继新经学运动撬开神学形上专制话语缝隙后，以新柏拉图主义为代表的古典文化传统开始复兴，摆脱了传统经院神学托马斯·亚里士多德的体系，与基督教的传统重新结合而迸发出新的火花，这就是布

---

① 周春生：《论文艺复兴时期的人文主义个体精神》，《学海》2008 年第 1 期。
② 布克哈特：《意大利文艺复兴时期的文化》，何新译，商务印书馆 1997 年版，第 543 页。

克哈特以自我意识觉醒为标志的"人的发现"。人文主义①至此正式诞生，它有了与上帝平起平坐的完美印象，即在人之主观能动与通达上帝道路的真理之间，成为多才多艺、完美的人。

第二节 转承：哲学认识论下的自我分化历程

通过对经院神学传统的批判与古典文化复兴，人的自我意识开始借助宗教神学的本体论证成（新柏拉图主义人与上帝及世界万物的同一）得以觉醒。回顾人文主义的古典发生，这与古希腊时代神人同型同构的理念极为相似，但与之朴素人文观念不同的，文艺复兴时期人文主义的诞生是以资本主义经济勃兴与社会现代化进程推进为背景的，此时的人文主义带有基于人与自然关系的发现世界的旨趣。进一步地，在现代性发生意义上，自然科学兴盛是人文主义发展的应有之义，人的发现与世界发现相得益彰，但问题也随即出现，随着人对外物的认识，意识也是人与"他者"相互隔离的开始，科学主义与人文主义开始分道扬镳。②这种分离发生的背景则是社会现实的变迁，正出此考虑，下面先就人文主义之理想主义人性观的变迁境遇进行描述。

一 从理想回归现实：人文主义思潮的衰退

从依附神学之完美的人的意象看，此时的人文主义具有极强的理想

---

① 这里的人文主义与进入近代理性主义时代及 19 世纪后的人文主义思潮不同，其根本的特质依据前面的追溯可体现为人与神学的同型同构性，可以看作中世纪阿奎那—亚里士多德体系的人文主义版本。人的尊严与地位都是通过与上帝的直接沉思体悟的方式来达成的，所以个人价值近乎万能，以类似"道成肉身"的方式存在，人文主义精神是自足的、完满的。这也直接促发了之后科学主义理性精神的迸发，所谓人的发现与世界发现并行。但也正如此，理性主义下对自然的认知意味着一种自我之主客二元意识的开始。随着科学与人文相互分裂，文艺复兴的完美人的意象也将谢幕，作为结果，19 世纪非理性主义的人文主义开始盛行。

② 完美的人极富有宗教内涵，尽管布克哈特较为否认中世纪文化对后世的积极作用，此时的人是借助宗教进行思维的带有神秘色彩的人，但毋庸置疑，正是这一关键一步（神本到人本的转换），使得文艺复兴之后人与自然的分离有了前设基础。这也呼应了本书将人文定位为批判现代性维度下的唯科学主义及人类中心论意义上的特定层面。

主义色彩，在商品经济兴盛所带来世俗生活开放与人文精神互为推进下，虽然涉及人欲与世俗，但在本质上，人文关怀也被提到与神同构同型理想的地步。人的尊严开始通过类似"借神颂人"的方式得以确立，如皮科所做的《有关人的尊严的演讲》阐释了人的伟大及其自由权利的合理性。曼内蒂更指出，"上帝用以组成人的一种神性的部分"，是人的"最美、最高贵的东西"①。费奇诺更是突破"借神颂人"的理论模式，直接将人与上帝等同，"人具有和天国创造者几乎是一样的天才……他也能设法创造天国，虽然使用的材料不同，但仍用一种极其类似的式样去创造它"②。人文观念稍迟传入北方后（泛指阿尔卑斯山以北的欧洲国家），伊拉斯谟便通过"愚人"之口提倡人的自然本性，认定人与虫、鸟一样具有自由的天性而不应受束缚。

在这种人与神共融不分的作用下，人就有了自己追求的欲望。圣经人文主义者瓦拉就大力提倡禁欲说教，严厉谴责教会，认为人的肉体来自上帝而非魔鬼，应尽情享乐，感受上帝对人们行动的祝福。曼内蒂也同样为人的感情生活辩护，指出哲学与权力都不能抑制灵魂的感情。

法国著名人文主义者拉伯雷在《巨人传》中揭露教会蒙昧思想对人的弱化与矮化，甚至设想了一个完全抛弃教会禁欲信条和清规戒律的修道院，以此作为其人文主义个体精神的呐喊。

可以说，从借神颂人下的人文发生来看，人的自我意识未与神学形上传统发生分离，与寄寓着万物的自然有很大殊异，可以说是一种带有人与他者混成的神秘状态。再者，根据彼得·伯克的考证，人文主义者实际上在整个文艺复兴时期的人数也极为有限，"从1420年到1540年，意大利共出现了600名富有创造力的精英人物，而其中人

---

① C. E. Trinkaus, "The Theme of Anthropology in Renaissance", In *The Renaissance: Essays in Interpretation*, eds., IN. Rubinstain, London, 1982, p. 104.

② Agnes Heller, *Renaissance Man*, Routledge & Kegan Paul, 1978, p. 80.

文主义者不过100人"①。由此可见，人文主义者的构成大多来自有学识的学者及社会上层，加上其思想的神学成分，即使如皮科、曼内蒂、瓦拉等对人的欲望及情感的倡导，还是脱离不了理想主义成分。职是之故，当文艺复兴进入末期，社会越发动荡，社会阶层流动之门大开，更剧烈的宗教改革与反宗教改革继起，神人合一的理想主义人文观开始发生嬗变。

在文艺复兴后期，随着基督教人文主义（以新柏拉图主义者费奇诺为代表）北传，马丁·路德对伊拉斯谟思想的激进化，让人文主义的宗教神学理念与传统基督教理念之间产生了越来越大的裂痕，以至于人与神相互共融的和谐状态开始陷入"激进改革家与罗马教廷之间的争吵中，这些人将二者的分歧扩大到了非此即彼的程度，不仅中间立场无法维持，而且这种关于信仰的论证还同权力斗争、政治野心、社会冲突和民族情绪等因素无休止地纠缠在一起"②。最终，在马丁·路德为代表的激进宗教改革家影响下，"宣告了基督教人文主义最初希望的破灭，并最终让伊拉斯谟失去了影响，托马斯·莫尔丢掉了性命"③。

同时于现实世俗层面，意大利遭受了法国的入侵，15世纪下半叶的和平与繁荣随之为各种天灾人祸所取代。1527年，罗马城遭到洗劫后，那不勒斯和佛罗伦萨也相继遭遇围城之难，随后又发生了饥荒和鼠疫。在这种文化斗争与现实冲击下，理想主义的人文精神不管是在学理还是现实诉求上都破灭了，由此而来的是萦绕了如同马基雅维利一生的不安与悲剧性因素。及至最后一位人文主义者——蒙田身上则带着强烈的怀疑主义精神与自我审思的气质，将人的一切知识归于自身经验这一事实，并借助古希腊怀疑论者的"克制"（restraint）一词，倡导人的本然状态，对自我现实的接受。虽然人文主义在现实的冲击下失去了理想

---

① 阿伦·布洛克：《西方人文主义传统》，董乐山译，群言出版社2012年版，第17页。
② 同上书，第32页。
③ 同上书，第33页。

色彩，但是不管怎样，自文艺复兴之后，借助宗教对人的经验及人的尊严的坚守这一核心内涵本身却蕴含无限的能量。这个火种一经点燃，便永无熄灭之日。

二 认识论视野下封闭自我成形

（一）近代自然科学的兴盛与认知诉求

正如布克哈特评价文艺复兴时那样，它是"人的发现"与"世界的发现"。也就是说，一方面，是人接着古典文化与宗教神学而逐渐确立了人的自我意识；另一方面，对于世界即与人之外的自然外物也进入了理性认知的阶段。

在自然科学进展中，哥白尼的日行学说从根本上否定了托勒密的"地心说"，由此也推翻了天主教会所谓上帝选定地球为宇宙中心的谬论，对宗教的宇宙观及其基本教义造成巨大冲击，为近代自然科学开辟了道路。恩格斯对这一近代自然科学学说的提出给予了很高评价："他用这本书来向自然事物方面的交换权威挑战。从此自然研究便从神学解放出来……科学的发展从此便大踏步地前进。"① 接下来，伽利略发明了第一架天文望远镜，通过观察与理性推断的方式为哥白尼的学说辩护。开普勒则通过其导师第谷的长期观察结果，推算出行星运行的规律，进而从经验观察概括出理论法则，将感性认识提升为理性认知。在医学中，哈维以解剖学为基础，发现了人体血液循环系统，进一步将教会鼓吹的"上帝按照自己的形象"创造人以物质与生理人的方式加以审视。在这一时期，有很多自然科学发现，不一而足。

是故，文艺复兴以来，人的发现通过类似上帝的荣光来"证成人的自足与能动性，继而激发了欧洲人从事科学探索的兴趣"②。就在这一"世界的发现"过程中，自我的意识开始发生不同的变化。准确地说，

① 《马克思恩格斯选集》第3卷，人民出版社1995年版，第446页。
② 郝苑、孟建伟：《从"人的发现"到"世界的发现"——论文艺复兴对科学复兴的深刻影响》，《国家行政学院学报》2013年第4期。

人文主义所引发的自然科学及其科学主义精神的推崇，将基于自我意识本身的认知活动推向高峰。① 就人文主义的流变发生而言，人文主义被以自然科学为样式的哲学认识论以主客二元的逻各斯镰刀切割了。在近代自然科学的催动下，"完美的人"开始向"机械的人"转变，原先的理想乐观精神不再是对人本身，而仅表现为对他者的认知上，人文主义与科学主义开始分道扬镳。就以人的本真的理性批判诉求来看，人文主义进入晦暗的低潮期。

（二）唯理论与经验论：理性主义下的封闭自我意象

卡西尔在其著名的《人论》中这样讲道："从人类意识最初萌芽之时起，我们就发现一种对生活的内向观察伴随着并补充着那种外向观察。人类的文化越往后发展，这种内向观察就变得越加显著。"② 所以，如果说在古希腊时代，人是通过建立在以与自然合一方式来认识自己，中世纪时期的人是以"原罪"的卑微身份受愚昧蛊惑而陷入奴役的不自知境遇，那么文艺复兴时期，人的主体性开始通过"世界的发现"，即自然科学的发展得以证成，继而这也是进入近代（17世纪后）自然科学勃兴以来受外向认知驱动，从而使得内向自我主观认知体验得以强化的根本趋势。③ 因此，原先关于思维与存在的同一性问题，就被自然科学实践下的实验及其推理方法论所证成，主客分立成为探索认识论问题的前提。于是，认知的重点就从本体论转向认识论问题的探讨，即"面对极具广延的世界，一个非物质的无延展的心灵何以能了解运动者

---

① 这里所谓的认识/认知即意味着一种人在承认自我主体性基础上，发起的对外物的智识活动，不管这种活动用何种方式进行，自我与他者的疏离与间距意识正是这一认知活动的核心要义。质言之，文艺复兴之后，"人的发现"与"世界的发现"是一体两面的存在。正是后者的进一步发展，这种自我与他者的主客对立越发强烈，反而导致人对自我意义及其立场诉求的抹杀，一种科学主义的悖论。

② 卡西尔：《人论》，甘阳译，上海译文出版社1985年版，第87页。

③ 这里以文德尔班划分为准。文艺复兴是逐渐游离于中世纪经院哲学传统迈向自然科学发展的过程，以1600年为界似乎是一个较为妥当的做法。一方面，如正文所论述，16世纪现实的动荡让人文主义丧失了理想主义的气质而逐渐关注社会现实；另一方面，进入17世纪，笛卡尔为代表的近代哲学先驱以纯粹的形上思辨领域作为其工作重心，而后继者不管是认识论中的唯理论者还是经验论者，都呈现出一种理性主义的精神，而与之前大为不同。

的物质？"① 受此影响，近代哲人开始纷纷将目光投入自我主体与外在客体的认识论向度上。另外，便于论述有关近代认识论对自我意识的作用，这里仅就认识论中的唯理论与经验论的创始人物进行集中讨论并予以适当的延伸。下面首先就唯理论先驱笛卡尔的怀疑主义及其主体性哲学有关自我基于主客二元分立的认识论发展历程进行论述。

对于认识问题的探讨，首先来自一种怀疑主义精神。他认为，所谓的认知都不是直接由外部事物直接反馈回大脑的，而是借由身体感官凭借知觉而得以可能，但问题是，这种知觉在多大程度上是对外部真实的反映呢？何以肯定所看的即是事物本来的样子？近大远小的距离感造成的视觉偏差，难道不是我们感官本身的局限及认知障碍吗？如是推演，笛卡尔最终提出其著名的"我思故我在"命题，认为尽管诸多事物可以怀疑，但怀疑本身不能有所怀疑。由此，自我作为主体而使认知得以确证的效力得到比以往任何时期都要大的提升，从而"人类有能力知道他们具有知识；他们有能力反思自己的思想，并且有能力观察他们的观察和如何观察的方式……把他们自己看成是认识者，是意识到他们具有关于自己作为认识者的知识的认识者"②。作为认识的方法论结果，笛卡尔将认识的来源与途径归结为理性主义旗帜下的演绎，③ 即对事物的认知主要来自理性的推理、演绎途径，进而抛弃了感官经验部分。顺着笛卡尔的主体哲学理路，斯宾诺莎与莱布尼兹相继成了笛卡尔认识论哲学的后继者。由于其倚重理性的逻辑及数学演算的认识方法，后世将其称为唯理论学派。其实，笛卡尔对怀疑主义的发挥及最终进入对主体性自我的确立，都无不是认识论发展的一个环节。那么，近代认识论中与前者相对立继而相互斗争直至终结的始于培根的经验论学派就成为接下来的讨论点。

---

① 李文阁：《遗忘生活：近代哲学之特征》，《浙江社会科学》2000 年第 4 期。
② 埃利亚斯：《个体的社会》，翟三江、陆兴华译，译林出版社 2008 年版，第 107 页。
③ 需要澄清的是，这里的理性主义是一种狭义的理性主义（rationality），即排除了情感、直觉、意识等成分，是与经验论相对的。但从根本上来说，两种认识论取向都属于广义的理性主义（reason），区别仅仅在于认识的对象、方法途径、工具等层次上。

作为与笛卡尔同时代人，培根同样富有强烈的人文主义批判气质。他著名的"知识就是力量"，至今仍然是我们耳熟能详的口号。为了达成这一知识确证性的目的，他继而提出"四相说"为各种偏见与蒙昧思维提供批判指向。就具体的方法论而言，以实验、归纳的方法作为其认识的重要工具，由此开启了借助感官对经验事物进行认知的先河。①人与外部自然的关系更是一种前者对后者的利用关系，自然与人的分殊状况成为人以认知发起的技术实用性及功利性的消极存在。质言之，所谓"知识就是力量"，不仅提出并强化了人作为认识的主体认识论的预设，同时以工具性的认知态度将主客体间的区隔予以扩大。此后，霍布斯、洛克、贝克莱及至休谟都不约而同地将感官对外界经验的接受与体悟的理论当作自己思想建构的出发点，认为认识本身不来自理性的逻辑及其推演，而是感官中介对外在经验的体会（不管这一经验是来自真实的外在实体或是内心本身的印象）。可以说，由培根开启的经验论的认识先河与唯理论的差异，一直到休谟与康德前都无休止地相互争论着。

综上所述，认识本身塑造了主客观对立的形式，当把人当作认识的对象时，也塑造了作为主体进行认识论探索的思考者。进一步地，人自身观察者与被观察者在智识活动中并存，在前者中自我似乎成了独立于他者的存在，对后者来说，自我似乎成了外部世界的一种机械构件。正如有学者指出的，"当近代西方哲学家运用理性去建立其认识论时，必然假定认识就是主体通过理性的不同形式（感知、直观、推理、反思等）去把握与其不同并处于其外的客体"②。他们共同的错误在于忽视了主客体之间相互依存的辩证关系。从主客体的二元认识论预设到感性

---

① 在这里，认识论问题有两个重要前提，一个重要前提即是通常对所谓唯理论与经验论之间界限确立的标准即感觉是不是我们唯一的泉源，另一个重要前提即客观实在是不是我们感觉的泉源。所以，唯理论与经验论都围绕唯物与唯心及感性与理性的层面相互纠缠，如经验论中的唯物主义者洛克，贝克莱、休谟的唯心主义经验论等。所以介于篇幅及主旨叙述将不再对两者的各个类型进行详细讨论，仅就认识论视野下围绕感官的认识来源及其方法论进行比照。

② 刘放桐：《超越近代哲学的视野》，《江苏社会科学》2000年第6期。

与理性的继续发挥，认识论视野下人本身就被理性主义割裂了。这正如埃利亚斯所借用的沉默石像的寓言描述的："在一处大河的岸边，或者，也许是在一座大山的陡坡上，依次耸立着一排塑像，它们都由大理石做成。它们不能活动肢体。但它们由研究可以看，可能嗨哟哆可以听。总之它们可以思维，它们有智慧。但这些塑像相互看不到对方，尽管它们能感知有其他塑像存在。……于是，它们完全自为地和独立地觉察到，在河的活山谷的那一边发生了什么事情；……每一尊塑像都形成了自己的意见。它们所有的知识均源自自身的经验……但是它们的思想的东西是否与另一个地方实际发生的事情相符合，这却始终悬而未决。它们没有可能去确信这一点。它们是静止不动的。它们是独处的。山谷过于幽深，鸿沟难以逾越。"①

最终，在自我封闭的这种状况下，不管唯理论的理性主义（rationality）或经验论的经验主义视角，都由正面或反题形式的感官与外部事物的分裂隔断的意象所操持着，自然沿着这种主客二元的理论发展，两者都发生了困难。在经验论中，继贝克莱"存在即被感知"的唯心主义命题后，休谟将认识归结为纯粹经验性的，普遍规律是一种基于"习惯性的联想"而得以证成，怀疑主义成为经验论者最终的困难与归宿。对于唯理论，理性主义的先验论立场最后发展为一种独断论，所有的公理与预设的可能都只能通过这种先验的形上神学依靠。正是如此，近代认识论视野下所确立的主客体自我认知模式变得支离破碎，外部与内在自我之间形成相当强的张力，这就是埃利亚斯口中所谓"封闭自我"（homo clauss）的核心。此时感性与理性的人文生活样态即是这一封闭自我的表达。

三 作为感性与理性的人文主义内涵表达

从根本上说，哲学认识论转向是自文艺复兴以来，自然科学理性主

---

① 埃利亚斯：《个体的社会》，翟三江、陆兴华译，译林出版社 2008 年版，第 118 页。

义推动下逐渐作用于人自身的结果。人与外物的分离让认识问题凸显出来，这种现代分殊化的认知境遇也变相地强化了人自我的印象。悖谬的是，这一过程建立在一种自我与他者、自我作为观察者与思考者等二元分殊基础上的，其中封闭自我的形成即是近代认识论的产物。尽管近代唯理论与经验论在认知的方法、工具、对象上诸有不同，但两者依旧离不开所谓它们含有的感性与理性的人文主义内涵。从学理上，所谓感性的人文主义更接近以培根经验论者对认知的经验主义取向，相应地，理性的人文主义则倾向于以笛卡尔为代表的唯理论者对逻辑及其演绎方法的推崇。进一步说，这两种人文主义内涵即是围绕人之感官对外界他者的关系的认知。正如此，塑造了之后人文主义在进入 18 世纪启蒙时代以后这种二元形变的基础。在这里，两者分野在人与人、人与社会的关系上。在经验论者看来，人作为现实的人而存在，他自然就与自然中的动物不同。在就人与人的关系继而人与社会的关系上，人所承载的责任不再是一种抽象的、无形的负担。培根就对以前的伦理学侧重人的德性本身，而没有对现实社会中的人进行道德起源及其流变形式进行批判。他认为，考虑到人与人关系的复杂，人的社会行为要通过与他者相关的责任义务及利益相结合的方式考察，只有这样，才能将人还原为现实的、活生生的存在的人。可以说，就世俗来说，培根是"近代欧洲人学史上第一个比较自觉地、明确地意识到道德与利益的关系这个伦理学基本问题的思想家"①。另一经验论者霍布斯更是通过恐怖主义的"嗜欲说"，完全导向人文主义的感性天平中。依据叶启政先生的追溯，霍布斯的这一义理可谓现代性思想中有关"以人的需求之本能欲望的文明动力学的开端"②。就霍布斯的社会思想而言，人被看作一种机械的、力学的存在，人与人之间关系的这种机械唯物预设让基于本能欲望的考察有了暂时可供解释的可能，这也为推动打破基督教神学有关作为原罪

---

① 龚天平：《试论欧洲近代哲学中的人学思想》，《郑州大学学报》1998 年第 1 期。

② 相关论述参考叶启政《深邃思想锁链的历史跳跃——霍布斯、尼采到佛洛依德以及大众的反叛》，台北：远流出版公司 2013 年版。

奴役身份的人提供了论述基础。由此，他将人还原成生物的、生理的人，感性正是以一种本能欲望为根本而显露其人文意涵的。进一步，人与人之间是一种永恒纷争的关系。这种生理学意义上的感性人文主义与后来费尔巴哈的人本主义极具家族相似性。在之后的启蒙运动中，有关人作为自然存在的思想就被发挥得淋漓尽致。比如卢梭在论述人时，就借助浪漫主义的精神将人的社会生活分为自然状态和社会状态，相应地将人分为社会人与自然人。在自然状态下，人是自由的、独立的。随着社会的发展，私有制的产生，人就因科学技术发展而逐渐陷入不平等状态。正如此，个人与社会之链接可能的社会契约就将成为突破口，革命成了其中的应有之义。也就是说，感性的人文意涵抽掉了人作为存在于社会的政治、经济与文化的属性，实质上是空谈社会关系，所以"培根、霍布斯、卢梭虽然涉及到人与人的基本的经济关系，但他们没有看到经济关系的基础即生产关系，因而他们的人与社会关系理论是抽象的、空洞的"①。

对于理性人文主义者来说，他们也同样借助其二元主客分立的认知视野探讨了人与人、人与社会的关系。不管是唯物的或唯心的唯理论者，都不约而同地将理性的信条如平等、自由等看成人与人、人与社会关系的本质，提倡人的幸福生活应建立在恪守自我原则与本分的基础上。笛卡尔把人当作一个思维、怀疑着的精神实体，认为理性是人的本性、自我的本质。他说："我只是一个有思想的东西，一个心灵，一个灵魂，一个理智，一个理性。"② 将有关纯粹属于感性的经验问题排除出人的世俗讨论范畴，将重点放到个人与他者的理性原则关系上。正如此，在笛卡尔之后，斯宾诺莎就尝试将个人利益与他人利益及公共利益统一起来，利己的同时也应有利他的目标。在近代哲学的集大成者黑格尔那里，人与社会的关系就通过他的市民社会强化了这一理性主义的精

---

① 龚天平：《试论欧洲近代哲学中的人学思想》，《郑州大学学报》1998 年第 1 期。
② 转引自伽桑狄《对笛卡尔〈沉思〉的非难》，庞景仁译，商务印书馆 1981 年版，第 9 页。

神意涵。在《精神现象学》中，他提出"我为他人，他人为我"的伦理公式，并且进一步用辩证法强调了个人与社会、个体与整体之间既对立又统一的关系。作为一种结果，不同于经验论的感性的人文主义偏向人的感官与世俗享乐视野下对社会与人关系的讨论，理性人文主义更意在将人与社会、人与人的关系侧重点放到一种对立与统一的理性形式框架。

综上所述，在认识论的催动下，人文主义以感性与理性的世俗观念分别展开。人文主义偏重人的自然本性及其经验实在的意义，感官生活成了之后学者讨论人与社会关系的重点。正如此，后世才有了各种形形色色的诸如享乐主义、浪漫主义的狂飙突进运动，即使两者在他们看来似乎更是对立的、难以弥合的存在。对理性的人文主义世俗观来说，脱离于具体的经验考察，人与社会更像一种形式上的理性运动，对立与统一即是其话语的经典表达。尽管这在某种程度上摆脱了纷乱复杂的现实纠缠，为社会与个体两者关系的认知发展提供了见解，但仍无法将人从抽象的形式转换为现实的、实践的、具体的人。而与感性人文主义一道成为近代认识论视野下的迷思。

第三节　证成：启蒙运动下自我意象的乐观再塑

在对启蒙运动下的人文主义进入现代前的最终成形进行讨论之前，有必要回顾先前所做的人文主义与神学、自然科学关系变迁的历史。如果以文艺复兴的"人的发现"作为人的现代化之自我意识觉醒的分野，人文主义的现代发生正是基于人对"认知"的需求而受促动的。从积极一方来看，原先经院哲学中的异端"唯名论"从某种意义上正是这股推动人对外界发起的对自我与他者认知的契机，基督教内部的新经学运动也响应了这一时期后个人对自身认知的诉求。其实说白了，思想领域的异变与社会的变迁及来自"世界的发现"有直接的关系，以至于在此这种多方的变迁不是以非此即彼的方式能够予以恰切叙述论证的。就发展趋势而言，毫无疑问，各种因素之间确有相互作用的力度与亲密关系。

就人文主义的发生而言，人对自我的确立首先离不开与神的同型同构的观念，在此基础上才有可能谈及变迁的问题。另外，人文主义与科学主义的关系或说人对外部自然的认知关系，即"人的发现"与"世界的发现"就发生意义上也是相互证成的。但正如上面几个章节所集中论证的，这种相互证成伴随着互为分裂的趋势，尤其是当现实主义的成分于文艺复兴运动后期逐渐增强，人与神同一下的人文主义越发分离，对外部自然的认知似乎反作用于人，进而将人以抽象的认识论形式进行形式上的割裂，封闭的二元自我开始得以证成。简言之，近代自然科学应该是这一二元自我意象成形的重要契机，其背后有一套关于主客体认知方式的催动。在这一过程，哲学领域的认识论即是重要结果。那么，如果将这一自然科学促动下的思想史发展脉络看成人文主义之现代变迁重要部分的话，以牛顿为集大成自然科学哲学之后的启蒙时代，人文主义进一步受到科学主义方法的影响。从批判二元论的狭义层面看，人文主义不仅与科学主义分离，并且受其影响成为人类中心主义的标签。正是自然科学的催动，人的自我意识似乎得以极大强化，人与部分的他者对立关系甚至消失了。

一　启蒙时代的自然科学及其思想效应

（一）以牛顿为代表的近代科学主义发生

当人文主义受到自然科学的影响，用哲学认识论中的二元话语来预设人类自身的形象时，人对自我意识的变化就由原先文艺复兴以来神人同型同构的混沌思维向理性的二元认知的朴素方式过渡了。值得注意的是，这一过渡时期并非一直朝向二元的绝对话语迈进，即使同属二元认识论的唯理论与经验论在最后也发生了自我的重新审视。其中，莫过于休谟的怀疑主义思想，将实在的经验与确定性本身予以否决。尽管如此，思想史的走向仍离不开现代化进程以后科学的发展。正是这样，科学主义才会以一种历史延绵的方式不断作用于思想本身，形塑人的认知。就前者来说，在自然科学中，牛顿为首的经典物理学可谓直接影响了近代启蒙的科学主义走向及理性话语的变迁。

　　如果说文艺复兴时期宗教在某种程度上促动人对自我的发现及之后对发现世界的认知需求，启蒙运动时期伴随人文主义之二元话语的证成，宗教开始受到科学主义更恰切地说是唯科学主义的冲击而越发失去以往的光彩。甚至新实用主义者罗蒂认为，启蒙运动打破了神学至高无上的地位，人类从此进入后神学时代。这里与其说是宗教与科学理性的决裂，不如说是一个水到渠成的循序过程来得更加恰当。17世纪后，在经历了文艺复兴运动的衰退与思维的现实复归，宗教神学内部开始发生了一些变化。比如，英国自然神论的产生就是宗教对自身传统教义及理念的改革，它们提倡一种基于包容外在自然的理念来达致彼岸世界。即使各个不同的宗教教派存在仪旨行规的殊异，仍然有可能达成一致的迈向上帝荣光的彼岸可能。正是在这种走向后文艺复兴时代的相对开放的氛围下，牛顿自然科学下的理性精神开始成为代行这一氛围新的上帝形象。近代科学正是立足牛顿的经典物理学基础上，启蒙话语也毫无例外地与之发生关涉。

　　在牛顿以前，对自然科学的研究已有很多科学家做了重要的开拓工作，如开普勒提出的行星三大定律，伽利略提出的惯性、自由落体等相对性原理，建立了严谨的自然科学方法。所有这些都为牛顿集大成的自然科学理论奠定了基础。最终，牛顿发现了万有引力定律及其运动三定律，这样一来，就把天体运动与地上的物体运动统一起来，建立了完整的力学体系。丹皮尔对此评价，"牛顿理论的精确性实在令人惊异。两个世纪中一切可以想到的不符的情况都解决了。而且，根据这个理论好几代的天文学家都可以解释和预测天文现象。就是现在，我们也须用尽一切实验方法，才能发现牛顿的重力定律和现今天文知识有些微的不符"①。

---

① 丹皮尔：《科学史》上册，李珩译，中国人民大学出版社2010年版，第260页。

由此，在这一自然科学思维的引导下，自然成了科学认知的客观对象，而由自然科学思维探索下所产生的原理与规律则以普适的、真实的性质方式呈现出来。整个于人的外部存在——自然就逐渐脱离神学的形上固囿，成为牛顿经典力学体系下的不带目的的存在。继而，外部自然客体的运动仅仅只需最初的上帝之手的轻轻一推，即可永恒地运动下去，从此神学不再插手人对他者的认知。在《自然哲学之数学原理》中的第三篇，牛顿就推理了哲学的思维法则。法则1："除那些真实而已足够说明其现象者外，不必去寻求自然界事物的其他原因。因此哲学家说，自然界不做无用之事，只要少做一点就成了，多做了却是无用；因为自然界喜欢简单化，而不爱用什么多余的原因夸耀自己。"[1] 这样自然就被简单化了，并按照普适性的原理予以诉求。

在某种意义上，机械力学成了人的认知指导。[2] 就此来看，这种客观冷峻的自然科学眼光将人原先围绕中世纪托马斯—亚里士多德的以地球中心论的人给排除了，但这里毋宁说只是理性话语所倚重的媒介改变了而已。"这只是问题的表面，牛顿力学实际暗含着对人的地位的推崇，作为一个简单世界，自然界显然容易为人所把握，人也的确把握了自然，牛顿力学即是明证，而人经由此种把握便可跃升为自然的主人。"[3] 认识的本身是由人的思维进行的，尽管很明显，近代自然科学哲学将人视作认知的二元性存在，但不管就认知的范畴、方法、路径，都闪透着一种手段对目的的僭越特质，其基础就是理性本身对人进行消极性处理，因而以至于人以消极性的姿态来证成自我理性的中心式地位。顺着这一思路，虽然就人与他者（如自然、社会、宗教）的关系将走向何处，也不管表面呈现出来的是否如之前相互分殊或对立的样式

---

① 转引自张华夏、杨维增《自然科学发展史》，中山大学出版社1985年版，第137—138页。

② 其实，纵观牛顿生活的时代，基本上与近代哲学认识论发生重叠。很大程度上，认识论的二元预设基本上也呈现出机械论的色彩，这点从霍布斯的政治哲学体系中窥见一斑。但也正得益于自然科学研究与神学形而上学的分殊，这种二元论也将随之发生变化，直接从牛顿的自然科学理路上考察将更直观，因为科学是推动认识论发展的重要维度。

③ 李文阁：《遗忘生活——近代哲学之特征》，《浙江社会科学》2000年第3期。

那般，理性话语将一直操弄其间，主宰人的同时让人有了完美的理想主义及乐观意象。

（二）迈向对立的科学主义气质

由于牛顿为代表的近代自然科学的普适性和完备性，自然科学的这种机械的、演化的、人为操控的思维逻辑并没有单纯停留在自然科学领域，"借助牛顿的权威，再经过哲学家们之手，它很快就变成了一种宇宙观、世界观"[1]。伯特指出，以牛顿的权威丝毫不差地成为一种宇宙观的后盾。[2] 这种宇宙观/世界观所具有的科学性，我们称其为科学主义的世界观，从笛卡尔到黑格尔，整个近代哲学都持有这种世界观。正是这一从自然科学下的科学主义思维延续，原先封闭二元的理性哲学思维也相应有了变化。如果封闭二元的认识论是文艺复兴时代人文主义遭受现实冲击而在思想领域产生的些许波动，那么，这里变化的基础便是科学主义本身对自身探索领域的僭越，是它自身的二元理性话语的进一步发展。

科学主义在启蒙时期从牛顿那边得以承继与发展，似乎在逐渐摆脱神学之后，科学主义与人文主义就开始发生分裂。"形上解释能力的枯竭使科学主义与人文主义丧失了相互联结的最后系带。"[3] 这正如胡塞尔说的，"哲学和科学本来应该揭示普遍的、人'生而固有的'理性的历史运动"，"而且整个近代哲学史也在为人的意义而斗争，但阐述人的意义的理性本身、理性的统一性却随着实证科学的发展发生了分裂"[4]。这一分裂的后果便是，失去原先对他者形上思维依附下的羁绊，科学主义话语开始受到极大的鼓吹，从由人的自我意识觉醒以来的朴素的自然科学精神发展为对超越其自身话语范畴的意识。这即科学主义压制人文主义的开始。下面就近代科学主义的内外逻辑及社会条件的两个

---

[1] 李文阁：《遗忘生活——近代哲学之特征》，《浙江社会科学》2000年第3期。

[2] 丹皮尔：《科学史》上册，李珩译，中国人民大学出版社2010年版，第249页。

[3] 张学广：《科学主义、人文主义的演进与生存危机》，《社会科学》2007年第1期。

[4] 胡塞尔：《欧洲科学危机和超验现象学》，张庆熊译，上海译文出版社1988年版，第17页。

维度予以简单论证。

科学本身蕴含着围绕技术的内在逻辑。从系统论角度看科学发展的内部逻辑，科学研究过程本身承担着对系统与组成系统元素的工作。科学即是对系统与元素、元素与元素之间联系的研究，当然对不同系统间的研究（跨学科意义上），以上两者依然成立。进而，科学将对象以宏大与微观两个维度进行区分，科学的发展将沿着这一系统与元素之间相互证成的逻辑进一步推进。一方面，就微观的元素研究来说，科学研究的发展将越发对琐碎、细微、难以察觉捕获的对象发起探索。就宏观的一端来说，遥远的、宏大的事物将逐渐成为研究对象。进一步地，围绕这两个端点，系统性与经验性同时得以展开。正是在这两个端点作用下，作为科学研究的两个端点所倚靠的中介——技术也将得以大大提升，"从而科学的发展呈现出横向渐摆展开、纵向螺旋上升的生动图景……一旦人类对系统与元素、元素与元素之间的客观联系掌握之后，就有可能打乱物质系统的天然排序，进行人工重组"①。也就是说，正是科学发展的这种内部逻辑，使得技术得以飞速增长。技术正是科学物化的中介，进而作为科学发展内部中介的物化工具——技术将催动科学发展。此时，人为的能动性将通过技术进步的逻辑得到极大提升。

就外部的发展逻辑来看，因内部逻辑所延伸出的对外部事物的指涉，同时加上技术的物化中介作用，科学自然地就被应用到社会生产领域。这一实用性的"作用力"进一步强化了其内部发展逻辑。具体而言，商品化生产离不开科学技术下的生产效益红利，进而科学发展本身都带有了生产的逻辑——效益与效率，追求投入与产出比值的最大化，最终经济逻辑成为借助技术进步而达成科学发展的最有利的杠杆。质言之，科学发展的内外部逻辑通过技术来做中介，即使作为理想的纯粹科学研究并没有鲜明地就社会生产与商业化效率和效益逻辑做出明显助益。但外部逻辑的外生性与物质性特质，使技术将大大朝向实用性维度

---

① 伍光良：《科学技术何以成为人本主义的杀手》，《科学技术与辩证法》2001 年第 6 期。

发展，外部的发展逻辑将内部的内生逻辑逐渐遮蔽，科学成了效益的代名词。① 进一步地，这种效益优先的发展就成了我们通常意义上所面对的科学主义压制以人为本的人文主义的结论。

二　科学主义话语下的二元性消解

科学主义的诞生是科学与人文主义相互作用的结果。在文艺复兴时期即早期现代社会中，这一作用以相互推动、共生的形式存在，即是布克哈特眼中"人的发现"与"世界的发现"的表现。但是在经历时代变迁影响后，随着思想史中的哲学认识论转向，人文主义向封闭的人的自我意象转型，人文主义开始被割裂为二元性存在，此时思维与存在的同一性关系证成了，这是科学对思想史发展影响的关键节点。正是牛顿的横空出世，近代自然科学的理性思维逻辑得以进一步发展，以至于在人与神学之形上暧昧关系已成为过去式的情况下，科学似乎有重新占据思想话语主导的趋势。在启蒙时代，科学理性精神走向高峰，而人与自然之间的二元分立的认知状态似乎也一并被乐观的科学主义以非绝对对立的书写方式转换。人与自然在科学主义话语下开始被和解，但这又毋宁说是人借助理性的自我中心主义话语的范畴扩张的结果。

埃利亚斯在追溯启蒙时期有关个体认知的进一步发展时，就人与自然关系的变化做过比较。与 17 世纪或 18 世纪早期相比，他认为之后有关人对外部的认知逐渐转向与实际自然科学相关的操作议题，"个体与自然的相互对立，寻求知识的主题与有待认识的自然客体的相互对立，正逐渐丧失它们的重要性"②。"而这种重要性之所以下降，与其说是因为在思想中显示出来的那些认识论难题已令人信服地得到了解决——毋宁说，随着人类不论在行动上还是在思想史中越来越有能力赢得对自然

----

① 当然，简单地将近代以来科学发展视作商业下的效益催动是有失公允的。科学主义也并非天然的人文主义的天敌，这点就人文的内生性的逻辑便可知晓。可以说，科学曾是人文主义的保护者，让人脱离他者的束缚，解放思想，激发自我意识，提供了认识论意义上的契机。

② 埃利亚斯：《个体的社会》，翟三江、陆兴华译，译林出版社 2008 年版，第 129 页。

过程的控制力，进而使其服务于人类自身的目的，认识论的这些难题已不再具有其紧迫性了。"① 这便是科学技术发展带来的人与自然之间关系的祛魅，此时这种关乎外在自然的重要性就由科学发展逻辑决定。继而，原先通过认识的方式来达成对人与自然相分离的智识目的就被科学发展下的实用主义的效益目的所遮蔽。

此时，科学发展下，个人生活得到极大的满足，实用主义下实证原则的阙如让"我们关于自然运动的观念和预期与哲学运动本身之间制造极高程度的一致性"②。所谓内在世界与外在世界的对立观念，就在这种实用与实证的科学方法精神下发生了变化，自然成了非敌对的存在，甚至自然成了人类之友。这便是科学发展带来的自身话语扩张的结果，"自然成了一个特别友善的人，尽管也不无狡诈，但它仍然是所有善的、救恩的、正常的和健康的……'社会'往往倒成了一个妨碍单个个人去过'自然的'，或者去过他'本真的'生活的东西"③。

三 启蒙理性精神及其自我观念的局限

（一）迈向个体化的现代社会关系境遇

恰恰是科学主义将人对自然推向非对抗关系的和解进程，人与另外的维度——社会之间关系的相互诉求开始逐渐凸显成为人对自我认知的主旋律。在埃利亚斯看来，这是科学话语本身造成的结果，自身的这种二元认知视域通过科学技术与世俗物质生活的效益逻辑结合而得以扩张，进而湮没了自然存在之维，以至于原先基于人与自然之间距离化的二元认知随即"失效"了，毋宁说这就是唯科学主义自身话语建构的结果。由此，"现在在这些观念中引起注意的，是个人的'内在世界'与他人之间的隔阂，是在这个'内在'中本己的自我与'外部'社会之间的隔阂。随着自然可控事件的可控制性的不断增长，个人越来越强

---

① 埃利亚斯：《个体的社会》，翟三江、陆兴华译，译林出版社 2008 年版，第 129 页。
② 同上书，第 130 页。
③ 同上书，第 131 页。

烈地感到，对发生在人类之间的事情，尤其对发生在不同人类群体之间的事情缺乏控制力，而社会实践和社会要求给单个人本人的意愿和志趣造成的却是难以消除的对抗"①。从自然转向对社会即他者的关注，科学主义思维影响了个体对社会的认知。

在很大程度上，这种科学主义的路径所持具的二元色彩受到越发个体化的社会发展趋势影响，科学本身也是社会历史发展进程的一部分。是故，在当代后实证主义者库恩看来，对有关科学的研究视野、世界观、方法论等一系列性属的讨论即范式考察中，"历史研究不但揭示出把个别发明和发展孤立起来有困难，而且也揭示出对这些个别的贡献所构成的那种科学累积过程的极大怀疑……这些历史研究至少已提示出一种新科学形象的可能性，而勾画出这个形象的轮廓"②。那么，上述启蒙时代越发突生的科学吊诡话语可进一步通过社会发展来洞悉。此时，个人与社会以一种相互隔离的方式得以关系证成，对他人的关系即是典型代表。埃利亚斯认为，现代社会分工的加剧让个体之间开始有了更多的角色与身份的变换空间，正如此，个人之间就由原先基于地缘、血缘等先天的纽带中脱离出来。"他们拥有了某种更大的选择空间，可以在更大的程度上为自己做出决断……必须在更大的程度上为自己做决断，他们不但是能够，而且也必须在更高的程度上自立自足。"③

进一步地，这种社会分工及其越发流动的境遇，让个体自身开始逐渐关注外在的区别于他的人。同时，因这种自由的分工分化状态，个体的独立性建立在与他人的联系上。简言之，如果没有与他人的分殊，个体就没有在社会层面确立自我的可能，以至于"单个人在其彼此联系中的那种被分离和被隔绝性"④，让其与社会的关系得以最终确立。个

---

① 埃利亚斯：《个体的社会》，翟三江、陆兴华译，译林出版社2008年版，第130页。

② 托马斯·库恩：《科学革命的结构》，金吾伦、胡新和译，北京大学出版社2012年版，第92页。

③ 埃利亚斯：《个体的社会》，翟三江、陆兴华译，译林出版社2008年版，第125页。

④ 同上。

体性本身也在这种现代化趋势下逐渐生成，自然地，社会与个体的这种既依附又分殊的关系就成了科学主义强有力的推动，物质生活与科学发展逻辑共谋了，人与社会即在人与自然分殊下成为又一个二元分立的阿基米德支点。正是社会由个体之间的关系结构所构成以至于异常复杂，科学主义的、机械的理性观念就简单地将个体的个体性视作一系列启蒙下诸如自由、平等、公平等普适原则，毋宁说这又是一种抽象的自我指涉的结果。

（二）启蒙理性观：从康德的启蒙界定说起

科学主义的发展重新塑造了人与他者的关系，社会的个体化进程正如埃利亚斯口中那样一步步地得以深入，人与人、人与社会的关系成为此时的焦点，这种由科学主义对人与自然关系的转换与拓展也得到其他领域的回应。可以说，当历史进入18世纪，基于个体化的启蒙运动（The Enlightment）由此得以展开。此时，有关自我的观念及其理性话语，离不开对当时启蒙理性精神的理解。要理解此时人文精神的流变，对启蒙精神及其理性话语形式的界定将是必要的。这里以德国古典哲学大师康德对启蒙的界定作为探讨这一时期自我认知与人文形态流变的关键，他对启蒙的界定有很深的社会历史背景。下面先就这一背景做个简要梳理，以便为此时的启蒙概念进行相关厘定。

据考证，启蒙运动这一概念大致出现在17世纪末。"卡萨尔·施蒂勒于1696年曾写道：'与所有事物一样，好的本性和性格也属于教育和完善理解的范畴，所以我们用报纸（指《兴趣和应用报》）来促进修养、好的思想和丰富的见解。'1741年汉堡的《国家和学者报》这样解释作为第一阶段的概念：'努力（理解科学），我们只能把人们的能力归结于这种努力，是很有成效地继续下去的。因此我们可以把我们的时代称为启蒙时代。'在此之后，这个概念成为一个世纪努力的标志。"[①] 启蒙在18世纪后成为思想潮流，风靡欧洲。不同国家亦有不同文化与

---

① 里夏德·范迪尔门：《欧洲近代生活宗教、巫术、启蒙运动》，王亚平译，东方出版社2005年版，第237页。

社会发展差异。英国的科技发展促使了工业革命的发生，在法国以伏尔泰、孟德斯鸠、卢梭等人为代表，启蒙思想首先发端于民主共和的政治理念中。康德所生活的四分五裂的德意志，则相对没有英法那么蓬勃朝气的气象，在启蒙话语上，迟迟得不到有关学者的回应。就此，"德国的启蒙者不得不发展语言，寻找适合自己文化的主题，编写自己的规则，教育他们的读者"①。进而，"思考启蒙并为启蒙定界，成为普鲁士启蒙运动区别于英、法启蒙运动的一个重要方面"②。

承担启蒙思想发声的当属与《柏林月刊》有紧密联系的、活跃于18世纪末期的德国秘密学会——星期三学会。从其核心成员如策尔纳与比斯特有关牧师在婚礼中的权威所进行的争论开始，到门德尔松在《柏林月刊》上发表《论什么是启蒙这个问题》，星期三学会的成员对启蒙的讨论构成康德观点发表的先声。就在门德尔松发表界定启蒙言论三个月后，康德则联系当时盛行的腓特烈大帝开明君主专制的背景对启蒙给予不同于星期三成员的清晰界定。他认为在专制政治氛围下，个人的权利受到很大的限制，很多启蒙思想呐喊者依附专制政权而没有就启蒙本身的主体性问题进行探索，以至于启蒙成为教化的代名词。③ 启蒙在星期三学会那里模糊与矛盾的界定及试图自上而下精英式地打造对大众启蒙的路径，则更是被康德所批评。就此，康德通过《答复这个问题："什么是启蒙运动"》回应了启蒙问题的争论，同时也成为围绕个体理性自决与解放的启蒙意涵的经典表述。

（三）启蒙理性的原则及其困境

在康德看来，启蒙即"人类脱离自己所加之于自己的不成熟状态。不成熟状态就是不经别人的引导，就对运用自己的理智无能为力。当其原因不在于缺乏理智，而在于不经别人的引导就缺乏勇气与决心去加以

---

① 彼得·盖伊：《启蒙时代》，汪定明译，中国言实出版社2004年版，第147—148页。
② 管小其：《启蒙定界，康德启蒙观的革命性意义》，《求是学刊》2009年第1期。
③ 对于当时德国盛行的开明的专制主义，康德以批判的眼光将其视作启蒙道路的一个障碍。国民应该有自我觉悟去实施原属于自己的理性自由，而不是依靠统治者制定的有关律法而被动消极地服从。

运用时，那么这种不成熟状态就是自己所加之于自己的了"①。这是说启蒙的必要性就在于个人摆脱他者理性而诉诸自身已获致的成熟的理性。未成熟的状态不是指向自身缺乏理性要件，而是因为个人的懒惰与狡计不想自由地运用理性，而依附于他人。让渡自己的理性权利正是使个人受困于监控状态的重要原因。在这个意义上，康德把启蒙界定为在任何时候都自己思维的准则，而自己思维则是在自己本身中（也就是说，在其自己的理性中）寻找真理的至上试金石。② 由此，康德首先强调的启蒙即是对个人作为理性主体的解放，朝向自我个体的思维原则。

这种朝向自我主体的理性原则便回应了德意志盛行的以社会阶级教化为标准的自上而下的精英式启蒙界定，加强了人作为主体性自为、自足的能动一面，这种倾向也使康德的启蒙带有批判性的内涵。"多问一问自己是否认为，使为何接受某种东西的根据或者从所接受的东西所产生的规则成为其理性应用的普遍原理，是可行的。③ 这类似于笛卡尔的怀疑主义精神对"我思"命题中主体部分的确立。这样一来，就摆脱了他者权威的影响，而将思维回归主体理性思维，从而"理性只把这种敬重给予能够经得起它的自由的和公开的检验的东西"④。这种通过回归主体理性的自抉式运用也带有相应的局限。他并没有解释理性这种自我运用及其产生的对他者的批判指涉其批判性来自何处，而是直接宣称"批判从其自身之确立了的基本规则获得一切决定，这些基本规则的威望是没有一个人能够怀疑的"⑤。进而，这种对主体理性的绝对强调带有先验的独断论色彩，即使其批判的锋芒在当时看来所向披靡，却带有伊卡洛斯式的悖谬色彩。愈批判，其主体性的话语霸权愈强大，以

---

① 康德：《答复这个问题："什么是启蒙运动"》，何兆武译，载《历史理性批判文集》，商务印书馆 2005 年版，第 23 页。

② 康德：《什么叫做在思维中确定方向?》，李秋零编译，载《康德著作全集》第 8 卷，中国人民大学出版社 2010 年版，第 148 页。

③ 同上。

④ 康德：《纯粹理性批判》，李秋零编译，载《康德著作全集》第 4 卷，中国人民大学出版社 2005 年版，第 7 页。

⑤ 同上书，第 482 页。

至于后世学者对此有颇多批评。如康德的同时代人哈曼就将启蒙的理性自我主体性看作一道不可触碰的、带有恐惧气息的光，而法兰克福学派霍克海默与阿多诺及福柯也对此发起激烈的批判。

其实，就这一关涉自身的理性运用来说，其困境即是传统意义上，先验的绝对主体与经验的理性主体之间的矛盾。不过，康德并未就此停留，而是继续推进对启蒙原则的界定，寄寓于实践理性逻辑的"与他人一起思维"的原则，即是康德启蒙意涵的应有之义。这一原则突出的是将理性的运用及考察放置到与他者的关系中，"理解为在思维中置身于他人的观点之中，促使主体从一个普遍的立场对自己的判断加以反思，从而突破了个体自然禀赋的狭隘。因此，康德在把自己思维的启蒙原则称为真正无成见的思维方式之后，把'与他人一起思维'的启蒙原则称为一种积极的、扩展了的思维方式"①。在这种与他人的交往下，就会产生理性实践下的共同感，一种保持一致与共同评价的能力。"这种评判能力在自己的反思中（先天地）考虑到任何他人在思想中的表象方式，以便使自己的判断仿佛是依凭全部人类理性，并由此避开那会从主观的私人条件出发对判断产生不利影响的幻觉。"② 这样一来，在独立的主体理性确立基础上，再通过实践理性逻辑与他人相互观照的主体间的一致性达成，启蒙就成为自我意志与他者普遍一致的共同感存在。这就为理性的道德设定提供了可能，正是这种主体间性也难以避免原先孤立的、消极自我理性的局限。

从根本上说，康德的基于实践理性虽然给予纯粹理论理性下的启蒙（即自我思维的孤立原则）一定的补充，使前者"能够创制观念、创造历史。即使人们的认识能力无法知晓'历史是否进步''永久和平是否可能'这样的终极问题，但是人们却可以将其看作可能的，并作为一个

---

① 马雪影：《康德启蒙原则的困境》，《道德与文明》2003 年第 2 期。

② 康德：《判断力批判》，李秋零编译，载《康德著作全集》第 5 卷，中国人民大学出版社 2007 年版，第 306 页。

'义务'来加以实践"①。这样一来，似乎道德与伦理的问题也一并因为这种理性的实践与主体间性指向而得以证成。然而，问题是共同感所产生的基于他者一致的普遍性（道德伦理意涵）本身的理解问题却被消解了，即"将这种普遍化视为理性存在者理所当然的一种能力，实际上是借助共通感回避了主体如何能够把准则普遍化这一问题，而直接转向了对普遍化障碍的讨论"②。质言之，这种与他人一致的类似哈贝马斯沟通理性的原则本身是如何达成从"我"到"我们"的转变过程没有得到解决，因为集体理性经常和个体理性不同，个人的筹划与实践最终并不可能得到理想的结果。即使在个体化社会，个体性得以通过社会日益强化的分工而增强，但仍然在埃利亚斯看来是在既联系又分殊的境遇中演变的，谁能保证这种既分殊又与他者相互依赖的个人能够识破黑格尔的理性狡计，将与他者的一致与自身主体的理性运用相协调呢？诸如集体狂欢与群氓的非理性逻辑能够证明启蒙理性的合理性吗？相反，类似法国大革命的集体行为成为后世学者批判启蒙理性主体性话语的经验节点。

最后的启蒙原则，康德以"与自己的一致"来表述，即站在前两个原则基础上将理性主体的自由运用进行自我回归的历程。非理性的存在者只是作为手段而存在的事物，而人的存在最关键的便是视己为目的，意味着在任何时候都必须遵循这样的命令式，即你要如此行动，"无论是你的人格中的人性，还是其他任何一个人的人格中的人性，你在任何时候都同时当作目的，绝不仅仅当作手段来使用"③。这样一来，对自我的回归便是理性通过自我来达成有关存在的立法守法自由。进一步，这种归诸自我意志的自由便是借助道德的普遍性来证成的。回归自我本身即带有与他者殊异的预设，共同感也正是在这种殊异分离预设下产生，继而理性主体的自我回归便是普适性规则在个体与他者之间达成

---

① 吴冠军：《什么是启蒙：人的权利与康德启蒙的遗产》，《开放时代》2002年第4期。
② 马雪影：《康德启蒙原则的困境》，《道德与文明》2003年第2期。
③ 康德：《道德形而上学的奠基》，李秋零编译，载《康德著作全集》第4卷，中国人民大学出版社2005年版，第437页。

一致的结果，这是建立在意志自律基础上的道德理想建构。

其实，这项启蒙理性下的道德回归带有当时欧洲有关科学主义与人的尊严（人文精神一部分）相互对峙的色彩。康德试图重新通过摒弃感性的方式来设定人的尊严本身而诉诸道德。正是这种影响及其道德意志的回应，让其理性呐喊并没有通常启蒙批判所认定的工具理性对人的主体僭越的强烈意味。不过，康德"也无法解释为什么理性，确切地说善良意志的自由能够确立自己的法则，引导自己的生活，并能够独立于知识与权力系统的支配"①。道德性在这一人为目的的回归下得到支配性的地位优势，但同时却无法说明这种优势合法性。即使康德用"相互回溯"的方式来证成合法性或罗尔斯的补充，都没有很好解决理性自由运用的先验形式弱点。如果启蒙为自己设定理性的普遍标准，谁又来为这种自己为自己设定标准的方式提供立法基础，这不得不说是康德启蒙理性的局限。

在此，我们对康德的启蒙概念有个较为清晰的认知。启蒙的意味是对主体人的强调，而不管其合法性来自他者的共同感及其实践理性对自我的回归，都无疑难以解决这种先验的理性之光的合法性问题。传统上，启蒙（elightment）被认定是一道光芒，试图透过中世纪以来黑暗的笼罩而达致个体的自识，"是在一种霸权语言自身的危机中，在以文化自省的方式反抗这种语言霸权的同时，创造新时代的新语言的运动。现代启蒙以人本主义和理性主义为核心概念，确立起自由主义的价值原则"②。但是即使其批判之矛极其锋利，仍难以触及自身。在我们将康德以围绕个体理性主体确立为主题时，其中也闪透着不同于之前同时代甚至更早近代认识论思想家的内涵所在。不管是唯理论者还是经验论者都漠视了对方方法论的可取一面。康德提出知识不是单纯来自经验论者通过对特殊的、个体性的归纳综合，也并非直接取自唯理论者理性的演绎分析，提出了基于两种认识论的先天综合概念。即"这种判断既是综合的即起源

①　马雪影：《康德启蒙原则的困境》，《道德与文明》2003 年第 2 期。
②　邓晓芒：《西方启蒙思想的本质》，《广东社会科学》2003 年第 4 期。

于经验，经验为判断提供材料，又是先天的即起源于理性，理性为判断提供形式；这样既能增加新的知识内容，又具有普遍性和必然性"①。进一步地，康德就其认识论提供了方法论的路径指引，将人的认识过程分为感性直观、悟性思维和理性综合。感性直观即是"接受对象刺激，赋予表象以一定鲜亮的活动，其认识是个别现象的直觉或单个观念。悟性思维是主体通过悟性运用先天形式'范畴'对知觉或单个的观念加以整理、统一的过程，这一阶段才形成所谓先天综合判断"②。这样一来，认识论的局限似乎就通过思维的认知分类与阶段进程得以弥合。

但问题依然存在。康德的认识论是"站在两个各自独立、二元对峙的基础上的，他之阐述感性和悟性的关系乃与思维和存在的二元论关系相联系。其综合不过是两种来源各不相同而又相互割裂了的感性认识和悟性认识形而上学地外在结合，其实质在于调和唯物主义与唯心主义"③。不过，虽然康德认识论并没有很好解决近代认识论有关自我的问题，但毫无疑问他却是"第一个系统地阐述认识主体能动性思想的哲学家，其能动性根源于纯粹先验的统觉"④。人在唯理论者与经验论者间都被看作消极的存在。康德对启蒙的界定，从文艺复兴的教化理念到发自自身理性主体性的确保，是这一时期科学主义发展而进一步促使个体自我意识觉醒及其话语边界拓展的结果。因此，从自然到社会启蒙理性对个体主体性的确认，消除了基于更广阔社会问题研究的障碍⑤，对社会问题及其现象的关注开始变得如自然科学那般，带有普遍性、精确性、有效性等的实证精神。

---

① 徐瑞康：《欧洲近代经验论与唯理论哲学发展史》，武汉大学出版社 2007 年版，第489 页。
② 同上书，第490 页。
③ 同上书，第492 页。
④ 同上书，第493 页。
⑤ 后世对启蒙理性的批判都立足人类中心主义及其主体性哲学层面，将启蒙的乐观与理性背后对人自身的本能恐惧与焦虑情绪予以揭示。可以说，启蒙理性的主体性及其先验性精神的延沿很大程度上影响了自 19 世纪孔德创立社会学并确立实证主义范式走向的定调，试图极力确立自身合法性，带有作为新生学科内涵的恐怖话语形式。

第三章　经典时代情感研究的
二元张力

正如前面章节所述，个体自我意识的觉醒离不开现代化进程的推动，早期现代化历程的一大特点即是围绕自然科学发展所带来的认识论转向，对于他者认知的需求（不管是宗教、自然还是社会）也不断随之增强，这就与个体自我意识发展主题一致。进一步地说，正是自然科学发展进一步促使作为"被观察者"的客体与作为"思考者的主体"的二元认识立场前提，人在一种与他者殊异分离下开始自我认知。这种形上理性话语在康德那里以理性主体的回归得以再次显露，尽管其批判理性的态度一再拒斥近代认识论本身的局限。这就是科学主义的魔力。

从文艺复兴开始，自我的觉知便试图透过现实帷幕一次次接近启蒙的理性之光（enlightment）。有关人的尊严、价值却也逐渐被这道光芒所吞并。似乎从古希腊先贤对"认识你自己"的发声被文明进程下现代的机械轰响所湮没了。现代人文主义似乎从开始就为它自己埋下了高悬于星空的达摩克利斯之剑，以至于他开始变得紧张、焦躁、害怕而难以承受他者之重。正是启蒙作为某种意义上替代宗教神话的另一种神话存在，此时其最显著的便是在现代文明之"社会何以可能"界碑前将自己化身为来自远古的斯芬克斯鬼魅，并塑造人们对社会的特有想象。进入 19 世纪，随着本雅明眼中机械复制时代的来临，人与社会的关系开始通过自然科学话语以实证的方式被阐释着，人文主义所蕴含的经验与灵韵（aura）意味逐渐消逝，迎来的便是从古典社会学以降实证主义范式的滥觞，情感被视作一种社会秩序之整体发展观下的构件。另外，源于马克思经典社会批判理论，并逐渐通过各个时期社会思想家不断回应与形塑的日常生活批判之维开始受到重视。正是这种基于社会与个体张力关系的对抗，人文主义情感研究通过日常生活得以回归。

第一节　机械复制时代的"均值人"及其学科叙事

一　抽象化现代境遇的文明发生

当社会发展步入 19 世纪，工业革命开始由原先的英伦三岛向欧洲大陆盛行开来。尤其是在物质生产条件上，以科学技术与功利主义相互联系发展为代表，身处社会的个体随之受到来自科学技术革命的冲击。正是这种冲击，寄寓其中的科学主义话语不断借助社会运行的物质、文化、精神等层面得以传播开去。继而就人的自我意识层面来看，感知与智识间的嬗变成了社会宏大变迁的协奏曲。在这个原本充溢和谐、温煦"氛围"的社会中，个人最先遭际到来自"光晕"消逝的感知变迁威胁。

具体来说，在科学理性与经济利益共生的时代，流水线的物质生产所带来的最直接后果便是机械复制产品的大量增生。这项基于商业利益与生产效益逻辑下的发展直接冲击了个体对于他者的关系，继而也影响了对他者的体验模式。这里以"摄影术"① 为例，通过依靠简便的照相就能使大量的特定场景光影摄入底片，继而大量的复制相片就能以分毫不差的方式被批量生产出来。也就是说，如果与传统的写实主义艺术画相比，照相术的特质是大量可复制性与相似性，没有时间与地点的创作

---

① 这里的摄影术以 19 世纪上半叶达盖尔的银版照相的发明为起点。他的这一发明革新了先前呆板、效率低下的照相技术。它为将来捕捉即时画面的照相提供了可能与基本原理，而正是如机械复制对大批量复制成像的需要，其增加乃至改变了人的感官体验的传统模式，如对传统艺术画，尤其是肖像画的冲击。

限制（如果可以用创作一词的话），似乎这种机械复制的原理就呈现出一种抽象特质，它能让具体的场景得以复现，也让这种特定时空域下的情境，无限制地以同种方式得以再造。对于后者，囿于创作的限定与技术的不稳定性，事物的描绘必然受到特定时空的局限而带有彼时彼刻的性状。做到大量地复制相同的艺术品，也是不可能的。

是故，机械复制技术通过一种抽象的方式让物体从具体的情境中解脱出来，它成了不同客体之间的中介，打破认知与鉴赏的距离，以至于在这种抽象的运作方式下，有关内容的任何本真或虚假的评价都丧失了意义。这便是在机械复制时代，本雅明所谓"光晕"（aura）消逝的思想论说。

本雅明对"光晕"的美学论述渗透着其通过现代个体情感体验的变迁。"光晕"的德语是 aura，其本义是宗教圣像头上的一抹光环，本就与神圣事物相对。本雅明用"光晕"意在形容某个事物尤其是艺术品本身的膜拜与神圣的特质。① 在 1930 年本雅明的《毒品尝试纪录》中，他就重点将"光晕"与平庸文学形式相区分，并赋予神秘主义的气质。在《机械复制时代的艺术品》中，光晕被描述为一股神秘主义氛围下的普遍体验。"光晕是一种源于时间和空间的独特烟霭：它可以离得很近，却是一定距离之外的无与伦比的意境。在一个夏日的下午，休憩者望着天边的山峦，或者一根在休憩者身上洒下绿荫的树枝——这便是在呼吸这些山和这根树枝的光晕。"② 用诗意的方式形容，便是"我了青山多妩媚，了青山见我应如是"。这便是建立在一种类似直观距离下的主客交融状态，而本真性、膜拜特质及距离正是这种关系的最重要特质。

首先，就本真性来说，它是事物的此时此地性，一种与特定时空内

① 值得一提的是，在国内文艺批评与西方文论领域对于"aura"的翻译多有差异，有光晕、灵韵、灵光、神晕等多种表达。因此，有人将它归于本雅明晦涩玄奥的文风，及难以清晰把握的界定。如果追溯这一概念本身，它却不是本雅明发明的，它起初仅是一种宗教事物之膜拜特质的指涉。有介于此，用原先涉及宗教的光晕来做统一翻译。

② 本雅明：《经验与贫乏》，王炳钧、杨劲译，百花文艺出版社 1999 年版，第 265 页。

容相链接观照的特质。这就如艺术家在特定时间、特定语境、特定环境创造特定作品。那么，特定作品就对应以上特殊时空限定的自我内容及其形式，因此，"包括它在时间上的传承，以及历史见证性①过去的作品并没有完结，它还包括超越产生时期而得以流传的过程，包括不同时期的人对作品的接受"②。机械复制时代，因科技发展生产效率的极大提高，事物的此时此地性受到抽象物化的工具理性冲击而趋向消逝。

很大程度上，原先的本真性特质成就了艺术品的独一无二性，正如此也让艺术品的膜拜特质证成得以可能。从追溯艺术品的产生来看，"早期的艺术作品往往被雕刻在隐秘的岩石或者是挂在教堂的墙壁上，用来取悦于神"③。原真的艺术作品所具有的独一无二的价值根植于神学，艺术作品在礼仪中获得了其原始、最初的使用价值。④ 由此艺术品就具有移情的性质，通过特定的仪轨来强化某一物品的光晕，进而增强人们对某一膜拜物的依恋及其权威感。那么，机械复制技术的大量发明与运用，改变了人与他物的关系。大量的复制让特定的时空得以消弭，这种基于仪式的权威性与膜拜特质自然就随之消损，继而机械复制通过其物化作用将艺术品从特定的仪式中解放出来。这种解放也使隐藏于背后的距离感消失了。

距离感是传统艺术品美学内涵的应有之义。本真性与膜拜性让艺术品自身带有认知的局限性，但恰恰是这种主体与客体间带有认知"距离"的局限，让主客体相互交融下的有机认识有了可能，在此基础上也使作为主体的人，通过凝神静视的方式体验到相互交融而非混沌的和谐可能。正是机械复制时代的来临，诸多新兴媒介诞生，人感知的方式不仅多样化了，而且更千篇一律了。大量艺术复制品通过机械复制手段开始出现，

---

① 本雅明：《机械复制时代的艺术作品》，王才勇译，中国城市出版社 2002 年版，第 263 页。

② 本雅明：《经验与贫乏》，王炳钧、杨劲译，百花文艺出版社 2006 年版，第 306 页。

③ 陈玉霞：《机械复制艺术与文化工业——本雅明与法兰克福学派大众文化之比较研究》，《理论探讨》2010 年第 3 期。

④ 本雅明：《机械复制时代的艺术作品》，摄影出版社 1993 年版，第 57 页。

即使表面上人们难以凭感官分辨艺术品内涵的本真性光晕，但抛开这种直接的审美观感，大量相同艺术品的出现让个人丧失了原先立基特定距离氛围的光晕感受。审美距离的失却重新将人抛离于非光晕膜拜的主客体关系。对此时日渐成形的大众社会来说，文化成为唾手可得的存在。可以说，距离感的丧失正是机械复制带来的最为根本的影响，原先在距离感、本真性与膜拜性的效力下，个体通过凝神静视的方式沉入艺术品，现在则是消极地面对大量毫无光晕的艺术品，让其坠入个体精神的虚空。

二　经验及其贫乏：现代个体的精神遭际变迁

（一）康德的人文主义自然经验观刍议

如果说"光晕"以其本真性、膜拜性及距离感一方面使人与他者互为分殊；另一方面，这种殊异格局也是人与物（不仅是艺术品）之间以"回眸"方式互为交融的基础与前提。机械复制的逻辑就以其抽象的方式打破"光晕"这一前工业社会的时代大写，将人的感知投入"异化"的经验中来。这就如埃利亚斯在《宫廷社会》中提点的，"这种时期以异化的经验为标识，人们因此会感受到'他们的生存与世隔绝'，这又使得人们难以确信什么才是现实本身，也引导着他们去思考'现实与幻象'之间的关系，这种不确定感，这种对于现实与幻象之关系的质疑，风行于整个变迁时期"①。可以说，尤其是当人进入快速变迁的现代化进程，基于环境的催动作用在人的认知上反映尤其明显。这点可以通过本雅明对康德有关自然的经验认知观的批判中得窥一二。

康德的"先天综合"概念对人的主体理性的强调极具先验特质。他试图将人的认识置入类似自然科学研究的同一层面来认知经验。也就是说，他以一种自我证成的先验方式，将认识对象从自然科学领域拓展到人的经验感知场域，进而让理性话语有了进一步僭越其分析范畴的可能。本雅明对康德的这一基于自然科学的经验论很不满意，他反对康德

---

① Norbert Elias, *The Court Society*, Oxford: Blackwell, 1983, pp. 250 – 252.

哲学中的那种"先验倾向"，主张"那种独立于经验、先于经验但又是为了使经验成为可能的条件。本雅明反对康德经验观的这种先验倾向，主张创造一个中立和先于主体与客体概念的知识领域"①。于是，他以自身的学源智识为基础②，从一种宗教与语言的方式来把握经验本身。

从根本上说，本雅明对经验概念的理解，首先是在对概念范畴的拓展基础上达成的。康德的经验观过于倚重自然科学对有关知识确证性的表达，即使康德的经验问题对以主体自我之理性公开运用的倡导，但这一认知仍停留于自然的、机械的线性维度，启蒙之光未曾企及的宗教、语言等面相却被无视了。在《未来哲学论纲》中，本雅明就强调"正在持续的知识确切性问题必须从'一种瞬间经验的总体'中分离出来"③。原先以知识确证性存在的经验形式，应与以整体存在的形式相区分，继而宗教的救赎意涵得以逐渐通过这种分殊而渗入。只有在宗教那边经验与先验概念才能较好地融通。④ 是故，当本雅明拿起作为犹太神学的救赎观念对身处现代性境遇中人的精神遭际进行探究时，散落于机械复制物旁一地的"光晕"碎片开始被他细腻的眼光（insight）所洞察到，似乎通过神学救赎观的启示，人与万物的合一和分殊片段可以被拾掇起来。由此，他所寄寓于现代人的人文经验陨落开始得以呈现。

（二）讲故事人的消亡：从人文主义经验到惊颤的流变体验

本雅明对"经验"概念的重视，使得科学理性话语对人自身情感

① 万书辉：《本雅明：关于经验的几个问题》，《求索》2003 年第 4 期。

② 回溯本雅明的思想谱系，其学说最突出的风格便是暧昧不清的犹太神学与历史唯物主义的混成。而且，不同时期，其思想肖像亦有不同偏重。但如从个体思想主题变迁上看，神学的神秘主义"光晕"始终伴随。这直接影响了正文有关他的经验认识论部分。

③ Rainer Rochlitz, *The Disenchantment of Art — The Philosophy of Walter Benjamim*, The Guilford Press, 1996, p. 21.

④ 简单地说，他的宗教观与经验的结合正是在犹太教弥赛亚传统的吸收达成的，而伊甸园里亚当与夏娃偷食禁果的情节正是本雅明神学语言观的重要节点，此后万物、人、上帝之间的沟通就由原先各有分类与功用的语言与事物合一的语言体系转向现代语言学意义上的语言与事物分离下的能指与所指的结构主义指涉。这里不再对本雅明早期关于神学形而上学语言观进行详细说明，将重点放在其后期神学历史救赎观指引下具体社会情境中的个人精神体验分析上。

体验的书写出现了间隙。可以看到，确证性与独一无二的理性经验观并没有对具有多元丰富维度的人本身予以有效考察。在启蒙理性的话匣里，人成了机械运作中的构件。事实上，正是本雅明的这种与宗教相依的人文思想取向，让机械复制下理性话语的"异化"经验论得以呈现。作为现代化变迁有关人的心理体验变迁的意象，讲故事的人正是其中诸多证人之一。

本雅明以神学救赎式的观念理路来突破康德自然科学经验观，可以看作其中后期对都市现代性批判的重要节点。[①] 自然在这种极具神秘且带人文意涵的经验观下，现代科学主义对人的存在及其感知所造成的影响被鲜明地捕捉到了。这是本雅明受到卢卡奇《小说理论》启发后在《讲故事的人》中表达的关于艺术形式演变的集中反馈。在他看来，讲故事作为一种艺术形式，处于古代史诗与现代小说之间，在前资本主义时代尤为盛行。因此，讲故事作为经验的变迁象征就决定了其必然会遭受前工业社会条件的影响，就此组成上说，"讲故事的人以工匠阶级为主，这个阶级不仅有泛海通商的水手，还有安居乐业的农夫，前者带来的是神秘的域外传闻"[②]。对于远途之人，漫漫路途带来了诸多奇闻逸事，他经验到了多样的丰富世界；对安居于土地的农民，则更多地依靠家产，日复一日，将祖先流传下来的此时此地的趣事与掌故日积月累。在前工业社会，不管何种人生经历，作为叙述经验故事的讲故事者都能很好地倚附其独特时空场域的经历与感悟，以口耳相传的方式将故事传递给他人。进一步地说，正是基于经验的一般与特殊性，此时"故事即一种经验交流的方式，它的源泉来自经验，讲故事的人所讲述的取自经验——亲身经验或别人转述的经验，他又使之成为听他的故事的人的

---

① 这里仅就本雅明在神学指引下对个体传统具人文色彩的"经验"向惊颤体验的转变进行论述。当然，这其中必然涉及其浓厚的神学与马克思主义之间相互缠绕纠结的张力。这会在本章有关人文回归之日常生活转向部分有详细的论述，这里仅就人的存在境遇略作提点而不过度阐释。

② 上官燕：《讲故事的人中的经验与现代性》，《三峡大学学报》2011 年第 4 期。

经验"①。这样一来，"听者与讲故事的人之间形成了互动，经验就在两者之间一代代地传递下去了"②。

根本上说，得益于伯格森"生命哲学"、弗洛伊德"无意识"及普鲁斯特文学的综合分析，本雅明认为，讲故事者的这种此时此地的经验传递过程是一项无意识的自主行为展现。促成这种经验存在形式的正是前工业时代相对变动不居的条件（context），因日积月累的日常生活经验得以留存，才能让个人形成相对稳定的习惯与行为方式，以至经验本身成了自我证成的存在。正是如此，讲故事的人才能不断在这种稳定的社会条件下加上些微个体经历上的修正，以相对稳定又不僵化的方式将一代代流传的经验性故事传递开来。并且，这种口口相传的形式无不孕生着和煦、温存的脉脉感。毋宁说，这种经验继替的过程，即是光晕意涵的迸发过程。

不幸的是，讲故事者并没有很好地应变来自机械复制时代的冲击，此时个体的精神更是从原先脉脉的经验向体验转变。

对本雅明来说，现代化发展带来了机械复制技术的革新。光晕的消逝，让个体自身的认知从距离的、膜拜的、本真的理想场域中坠落。此时个人与他者的关系展现为距离消逝下的人与他者的异化经验状态，被机械地拉近了，又毫无余地地分殊了。就此，承载光晕色彩的经验人——讲故事者也一并受到机械复制的影响，被诸如小说、新闻出版业等新媒介出现所压迫了，个人的感知向一种即时性、瞬间性、偶然性的直接体验转向。

随着现代化进程加速，个人所面临的来自外界事物的刺激越发增多，继而在基于个体与他者的关系层面，快速流变的事物不断将个体推向新的心理反应维度。"人们不得不为了招架众多的外来刺激而使自己生成一种抵制抑或快速消化刺激的心理防卫机制。"③ 机械复制时

① 陈永国、马海良：《本雅明文选》，中国社会科学出版社1999年版，第295页。
② 夏玉珍、徐律：《论都市意象下本雅明对现代性的辩证批判》，《理论探讨》2011年第6期。
③ 同上。

代，工业革命催动了都市交通发展，人与人之间面面相觑，而又来不
及在繁忙的街道上驻足停留，此时感官重心随之发生转移。西美尔注
意到，在大都市中，眼睛看的功能已经远远超出听的功能。由此，进
一步说，作为传统社会经验意象的讲故事的人，他所借助的口口相传
的、脉脉的经验继替受到感官重心变迁的影响，本雅明用"体验"予
以说明。简单地说，体验是基于对外界快速流变视觉应对下的一种心
理情绪体会，它更多地依附大量寄生城市发展的快速变迁轨道。不管
是城市的马路、垃圾处理厂、工厂的烟囱还是交通时刻表，它是外在
事物对人有可能产生刺激却又难以拒斥的心理效应。简言之，个人在
机械复制时代的体验模式从寄寓各个维度的、丰富的人文经验面向由
表面刺激的快速变迁的、肤浅的纯粹感官刺激转换。

这样一来，身处都市的人随着机械复制时代的来临，自身的精神体
验嬗变了。可以说，正是借助本雅明这种拓展了的经验视野，才能得以
觉察人文经验感知的流变。当我们将视野投入 18 世纪以后政治经济为
社会主导模式的发展阶段时，作为本雅明笔下惊颤体验的个人来说，就
通过与资本主义经济内涵的交换价值逻辑而得以历史性地成为布尔乔亚
这一群体。进一步地，自由主义也成为这一时期市民社会中的普遍观
念。从此，社会的现代化发展离不开这一群体观念的影响，进而作用于
社会学这一新兴学科上。

三 布尔乔亚群体诞生与自由主义观念证成

当个体面对现代性这一神性之风时，无疑将产生与以往世代都更为
不同的反应。正是由于现代性的破坏特质，其对劳动生产与文化传播面
相的影响均无例外。从外部到个体心灵感知的作用下，伴随"光晕"
消逝的是个体对延绵历史感知体认的失却，这是朝向未来的神性大风不
断吹断历史锁链，进而将当下的存在废墟不断堆叠的结果。由此，历史
维度的丧失将成为现代人自身认知的重要"阈限"（limitality），大多数
人将难以避免地处于这股潮流迷失自我，心理也由此退回到私人领域，

即使表面上他们因日益起兴的传媒而更具有"社交性"（sociality）。可以说，在这一迈向虚无的、自我防御的、无深度的自我感知形式上，个体以类似"个体主义"的集体意识开始集结而成，此时个体、社会、国家开始以"迸生"（emergency）① 的关系形式浮出历史的水面。

　　从中世纪晚期开始，现代化进程就在欧洲大陆展开，尤其是当时意大利的威尼斯，佛罗伦萨等新兴工商业发达城市。资本主义就是这一现代化进程下的经济变迁产物。可以说，很大程度上，资产阶级即布尔乔亚群体的产生离不开货币经济发展带来的社会阶级的变迁。因货币经济的自由开放特性及其流动特性，社会流动日益加速，进而原先以国王—地方领主为主的斗争格局开始呈现多元的制衡状态。② 国王机制的生成，依附土地自然经济领主的衰落，及工商业兴起下市民人口数量的激增，正是三个阶级相互疏离而相互依赖的过程，使得新兴的布尔乔亚群体得以成形。从词义上看，"布尔乔亚"（burgensis）在中世纪初期时，特指住在城堡里的人。经过资本主义经济的发展，社会阶级开始出现分化与制衡的状况，社会流动性随之增强，burgensis 单指城市里的居民了，而城市不再必然是城堡。

　　正是在经济发展的推动下，布尔乔亚作为生发于资本主义经济下的群体，开始以其独特的姿态出现。这最明显的莫过于以追逐功利为目标的行动特质，在货币经济利益、实用、节约、禁欲等资本主义精神的催动下，"就形成一股颇具凝聚力的社会力量，型构了具公民（citizen-

---

　　① 这里借用叶启政的说法，将西方社会思想以"惊奇（surprise）—迸生（emergency）"的进路思考现代文明发生。如果前面是关乎思想之外部性即社会发展条件下个体感知变迁的论述的话，接下来将逐渐向社会学学科的内部历史即自由主义＆个体性之应然 VS 社会学主义实然的对立上。是故，从本雅明经验向惊颤体验的个体感知将可视为文明发展中"惊奇"的一个经典反向例子，从惊奇到制度性迸生（社会学实证主义）的过渡，将通过正文中体验性个体的布尔乔亚集体的形成予以证成。这又不可避免回到社会历史的发展背景，就现代性发生来看有不可避免的重复。这是之前从心理意味的相对抽象化的个体人到持具自由主义之社会观念人的论说转型，即"个体主义"的集体意识的证成。

　　② 这方面的论述可参见埃利亚斯早期著作《宫廷社会》（The Court Society）与《文明的进程》（The Civilizing Process），两者分别探讨了宫廷理性与情感现代化进程下的社会型构变迁。

ship）意涵之市民社会（civil society）"①。对新兴人类来说，最明显的莫过于对自由主义理想的坚持，这在很大程度上与其所持具的自由、开放、平等的经济活动相符合，私有财产将是他们最先考虑的"自然权利"。由此，从经济、法律、社会面相上，布尔乔亚群体可谓极具立基于个体性的"集体意识"。

在此一集体意识的观照下，布尔乔亚群体发起由理念到对国家制度性的实然诉求，这一过程实际上是在与国家相互约制、对抗的情况下进行的。尤其是进入17世纪后，专制王权得到极大的强化。对于日益失去传统血缘、地域羁绊的布尔乔亚群体，个体性开始随着社会的流动得到极大强化。为了更好地控制国家，尤其是社会中的"浪人"（诸如破产失业者、游手好闲者等），国家开始以新的统治技术来管控这些群体，出现以"人口"（population）概念下的道德统计技术来治理国家。② 也就是说，国家也在这一现代化进程下得以强化。地方封建贵族则受到货币经济的冲击，纷纷依附以专制王权为代表的国家政权，进而蜕变为廷臣。在很长一段时间，至少在大革命前，社会力量的主流博弈就从原先国王—贵族的领土争端向国王—布尔乔亚群体的政治—社会权力纷争转变。如此一来，"政治的目的似乎是隶属于经济的目的之下，个人的自利行为与动机，也就顺理成章地成为建构社会秩序状态的最终要件"③。

正是在这样政治权力斗争的现代政治境遇下，对作为起初由共同意识下的群体——布尔乔亚开始向具有明显组织理念的资产阶级这一阶级转型。进一步说，个体性不仅通过社会变迁而得以形塑，而且不断通过观念与政治上的斗争而得以提炼。尤其在国际贸易与财政金融大力发展及印刷业兴起的背景下，以报纸为主的新兴媒介开始极力推广布尔乔亚

---

① 叶启政：《进出"结构—行动"的困境——与当代西方社会学理论论述对话》，台北：三民书局2004年版，第79页。

② 同上书，第83页。

③ 同上。

群体的观念。这就符应了康德启蒙理性精神的要义——敢于公开运用自己的理性，让个体性得到理论上的证成。近代政治的契约论即个体自由主义的重要诉求与表达。

可以说，从经济到政治理念的衔接，布尔乔亚作为资本主义经济发展下的群体逐渐取得社会主导的威权力量，进而具"天然证成"的自由主义观念就被作为一种集体意识得以延续。此时，在后现代思想家鲍德里亚看来，资本主义经济下，交换价值将是这一时期社会运行的主导逻辑。正是基于数量上平等交换理念的影响，此时，个人偕同自由主义下的权力之平等要义，将其所诉诸启蒙理性的市民社会运作及内在构成一并看作个人主义式的产物。由此，个人既是同一的且又分离，这和本雅明对人的现代化考察相符。平等的另一指代即平面化与同一，缺乏深度。感知的失落难道不是此时以"个体主义"的集体意识为核心的必然取向吗？更为重要的是，资本主义之自由＆平等的执念开始通过如"历史哲学理念影响历史"的方式形塑并深描思想史的走向，进而影响个体的社会境遇。因此，现代化之雅努斯意象亦从自由主义之理念应然与社会学主义之存在实然的对张中得以开启。迈入 19 世纪，社会学诞生以来，基于结构整合的社会秩序论之实证主义开始建构。

第二节　结构社会学框架下情感研究的缺失

由前面的梳理来看，承载着诸多以效率、实用、优先的科学技术的现代化历程对人造成深刻的冲击。正因其形式上的变动不居与多样性特质，人的感知开始陷入表面浮浅，从而失却经验内涵的主客交融的脉脉温情光晕。这种感知的变迁，意味着社会在这股来自现代化神性大风的肆虐下逐渐迈向个体化社会的过程。自古以来，人对自我的认识从未停歇。步入现代社会以来，自我意识更符应这一快速变迁潮流而被卷入其中。原先分散于思想大师智慧语录中的个体意识话语，如今却通过惊颤的体验将个体话语集结于布尔乔亚的自由主义式的呐喊中。①

尤有进之的，如果说现代性境遇下从个体心灵感知的嬗变到布尔乔亚群体乃至资产阶级市民社会的成形是世俗环境潮流所趋的话，从社会学作为一门学科的发生上看，这无疑也影响了古典社会学的发展走势。这正是自由主义所秉持的平等、自由理念与自然科学统计技术相互结合而带给社会学思维型构的结果，也是社会学对"个体主义"集体意识反应下，从自由主义之理念应然到社会学主义之秩序实然的相互搓揉过程。这即可用"均值人"意象对两者的作用，乃至社会学方法论的实证发生进行厘定。

一 理念应然与社会实然间：社会学之"均值人"的书写

当资本主义经济不断发展，布尔乔亚之群体意识不断在商品交易的平等、公正与效益原则下得以形塑，乃至平等与独立的意识成为这一时代潮流的无限能指。随着经济发展而扩张其话语逻辑指涉，由此作为理念应然的自由主义思想开始通过 18 世纪启蒙思想家的运作得以传承，进而如克赛勒克（Koselleck）所言："历史哲学将成为推动历史发展的动力。"② 正是理念与实然社会发展之间的差异及其作用，社会学作为一门以研究现代性后果自立的新兴学科成为这两股力量对张的前沿阵地。由此，古典时期的社会学离不开自然科学发展的影响。这伴随着现实资本主义自由语境的推动，这里先就统计技术与自由主义思潮之间内涵的亲和性关系予以考察，看来是必要的。这是讨论社会学方法论实证主义色调的基础，也为生物有机体论及后进的结构功能论传统学派发展做了必要铺垫。

就统计技术的应用来看，其发生早于社会学的诞生，正是社会发展

---

① 当然，这种个体性意识的比喻并非完全相互符应。大师的时代固然有其超越他人的高瞻远瞩性，但这与大众社会成形中的现代社会之个体化意识仍有不同。将后者看作介入时代的疏离境遇下所生发的个体意识似乎更为妥当。

② Koselleck, *Critique and Crisis: Enlightenment and the Pathogenesis of Modern Society*, Cambridge, Mass: MIT Press, p. 32.

的特殊意涵让两者有了结合。单就统计技术的发生来说，"早在 17 世纪，欧洲人即明显而大幅度地运用类型学（taxonomy）来观察事物……类型学首重的是分类，而分类必须有依据，于是具外显性的质的属性，顺理成章地就被看重，成为依据所在。……整个问题聚焦在如何选择'适当'的属性作为依据的问题上面"①。由此，以分类学为基础，对事物之重要"属性"的判定就成了后来形态几何学乃至生物学的知识核心。尤其是在 18 世纪之后，在将分类学应用到动植物观察时，作为经验感官——视觉就成为这一分类学尤为重要的一环。② 简言之，形态的观察与经验成为这一时期科学探索的重要方法和工具。

另外，前文所提到的，资本主义发展下，社会的流动越发增强，此时作为专制集权国家的兴盛阶段（指 16 世纪宗教改革之后），国家对社会的管控也越发多样，出现了治理术及"人口"（people）概念上统计技术的应用。此时，自然科学中的统计开始转向国家统治的工具。"以属性之'类范畴'概念来理解人与从事有关人之知识类型系统的发展，统计之术应运而生，这遂促使了科学与政治两个领域巧妙地结合在一起。"③ 进一步地，在自由主义思潮的鲜明旗帜下，这种基于国家的统计开始向其他诸如市场经济领域拓展，原先基于确定性（无容许误差的绝对性）的客观主义立场逐渐走向实用与功利主义立场。这样从统计学的一般范畴上说，其任务就由原先"为相信某事提供理由，以为未来做决定的支持向透过误差理论，为科学知识提供一定的确定性

---

① 叶启政：《社会理论的本土化建构》，北京大学出版社 2006 年版，第 125 页。

② 这符应了当时在哲学认识论中流行的经验论思潮。尤其在当时的英国，以休谟等人为代表的经验论者主张认识的客观性在于通过将感官器官作为中介对外界事物刺激的转达。所以，休谟也被很多后世者视为实证主义思想发生的第一人。就现实分析来看，尤其是都市生活中的大众也格外受到视觉层面的刺激。对此，西美尔与本雅明都有过精彩的论述。

③ 转引自叶启政《社会理论的本土化建构》，北京大学出版社 2006 年版，第 126 页。有关统计的字源讨论，具体可参见 Theodore M. Porter, Lawless "Society：Social Science and the Re-interpretation of Statistics In Germany，1850 – 1880", in *The Probabilistic Revolution*, Vol. 1：*Ideas in History*, Lorenz Kruger, Lorraine J., Daston & Michael Heidelberger, eds. Boston：The MIT Press, 1987, pp. 352 – 356。

（容许误差的概率性）"①。前者着重为确定某事之客观的一种心灵状态做的论证，后者更多的是为了了解世界状态而对事物之间的可观察的规则性质进行考察，这样就"由主观认知转向客观事实表现状态上面"②。

这样一来，统计技术就同国家拓展至身处时代变迁的个人，功利与实用符应了此时的统计思想。这也是当时"理性人"下道德科学的重要内涵。自由主义与统计相互磨合，但历史进程并没有如自由主义者所设计的那般，能够现实、绝对地平等而没有任何阻碍。就在国家专制达致鼎盛的法国，大革命的失序喧嚣打破了自由主义者理性人的寂静物语。这可谓社会现代化进程下的重要转折。对社会秩序问题的关心，成为19世纪尤其是中叶以后社会科学从事研究的根本问题。那么，观照统计学的发展，古典统计学下的理性人意象需要赋予新的面貌。社会的一般法则成为研究社会秩序问题的应有指涉，恒定因（constant cause）成了这一时期统计学追求的目的。社会变迁与事实的一般追求间也如理念应然与存在实然之间的分殊那般，并没能提供可以完全信服的因果关涉。介于此，基于形态几何学的常态分配概念就将一般与特殊、数量与质量之间统合起来。

具体来说，常态分布是由均数与标准差所设定的概率理论。在设定某一显著度的情况下，即可将事先考察某类事物的特定属性进行均数计算，并通过分配其最终取值来划定其是否属于常态分布的区间。这其中即使出现了偏离，只要属于正常区间，亦被归类于正常范畴。这样一来，"修补了对'必然性的信条'与现象常呈现几率特质之间所产生认知上的间隙。……也就是说，概率的概念使得人们相信，即使存有着随机误差的一般情况，普遍规律还是可以建立起来"③。从本质上将把特定属性予以数量化的前提下，常态与非常态对照说法涉及的是，把常态

---

① 叶启政：《社会理论的本土化建构》，北京大学出版社2006年版，第127页。

② Desrosieres, *The Politics of Large Numbers：A History of Statistical Reasoning*, Cambridge, MA Harvard University Press, Paper Back, 2002, p. 328.

③ 叶启政：《社会理论的本土化建构》，北京大学出版社2006年版，第133页。

分布曲线上"量"的表征转化为"质"之范畴的一种有效处理方式，继而社会被当作一个全部的概念被烘托出来。

那么，这种追求基于单一属性界定及其范畴划准下的"质性飞跃"方法与自由理念及社会秩序之实然的关系又如何呢？这里从大数法则及同一而独立个体两个重要角度进行关联。基于概率的统计，最核心的部分是对样本单一属性的测定，那么，为了符合常态分配的判准，对样本来说，只有愈多越接近母体数量，才能更好地做出常态分配下的性质判准。这背后即意味着样本本身需要有相当的同质性，说白了，"大数的统计只用于大众现象，并不适合个别事件"①。从现实角度切入看，这意味着只有在大众社会时代，公共领域下个体普遍地参与公共事务有相类似的集体意识，才有可能为概率统计提供可能基础，有实质上的意义。就概率论来说，要想获得常态分布下的真假命题判准的效度，抽样样本中的个体必须是同一而独立的，只有这样，才能均等地被抽去对均数进行计划，以便在常态分配中更好地反馈大数原则下的普遍规则。

如此，就大数法则与个体的同一而独立之设定来看，就符合了对社会秩序论实然诉求及自由主义平等观念的设定，也就是说，常态分配下，个体被看作能透过数量的属性之客观计算而达致社会普遍范畴的"质性"目的。这就是法国统计学家夸特列的"均值人"的概念，也是后来涂尔干所力证社会事实的强大意象。由此不难看出，自由主义的理念与基于社会秩序下的实然存在相互搓揉，不仅在布尔乔亚现实层面从国家与市民社会间的对抗就有表现，而且深处所谓客观"飞地"的自然科学领域亦受之影响。从自然科学到国家治理，再到道德统计，个体一步步地被牵入应然与实然的二元对张，这是社会学发生的方法论思想基础。由此人被均值＆社会事实所排开，只剩下同时期自然科学有机体论下的形态空壳。进一步地，从有机体论到围绕结构概念的证成，实

---

① M. , Norton Wise, "How Do Sums Count? On The Cultural Origins of Statistical Causality", in Kruger, Daston & Heidelberger, eds. , *The Probabilistic Revolution*, Vol. 1：Ideas in History, p. 402.

证主义社会学开始占据主导，并将情感放入分析实在座架。

二　从社会有机体论到"结构"的社会学说

（一）作为外化社会事实的整体观

当个体被当作自然科学实证精神下的同一且又独立的存在时，个体就被化约为理性原则指涉下的均值人，这也符应了自由主义社会思潮与社会学实证范式之间应然和实然相互搓揉、摩荡的过程。可以说，社会学正是沿着人之现代化轨迹而发生的。从个体精神遭际再到所谓客观中立的科学真理观范式拓展，至少在社会学范畴，人逐渐被社会所取消，从科学的方法论及其操作技术开始，再到社会整体认知范畴，人一步步地不仅被统计技术下的科学话语所遮蔽，也反映在社会学理论有关社会作为一个机器乃至有机体整体观念下部分与整体的结构观的证成中。

正如在论述"均值人"的实证社会学方法论中所检视的，个体被当作社会有机体的功能组成而存在。其实，社会作为一个巨型的外化事实早就从近代社会思想的机械论中有所展露。早在 17 世纪，霍布斯在《利维坦》一书序言中就表现了机械论的世界观，将其当成营造人为秩序的基础。"这即以人为中心而展开的理性主义的表现，与文艺复兴以来西方之人文精神的发皇有着一定的亲近性。"① 质言之，他的机械论指向国家/共同体（the commonwealth），而非以社会作为先于人而存在的自然体。这与后来的帕森斯之人为理性涉及的秩序论及其实然的社会体埋下历史性的伏笔。而后，18 世纪法国的拉美特里（La Mettrie）通过《人是机器》，企图以思想乃随着脑子和整个身体组织的发展而发展起来的论点驳斥唯实论。② 就此，人在他眼中就是机器般的存在，就如机械钟表那样，人自身的感觉、思想与道德判断都是有机物质的一种

---

① 叶启政：《进出"结构—行动"的困境——与当代西方社会学理论论述对话》，台北：三民书局 2004 年版，第 99 页。

② 转引自叶启政《进出"结构—行动"的困境——与当代西方社会学理论论述对话》，台北：三民书局 2004 年版，第 100 页。

特性。

在以近代机械论思潮为背景下，社会学也相继吸收了机械论的部分要义。这在古典社会学时期的孔德及斯宾塞等人的学说中尤为显著。孔德就提出社会物理学，这是机械论的一种变体。[①] 对社会有机体论大成者斯宾塞来说，社会更以社会静态学与动态学将社会作为有机体的形态和运动进行比喻。斯宾塞深化了孔德的有机体比拟方法，就社会宏观结构提出总体规模、复杂性、差异性的问题，并且在区分结构与功能基础上，引入功能需求的概念，以此对社会组织进行类型学意义上的功能分析。如其用支持、分配、调节作为社会有机体的三大系统来解释功能需求的实现。因而，斯宾塞在孔德社会整体论思想基础上，将社会有机体的论说更推进了一步，用结构下的功能对具体的动态社会运作进行阐释。[②]

到了涂尔干那里，社会有机体论有关整体观与结构论的思想进一步被他所承继。为了让社会学成为独立于心理学的一门科学，涂尔干将社会从整体的实在论意义上发展出以下意涵。首先，社会必须是一个实体，它不能接受其他如个体心理意义上的化约。其次，对应社会中的部分，每个部分都有满足社会整体需求的功能。因为在他看来，除了个体心理、集体心理外，还包含外化于人的强制的社会事实存在。它可以是实体，也可以是包含法律制度等的规范。由此他指出，"社会不是个体们的单纯总和，而是由个体的组合所形成的体系。它代表着自性的特定是在。……群体所思想、感觉和行动，与其成员自身所具的方式截然迥异。因此，假若我们一开始即个别地研究这些成员，则将无助于解决发生于群体中的事情"[③]。这样一来，社会就成为一个独立于个体的实体性存在。这类似于德国格式塔心理学要义，部分之和并不等同于构成的

---

① 参见 Sorokin, *Contemporary Sociological Theories*, New York: Harper & Row, 1928。

② 当然，斯宾塞已经注意到社会与生物有机体之间的差异，如社会有机体各部分之间的关系就与生物有机体相互依赖共生的机制不同，也伴随社会规模、复杂性而有所殊异。但总的来说，这一有机体论调成了社会学理论的一项重要隐喻。

③ Emile Durkheim, *The Rules of Sociological Method and Selected Texts on Sociology and Its Method*, trans. by W D Halls, 2013, p. 129.

整体，毋宁的，社会是自在、自衍、自我指涉地运作着。

　　既然社会成为异于部分的强有力存在，在社会学发展中，这一巨大的、强有力的存在就以接近现实之实然的真理样态而被合法化证成了。借用叶启政先生的说法："社会学者接受一般人在日常生活中对社会互动关系所持的基本价值、态度认知来对生活从事概念上的重建工作。也就是说，社会学者对于社会中普遍存在而且流行之价值与态度基本上采取'存而不论'的方式来进行。他们以'客观''价值中立'的态度，尊重社会里普存的价值，'就事论事'式地来进行分析。"进一步地，在这种社会事实理念引导下，对人的体察就成为一种实时性的认定。按照海德格尔的说法，这是对人存有的非本真的关怀（inauthentic care of human-being），而只是关于一种人的存有可能（being-possible）而已，不是存有（being，sein）的自身，从或然性到必然性的过渡是社会有机体论在社会学发展中的关键推动结果。结果便是实证主义"发挥不了人文精神的深层内涵，也剔透不出超越非凡的永恒生命的阵地，更是开创不出恢弘的精神格局"①。

　　经过机械论到社会有机体论再到涂尔干通过社会分工与事实的界定来证成社会整体观及其结构性观点，可以说社会作为一种拒斥自由主义理性人的存在越发鲜明，结构本身成为社会研究的症结点。如此，涂尔干试图通过结构中功能要素的有机团结来达成现代社会秩序的目的。涂尔干将社会看作强制、外化的社会事实的社会形态学②思路在其后的学者那里进一步得以继承。就这一理路而言，以英国人类学家拉德克里

　　① 叶启政：《进出"结构—行动"的困境——与当代西方社会学理论论述对话》，台北：三民书局2004年版，第106页。
　　② 在社会事实之整体与部分关系上的功能整合思想及其目的与孟德斯鸠及孔德、斯宾塞等人相似，作为强制外化的社会事实即在社会形态学（social morphology）意义上。实际上根据特亚肯（Tiryakian）的分析，涂尔干思想中有两种不同的社会事实，一个是主流的基于其早期作品诸如《社会学方法论准则》《社会分工论》等所流露的外化个体的强制性社会事实，这即形态学意义上的。另一个则是集体表征（collective representation），以深层心理、语言为基础的社会事实考察。前者被英国功能主义者继承，后者则以法国列维－斯特劳斯（Levi-Strauss）为代表。

夫·布朗与马林诺夫斯基为代表最为显著。以下就两者对功能与结构进行的思想发挥进行简要论述，以便与现代社会学帕森斯的结构功能主义进行一定的衔接。

（二）布朗与马林诺夫斯基的功能主义传统承继

正如特亚肯对涂尔干之社会事实所内含的二元性特质的分析，拉德克里夫·布朗（Radcliffe Brown）与马林诺夫斯基的功能主义可视作社会形态学意义上的事实分析，法国的结构主义者列维－斯特劳斯则是以集体表征心理层面所做的事实分析。就功能主义而言，他们两者基本上继承了对社会事实的分析性要旨。布朗相当程度地接受了涂尔干社会整合的功能要件说。[①] 马林诺夫斯基则更多地从斯宾塞的思想中吸收。

对布朗而言，科学所要处理的问题即关于自然的问题，自然本身所组成的元素都有不同的特质，因而各个组成部分是不可化约与还原的。这些特质来自不同元素部分组合的关系。进一步地说，心理学有心理系统，"其特质则呈现于个体内的种种特质彼此之间的关系之中"[②]。这与涂尔干将社会视为一种特殊的外化于人的社会事实定义有某种亲近性。这里的社会关系即所谓的社会结构。布朗所考察的即社会结构所指涉的，一系列已观察到的实际具体关系模式，不同于个体，而是心灵认知模式。正如特纳指出的，这样强调结构的立场，"是把人类学泰勒式的文化整合观[③]从传统中解放出来。人类学再也不是以包含所有人工品、信仰、风俗、知识及其他各种人为努力的文化复合体作为唯一的研究主题，具体的结构模式提供了人类学的田野研究实际而具体的研究对象"[④]。作为进一步的社会结构分析，布朗有限度地将社会与生物有机体比较，认为结构存在及对其分析的可能只有在功能分析基础上才得以

---

① 见 Turner & Maryanski, *Functionalism. Reading*, *Mass*, Benjamin & Cummings, 1979, pp. 36 – 44.

② Radclifee Brown, *A Natural Science of Society*, New York：Free Press, 1948, p. 35.

③ Tylor E. B., *Primitive Culture*, New York：Harper, 1958, p. 113.

④ 叶启政：《进出"结构—行动"的困境——与当代西方社会学理论论述对话》，台北：三民书局 2004 年版，第 111 页。

可能。"功能指涉的便是形塑、维持与改变社会结构的社会互动过程，它指向一个整体体系活动的维持，亦即整合的形塑。"[①]

简言之，功能与结构的维系需要如下：（1）系统/体系展现的结构一致性需要，诸如建立权利与义务的清晰界定；（2）体系/系统的连续性需要，即人与人之间的权力和义务必须维持，以使互动可以平顺且有规律地进行。[②] 这样一来，结构即是外化的经验性实存，也是受到其组成部分相互作用下功能实现而得以维持的条件。对布朗来说，功能的发现即为了建立普遍的法则，这符应了科学研究的根本。从社会系统的存在状况来看，为了捕获功能标准下的规则，需要放入一般的社会框架，这就排除了历史的特殊性意涵，进而结构与历史被视为分殊的存在，社会事实的分析只需借助一般性的功能与结构框架即可。

对另一位英国人类学家马林诺夫斯基来说，功能同样被提请为概念的分析性工具，即"功能的概念基本上乃具描述性质的"[③]。那么，功能以此就用来描绘文化的一般特性，并建立一般法则，而与具体经验事实相互照应。他认为，社会系统由生物、心理、社会符号等诸多层面构成，不同层次对应着不同功能，对人来说，需要满足不同的功能才能自立，进而为社会系统的秩序提供保障。进一步地，从功能需求的满足条件来看，生物性的需求是人满足自我要求最基本的。正是功能需求与结构的相互缠绕作用，需求本身即带有集体组织的色彩，进而产生了分化——衍生需要（derived needs）则来自于此。同样，新的问题，新的生活空间得以形塑。在衍生需要上，马林诺夫斯基进一步予以功能上的分类，第一类是工具性（instrumental）的需要，这一需要促使人类创造

---

① 叶启政：《进出"结构—行动"的困境——与当代西方社会学理论论述对话》，台北：三民书局 2004 年版，第 111 页。

② Radcliffe Brown, *Structure and Function in Primitive Society*, New York：Free press, 1952, p. 47.

③ Malinowski, *A Scientific Theory of Culture and Other Essays*, Chapel Hill, N. C.：University of North Carolina Press, 1944, p. 116.

制度，为其成员"提供社会化、社会控制、经济适应与政治权威和组织的基本条件"①。可以说，这与后来的帕森斯 AGIL 模式类似，另一需要则对应象征或整合需要（symbolic or integrative needs）。后者以诸如知识、魔术、宗教、艺术等仪式象征的考察来形塑日常生活运作。虽然他似乎觉察到功能指涉下的结构分析的分离点（制度—文化），但还是以偏向制度性分析为主。

不过，马林诺夫斯基并没有完全以布朗的涂尔干式强调社会结构的整合功能，而认为社会系统是多面的、多层次分殊的。这从他的多元功能分析上即可窥见一斑。这种社会结构下的多元功能论说强化并丰富了单一线性的社会整合观，尤其影响了 1940 年美国社会学界的结构功能论，事实上，帕森斯与默顿都是引介布朗和马林诺夫斯基学说到美国的关键人物。② 作为古典社会学到现代社会学过渡的关键，帕森斯的结构功能主义可谓最具代表。以下就美国现代社会学帕森斯、默顿等人为代表的社会系统论说的发展进行叙述，为涂尔干社会事实之社会形态学的经验实在分析做一个小结。

（三）社会秩序论：从帕森斯唯意志行动论说起

作为现代社会学的巨擘——帕森斯是承接起古典社会学与现代社会学之间理论过渡和转换的关键人物。正如此，原先欧洲古典社会学理论有机体样态下的社会预设也在很大程度上被帕森斯吸收了。不同的是，作为一名深受美国本土文化土壤与社会政治形势影响的学者，他却有着不同于欧洲思想传统的建构路径。因此，在论述帕森斯眼中的结构及社会秩序问题之前，很有必要就欧洲社会学传统与美国本土文化之间的转换过程进行必要的澄清。

在帕森斯创立其结构功能主义以前，依据思想来源不同，欧洲社

---

① Malinowski, *A Scientific Theory of Culture and Other Essays*, Chapel Hill, N. C. : University of North Carolina Press, 1944, pp. 54 – 55.

② 参见 Turner & Maryanski, "Is Neofunctionalism Really Functional?", *Sociological Theory*, Vol. 6, No. 1, 1988。

会学传统主要分为两个方面。一方面，主要受以英、法为代表的实证主义 & 功利主义的影响，主张对外在的社会事实、规范制度等因素发起实证客观的理性研究，背后即理性人的张力预设；另一方面，是以德国为代表的主张，以研究人的主观意志、价值为目的的观念论传统。两种不同取向的社会学古典传统形成相互张力的局面，曾留学德国海德堡的帕森斯对此并不感到满意。在承继韦伯社会行动论基础上，他采用"分析实在论"的方式，试图将两者进行融合，抑或说"不经意"地建构。①

具体来讲，1937 年，帕森斯在其第一部著作《社会行动的结构》中指出，社会科学中有一些特定的概念，"不是与具体现象相对应，而是与具体现象中那些只能在分析上与其他成分分开的成分相对应"②。这与韦伯的理想类型（idea type）不同。相比后者，分析意义上的概念更加具有与经验关联的可能性，如"单位行动"，及组成单位行动的目的、手段、条件、规范等。同时，它也不是如汽车中某一零件一般进行一一对应，需要通过抽象分析的方式与具体事务相互分离出来。简单说，帕森斯是运用类似分析层面的概念手段，这种手段游走于客观实在与思维能动之间，它非虚无也非全然的客体实在，是实实在在的理论建构工具。这里可看出帕森斯的"分析实在论"实在是有些受欧洲理论传统定向影响之嫌。由此对帕森斯来说，社会学就可通过这种分析实在的路径对结构进行研究。

在《社会行动的结构》中，帕森斯试图通过经验—理论—历史的方式提炼出欧洲社会学理论传统的发展脉络。通过马歇尔—帕累托—韦

---

① 正如有学者指出的，帕森斯所在的美国具有大洋彼岸不同的文化环境。从大的方面看，美国的新教禁欲主义传统盛行，再加上美国本土在二战及其后独特的"新政"形式，使其极具可塑性与民主的"美国精神"，从而在其学术生涯初期便有了独特的理论建构意图。这是在他所谓的经验—理论的二手文献研究基础上才可能的。详见赵立玮《世纪末忧郁与美国精神气质：帕森斯与古典社会理论的现代转变》，《社会》2015 年第 6 期。

② 谢立中：《帕森斯"分析的实在论"反实证主义还是另类的实证主义》，《江苏社会科学》2010 年第 6 期。

伯—涂尔干对社会学思想史中围绕社会行动的发展进行梳理，进一步将欧洲社会学传统对社会行动的解读概括为唯意志行动论。① 在延续霍布斯"秩序何以可能"的理路下，帕森斯指出，社会秩序是社会学研究的核心，而社会秩序问题的关键即是结构，对后者的把握只有在社会行动上才有可能进行。也就是说，从社会行动到社会结构的秩序证成，是一种从微观到宏观的嫁接过程。在行动中，帕森斯通过目的、手段、条件、规范等分析实在对其所谓的单位行动进行分析。单位行动一方面受到主观能动向度上的影响，个人可以有相应的目的及手段的选择空间；另一方面，行动也受情境中不可改变的条件与规范影响。这样一来，欧洲古典社会学有关实证功利主义传统与德国观念论传统就相继在分析实在构件的社会行动中得以融合。其中，最关键的便是基于社会规范的制度性效力，它让社会秩序得以有效维持，而个体对制度规范的内化是关键。之后，帕森斯为了将个体与行动从情境放置到系统（system）的框架中分析，是更为显著地将结构的外化作用凸显出来，也进一步将行动带向个体之外。

在哈贝马斯看来，帕森斯将集中于个体的单位行动向系统的结构分析转换，其实是其单位行动的个体行动的性质造成的。因为行动者之间的行动协调需要靠规范的内化，而共同的内化要求必然会因基于微观情境的行动分析发生困难。"为了解释互动或社会秩序的产生和维持，就必须回答互动参与者们是如何做出努力来克服由于双方价值取向和决策上的主观性与偶然性或曰'双重偶然性'所带来的意向分歧这样一个问题。"② 由此，为了分析上的可能，帕森斯便将基于个体的单位行动向行动系统转变。所谓系统（system），从文化人类学角度看，包含整

---

① 当然，帕森斯自己认定其唯意志行动论并非自我建构，行动本身也非传统意义上对社会学思想史的研究。毋宁в，在他看来，是对社会理论本身的研究，而唯意志行动论即是以"顺其自然"的方式被提炼烘托出来而已。这在布里克、格哈特等学者看来，是受到特定社会背景影响的结果。

② 吕付华：《社会秩序何以可能，试论帕森斯社会秩序理论的逻辑与意义》，《甘肃行政学院学报》2012 年第 6 期。

体与部分的关系。作为社会行动支撑的秩序分析，部分与整体的关系即由行动系统下的文化系统、社会系统、人格系统组成，后三者作为部分必须满足行动系统的功能需求，三者都是作为分析的实在，文化系统更是起着规范内化独立社会与人格系统，同时又内含整个行动系统的存在。连同三个子系统相对应的功能是维持、整合、目标获取，整合，可以说，以上行动系统的功能分析在帕森斯的《社会系统》《走向一般行动理论》中便已建构起来。甚至有关行动的取向分析，帕森斯更是通过结构分析下价值取向的二元论予以揭示，即模式变量。行动因其结构与系统要素的构件而显示出非此即彼的倾向状况。"认为行动者只能在这些有限的选择中确定他们的行动取向，试图以此来解释文化、社会、人格与行动之间的具体连接问题。从而，帕森斯完成了这一他称之为'结构—功能'理论的阶段。"[1]

　　在《行动理论与人类状况》《经济与社会》之后，帕森斯进一步修改了行动系统说，将行动系统与社会系统相互勾连。与之前单位行动分析及行动系统分析不同的是，"此时所谓的行动系统要素已然将个体行动排除出分析框架，而成为仅是象征意义上的有所组织且彼此不同的倾向。……行动者在这一分析框架中的主体地位彻底消失了。进一步，帕森斯认为，相应着四种趋向，行为有机体系统、人格系统、社会系统和文化系统这四个子系统共同组成了一般行动系统"[2]。就此，原来的行动系统分析就拓展到社会实在的结构—功能分析中。更进一步地，帕森斯以能量与信息为两个核心要素，将社会、有机体、人格、文化进行高低等级划分，并予以上下层级的控制。信息是从高级文化系统向社会、人格、有机体流动，承载着物质力量的能量则从低层次的有机体向人格、社会、文化流动，以达致均衡的结构整合为目的，达成社会秩序问

---

① Parsons, "Talcott on Building Social Systems Theory: A Personal History", *Daedalus*, Vol. 99, No. 4, 1970.

② 吕付华：《社会秩序何以可能，试论帕森斯社会秩序理论的逻辑与意义》，《甘肃行政学院学报》2012 年第 6 期。

题的解读。

综上所述，以分析实在论作为工具，帕森斯从开始即有意无意地在尝试将欧洲古典社会学的二元理论传统进行统摄，揭示基于思想史层面的二手经验——理论的研究到社会理论特定发展。这毋宁又带有其自身理论建构的局限。不同时空境遇下，理论的建构必然有所殊异，即使他试图按照思想史的脉络来捕获自成的理论，以至于"从功能的实现来确证结构实体的存在，并认为这些明确的实体之间具有内在的统一性。这种对内在统一性、一致性和均衡和谐的着重强调，无疑使得结构功能主义在关注社会结构变迁问题上趋于保守"①。所以，从唯意志论的提出开始，行动系统的结构功能分析再到排除个体行动主体性的社会系统论，帕森斯不可避免地带有传统实证风格的弊端，又含有其美国本土的弱点。即使如默顿这一批判帕森斯的后继者也并未脱离这一结构功能的分析传统，诸如"已社会结构化的可选项目"的概念仍将社会看成"既定的，且是制度化秩序的一部分"②。他在很大程度上将帕森斯结构功能分析中暧昧的、模糊的部分予以落实，更为帕森斯结构概念予以巩固。

三 结构主义下的"结构"界说

（一）涂尔干理性道德的应然样态

前文对古典社会学之结构概念的回顾可以看出，就这一时期而言，涂尔干关于社会事实之外化的、强制的理念应然诉求很大程度上被美国社会学者所承继。但是有关社会事实的解读，却仍不同于"社会形态学事实"。在列维－斯特劳斯的结构主义人类学视域下，涂尔干社会事实概念下的结构指向基于心灵是深层结构基础，这在涂尔干对康德的理

---

① 周怡：《社会结构：由"形构"到"解构"——结构功能主义、结构主义和后结构主义理论之走向》，《社会学研究》2000 年第 6 期。

② Merton R. K. , "Structural Analysis in Sociology", in P. M. Blau, eds. *Approaches to Study of Social Structure*, NewYork：Free Press, 1975, pp. 21 – 52.

性道德理解及其对初民社会人类学考察的矛盾中即有明显的显露。

对于那个提出"启蒙即理性"之公开运用的哲学大师康德来说，有关和谐社会的建构问题，即是人类行动的道德执行问题。理性是人成为人而有别于动物的关键，理性指涉下的道德例行更是保证社会和谐的绝对且普遍的无上命令。"在一个公正的社会里，法律乃必须依循着这一无上的命令来指定的。"① 这就是说，作为人之主体性内涵的理性道德本身与社会秩序之间存在着一定的界限，理性是个体内向的、自足的存在，进而充分发挥其启蒙公共他者的作用。一百年后，涂尔干对社会秩序的理解却将启蒙理性的自由主义观念转置到社会这一他所认定的道德实体上。简言之，这是对康德基于个体的理性道德学说进行了社会学化，从而赋予了社会事实（形态学意义）道德意涵，进而"社会遂接了手，成为一个经验性的而非形而上性的道德实体，它对个体加以限制，并且，以集体的方式保证社会秩序得以顺利完成"②。但依据克拉克的意见，涂尔干并未充分认清康德主义对事实与价值意义之间的差异，社会就成了消解乃至取代两者差异（应然—实然）的存在。

在法国人类学家列维－斯特劳斯看来，涂尔干对理性道德社会学化的尝试并不能很好解决实际的二元分殊状况，至少对绝大部分以社会形态学事实解读涂尔干对社会事实的理解来说，因为康德并"没有绝对意识将理想型的道德哲学作为强制作用之社会事实的现实道德律则合二为一"③。毋宁的，"每种道德、社会或知识上的进步，却都是以个体反抗社会的方式来形塑其首次的呈现的"④。也就是说，面对社会这一被

① Kant I., *The Moral Law*, trans, H. J. Paton, London: Hutchinson, 1948, p. 79.

② 叶启政：《进出"结构—行动"的困境——与当代西方社会学理论论述对话》，台北：三民书局2004年版，第150页。

③ Clarke, S., *The Foundations of Structuralism: A Critique of Levi-Strauss and the Structuralist Movement*, Sussex, England: Harvester, 1981, p. 37.

④ Levi Strauss. C., "French Sociology", in G. Gurvitch, eds., *Twentieth Century Sociology*, New York: Books ForLibraries, 1946, pp. 529 – 530.

普遍认定为强大的实在，个体并非完全无力，所以在安顿社会秩序分析的个体位置时，就需要不同于原先"社会形态学"意义上的事实，也就是基于集体表征（collective representation）的心理结构分析，被列维－斯特劳斯通过初民社会的亲属关系考察所表达出来。

　　（二）从涂尔干—莫斯的互惠说到初民社会乱伦禁忌下的心灵结构考察

　　作为一种"结构"概念之不同意涵的考察，这里或许可从其文本入手。除了涂尔干为"社会学主义"证明的《社会学方法论准则》《社会分工论》《自杀论》外，其《乱伦：禁忌之本性与起源》《原始分类》中就有对所谓人类分类与象征思考的起源。

　　涂尔干与莫斯认为，对于社会结构的分析，必须以"社会范畴作为优先逻辑……假如事物的整体被视为一个单一系统，那是因为社会本身亦同样地被看成如此，因此这里，逻辑次序即是社会次序知识的议题也只不过是把集体的一体延伸到整个宇宙罢了"[1]。很明显，在有关集体意识与象征上，涂尔干也倾向于将其当作社会事实来看待，以至于个体心理被无视了。但如此并未能反映涂尔干与莫斯两人对集体表征探索的全貌。他们转而又指出，集体表征并非逻辑的线性排列，其关系的法则乃在情绪与集体中找到。在《原始分类》的结尾，他们表达了自己的困惑："对分析而言，情绪很自然的是执拗的，或至少是尽量让自己不容易做到，因为它太复杂了……当它具有集体来源时，它更是抗拒批判而理性的检验。"[2] 也就是说，对于集体表征的社会实在层面的分析，他们也没有很好的把握，最终的结果便是不断地将其所不能的解释推向"集体意识"，对社会事实的分析只能通过对其他社会事实来达成。这就会造成自我循环解释的困境。就此，列维－斯特劳斯开始从通过涂尔干与莫斯著作的论述，更恰切地说，以社会事实解释的二元分离点为线索，开始将结构理解为一种深层的、无意识的心灵结构。

---

① Durkheim & Mauss, *Primitive Classification*, London: Cohen & West, 1963, pp. 83 – 84.
② Ibid., p. 86.

　　列维－斯特劳斯对结构的另类解释可以从莫斯有关初民社会中礼物交换的互惠原则作为起点。在莫斯《礼物》一书对初民社会的交往互动看法中，互惠是人们日常生活中最为平凡又有效的交流方式。他人通过礼物的赠予来期待礼物的回赠，而无关乎实质内容的工具性目的，报偿本身就具有义务性。在这一过程中，"礼物的施取乃具义务性，并且有一种权利制度迫使收礼者还礼"①。当两者不能形成相互交换礼物的互通过程时，就会有碍于关系的正常维系。在莫斯看来，从初民社会到现代社会，这种基于象征意义的义务性互惠行为虽然遭受现代化的冲击，却仍然盛行着，"正影响我们严密、抽象又不近人情的法律规章。……而一些阀值上的创举其实不过是时光倒流的组合"②。在现实中，例如 20 世纪初法国对社会保险即国家社会主义的立法即为明证。质言之，如果说初民社会更多的是基于一种血缘、地缘意义的共同体，而形成一种基于宗教、审美、文化观念的非理性互惠行为的话，这就有助于我们重新认识社会事实本身运作，即外化的形态学社会事实也似乎是在这种非理性互惠原则下所萌发的。这是一种从先天动物性到后天人文性的跨越典范。列维－斯特劳斯用他对初民社会的亲属之乱伦禁忌进一步阐述之。

　　列维－斯特劳斯认为，象征符号是人区别于动物最显著的标准，性作为一个象征，正是这一界限的标杆。具体来说，以自然范畴的血缘为纽带，即对社会关系有了相当的规约，进而形成诸如以乱伦禁忌为典范的制度性文化。也就是说，这里存在收与施（receiving and giving）的过程，就先后来说，自然因素本身带有确定性（certainty）。但当从自然过渡到社会文化层次时，这种确定性更恰切地说自生性并未遍及整个社会结构。"假若父母与子女的关系是严格地取决于父母的本性的话，男女

---

　　① Mauss, M. A., "Category of the Human Mind: The Notion of Person; The Notion of Self", in M. Carrithers, S. Collins & S. Lukes, eds., *The Category of the Person*, Cambridge: Cambridge University Press, 1989, pp. 1 – 25.

　　② Ibid..

的婚姻关系则完全委诸于机遇了。……自然乃包含了一个独特的不确定法则，这在婚姻的武断性中披露出来。……'文化'的发展则无法完全摆脱自然所承担的必然性。只是到了某个临界点，文化才向自然宣告：'我先，你到此为止'。"① 抑或说，"自然迫使文化的联盟产生，但却不决定它，文化则紧接着它"②。不过，需要进一步说明的是，虽然这是基于自然的制度性过渡过程，但自然—血缘本身起的作用更多的是以人们的意识来彰显的，是一种"非真实情境的自生性发展"③。

从上述的亲属乱伦禁忌制度的描述可以看到，列维－斯特劳斯就自然与社会关系下的结构辨析深含索绪尔结构主义语言学思路。即自然本身提供了一项发展人文性的可能，此为一项"能指"（signifier），是一种有所指涉的形式，社会层面的制度性生成则为"所指"（signified）。由此，分析的重点便不再是侧重内容工具性的理性分析，更多的是两者过渡时所形成的关系的结构性质。继而，对亲属乱伦禁忌分析的核心就是结构性，或者说是个人无法在制度性层面把握的某种深具特定性倾向的心理结构。很大程度上说，列维－斯特劳斯对弗洛伊德的潜意识理论的吸收影响了他对结构主义的形塑，将表面的制度事实分析转向结构性的形式分析，并用心理无意识来达成这种形式结构作用的因果说明。简言之，"这样的看法所追求的是，以课题中部分的形式关系来表达意义，而这些意义基本上都是超乎人类意识所及的形式。因此，语言乃是一种集体习俗的表现，结构所指的，正是一种类似习俗的样态"④。"正统的结构主义，推至终极，乃企图掌握某种秩序的内在性质。这些性质所表现的，没有一样是外在于它们自身的。"⑤ 内在的回溯成为列氏理

① Levi, Strauss, C. , *The Elementary Structures of Kinship*, Boston: Beacon Books, 1969, p. 31.

② Ibid. .

③ Ibid. , p. 50.

④ 高宣扬：《德里达》，台北：桂冠图书公司1988年版，第1页。

⑤ 转引自 Clarke, S. , *The Foundations of Structuralism: A Critique of Levi-Strauss and the Structuralist Movement*, Sussex, England: Harvester, 1981, p. 185。

解涂尔干有关结构概念的分离点。

以上是涂尔干在对初民社会人类学考察中所遇到的情感维度的分析困境。列氏试图将集体意识进一步往前推，将集体意识的生成归诸个体心理潜意识的结果，从而自然血缘—性—乱伦禁忌的文化规约得以证成。值得注意的是，虽然列氏将社会事实从原先布朗—马林诺夫斯基的功能主义事实分析转向基于深具文化的心理结构的潜意识讨论，推进了涂尔干人类学视野的结构概念理解，但是这种返回内心的结构分析诉求是否存在，能否真的结束理念应然与现实实然对张的困境呢？综观以上两者的论述，二元论的阴影并未消除。正如克拉克评论的，"施及于亲属体系的解说，其论述的只不过是一种智识性的建构，乃用来充当解说婚姻规约上的一种社会学论说用途而已"①。这种个体心理化约的方式似乎走向社会事实分析的另一极端，此时个体本身成就了社会结构的制度性表征，就如我们进一步追问，这种个体回溯的意图下，结构是否还处于智识的悬隔状态，而依旧让结构—文化之间不可融合呢？保守地讲，这里有很大的商榷与批判的余地。正是对涂尔干社会事实两种形式分离点下的思想发展，不管"结构"依附何种外在或内在形式，都不可避免地将社会秩序问题推向极端。正是发展到现代社会学的结构功能思路，情感本身成了无处容身的"他者"。

四　情感作为结构"座架"下的分析实在

从前面的论述，大体上挖掘出，人文主义于启蒙理性风潮之下渐行渐远，处于越发失色的尴尬境遇。这种变化大体上是唯科学主义及实证主义所带来的负面影响。于社会变迁角度说，个体经历了自然科学所助推的科技发展带来的更新变化，从而使得自由主义经济盛行下个体与科技之间的关系成为现代化时期越发鲜明的一对。以传统的人之感知层面来说，光晕消逝及以"体验"作为模式新感知，耦合了资

---

① Clarke. S. , *The Foundations of Structuralism*: *A Critique of Levi-Strauss and the Structuralist Movement*, Sussex, England: Harvester, 1981, p. 77.

本主义经济下个体希冀的自由与平等意趣。以至于布尔乔亚群体的诞生，亦如这种情感体验模式的转型，以一种"个体性"的集体意识为核心，以"均值人"作为一种表达。这既是历史哲学理念作用于历史，同时又是社会学主义的实然与之对张的二元性/论过程。正是在自由主义理性主义表达与社会学主义之实证主义探索之间，形成社会学方法论上的分析定向，这是从社会变迁到个体思维再至普遍智识嬗变的发酵进程。

从古典社会学时期以来，社会学方法论指向一种实证科学精神下的对表面现象间的描述及其规律的探索。这即如孔德所指出的"科学是由规律而不是由事实组成的，尽管这些事实对科学规律的建立和检验是不可或缺的"①。一方面，所有的实证理论必须建立在观察的基础上；另一方面，我们的精神要致力于观察，就必须拥有一个理论：如果我们不能把观察到的现象与某些原则联系起来，就不能有效地组织我们的观察，甚至不能记住它们。② 这符应了自近代自然科学所带来的机械论到生物学的有机体论所内含的"结构"（structure）思想。结构正从古典社会学时期开始一步步将自身证成为外在自足的"利维坦"，以至于以这种态度将人这一丰富的、开放的、能动的存在一并吸纳进其自身的结构"黑洞"，而使其丧失应有的人文底蕴与脉脉微光。下面就几个社会学代表人物关于"结构"的秩序问题与情感研究的定位进行简要阐述，以便为之后的论述做拓展。

从孔德以实证精神要求创立社会学开始，"结构"亦如之前所论的可从其有关社会静力学的秩序研究中反馈一二。在孔德的社会静力学视域中，社会性与整体性是维持整个社会良好运行、秩序得以维持的主要线索。因此，有关社会秩序的论说，基本是围绕社会的整合性问题来得以表达。就社会的结构构成上，他将家庭看作社会的最小单位，是产生道德情感的最基本单元；就社会的秩序问题上，除了道德情感外，还有

---

① 转引自张小山《实证主义方法略论》，《江汉论坛》1996 年第 6 期。
② 张小山：《实证主义方法略论》，《江汉论坛》1996 年第 6 期。

作为维持基本生存的物质力量与作为支配的睿智力量，他即将情感作为社会性得以维持的最重要的力量看待。"情感的头等重要性，虽然只是间接重要，就会得到恰当的理解，即感情隐蔽地支配着我们整个的生活，而思辨和行动只是情感的传导。"① 不过，虽然孔德强调情感下的人性观对维持社会秩序的重要性，但是他的实证主义自然观仍是通过一种结构的座架方式进行情感秩序论意义上的标签。所以，在情感的进一步探索中，以个人为代表的利己主义情感与以集体为代表的利他主义情感进行划分，他认为只有利己主义向利他主义转换才有可能解决自霍布斯以来"社会秩序何以可能的"问题。也就是说，孔德虽然强调社会秩序之人性观下的情感关注，但是这种情感已然是依托实证的"均值人"的分析理念。作为古典社会学时期集大成的涂尔干更是将情感问题置入社会事实的过滤容器而予以排除，这从他以社会事实内涵对康德的理念与价值两者关系的误解开始便有了表现。

事实上，康德对理性应然与事实的实然之间的区分并没有受到涂尔干的重视。为了将社会学以一种学科的标准确立，他更试图通过类似实证主义方法论来建立起科学的研究体系。所以，在对待社会学研究的对象上，他将社会事实看作根本，并（至少在早期作品中）将社会事实认作一种"强制的""外在的"存在，以至于对社会的研究基于一种分析的需要而进行社会事实之间的比较性研究。只有在对另一个社会事实的分析才能研究社会事实本身。简言之，这即借助外化结构观的理路来获致研究的有效性。由此，这自然也使情感本身成为一项可借助实证方法通过社会事实形态结构的中介进行研究的了。也正如此，涂尔干与莫斯在后期著作中对初民社会有关集体狂欢下情感本身的忽视，并将集体意识作为凌驾于个体心理的基本研究层次。

当发源于欧洲的古典社会学向美国现代社会学过渡时，帕森斯将欧洲的世纪末气质转变为以美国精神为主导的基于社会行动本身的社会思

---

① 昂惹勒·克勒默－马里埃蒂：《实证主义》，管震湖译，商务印书馆2001年版，第67页。

想史研究视域①，以唯意志行动论的方式试图将传统实证—功利与德国观念论的二元局限进行整合。正如前文所阐明的，帕森斯并未摆脱结构概念的影响而逐渐将主体人抛离于分析框架，将行动移置于行动系统乃至社会行动，以 A-G-I-L 结构功能分析将结构坐实，而最初带有个人对目的以及手段的能动抉择也被一并抛出。这正是埃利亚斯代表作《文明的进程》（1968 年再版序言）中对帕森斯模式化功能分析所极力批判的。

在帕森斯模式分析中，情感即被看作分析的实在，以"情感"与"非情感"的方式被赋予功能性的内涵，即"把事实上正在形成和已经形成的社会现象分解为两种对立的状态，从而这无论是在经验上还是在理论研究方面都意味着对社会学认识的不必要的简单化"②。以至于在个人与社会关系中，后者往往被当作真正的现实，而前者被视为次要的，情感成为这一静态僵化的社会整体观的构件而失语。也就是说，帕森斯的理论缺陷就在其用功能体系的话语将情感的自在之维——日常生活分割出去了，继而宏观面向的历史视野也一并固囿于僵化的结构功能普遍预设而出现迷失。其实在情感的栖居地——日常生活中，情感并没有按照通常的类型学标准进行机械式的功能运作。依据具体情境，持有不同惯习的人亦有不同的自我呈现与情感表达，相互作用下不断生成又消损。如此，对情感的分析就不是简单的、非此即彼的理论模式能解释的。

反过来，如果将涂尔干有关社会事实的分析以"社会形态学"（即"结构社会学"）为主进行人文厘定，人本身被分割出去了。如将以结构主义下列维-斯特劳斯以深层心理潜意识作为社会事实发生界定，个体以因由心理的内在化智识性认知而与外在客体相区隔。这就是说，不

---

① 从 1937 年帕森斯出版《唯意志行动论》开始，他即尝试以一种建立在社会行动理论之发展趋势下的社会理论本身进行"建构"，在如马歇尔、帕累托、涂尔干、韦伯等人的有关行动的梳理下，提出反思欧洲传统实证—功利主义与观念论的超越路径。不过，这一尝试依旧难以摆脱帕森斯所处的时代话语的局限。参见赵立玮《世纪末忧郁与美国精神气质：帕森斯与古典社会理论的现代转变》，《社会》2015 年第 6 期。

② 埃利亚斯：《文明的进程》，王佩莉、袁志英译，上海译文出版社 2013 年版，序第 6 页。

管如何界定，个体并没有很好地通过个体—社会二元关系的超越而得以化解传统困境。这便有了我们进一步基于人的日常生活为视野探索的必要。

第三节　以马克思、西美尔、本雅明为延展的情感研究脉络

一　反思性话语的历史性回转

正如上文所述，"结构"这一概念成为自社会学诞生以来承继自然实证精神下的关键内里，人被分析成处于稳定社会结构的功能要件而存在，这样一来，作为情感研究所栖居的人本身之丰富多面而又具体的指涉便被忽视了。尤有进之的，这一基于思想史意义上不断从本体论向方法论的滑落①，将具有深厚人文底蕴的情感意涵一并给稀释了，以致难以可视。从人到人的具体情感心理表达，成为理性分析的因果附件，这是理性话语难以触及"人"本身多样性的弱点。那么，如何更恰切地把握"人"本身在理论研究中的定位呢？这就有从资本自由主义的发生及其制度分析的批判着手予以阐述的必要了。

就像论述布尔乔亚群体自由主义精神的发生及感知状况时总结的，很大程度上，思想的发生亦受时代背景的影响。如果说埋藏于实证主义方法论下的"均值人"的隐射是结构社会学学说力求摆置"人"的方法，那么，追溯这种"均值人"的社会现实理念的条件即是资本自由主义学说的重要组成部分。资本主义经济是平等、自由话语的物质基础，平等理念所倚重的更是以同一而独立的人（identically and independently individual）为核心内涵的表达。进而反观这一话语形成的基础（如前面的"均值人"说），要重新安顿人在社会结构中的位置并再识现代化境遇下的情感发生，就需要深入这一资本主义的逻辑批判语境

---

① 主要指实证主义以研究大众社会中的关于表面现象间的规律作为其普遍真理的追求。

中来。

由此，论述的线索将绕不开马克思社会批判理论，尤其是自 1920 年发现的"巴黎手稿"，即《1844 年经济学哲学手稿》中有关人性异化思想是青年马克思时期有关人的问题的重要讨论，这也与其后期历史唯物主义下的政治经济学批判不同。① 下面将就青年马克思时期及其人的异化思想来探讨反刍经典资本自由主义论域的"消极人"设定，并从古典社会学中号称历史唯物主义建造文化底楼的西美尔、从历史的空间维度发起都市辩证意象的情感探索的本雅明进行人的"反转"，即剔透出人的日常生活面相，并进一步为现代性的情感研究做好铺垫。

二 青年马克思的劳动"异化"界说

当实证主义以其分析实在的态度将人置于"均值人"的方法论座架时，人本身就丧失了其万花筒的多彩特质。毋宁的，这是站立于实证主义这一丰碑底座下有关资本自由主义经济的思想根基决定的。作为社会批判理论的创始人，马克思有着与"均值人"认定大不相同的设想，即青年马克思时代的"劳动异化"理论。可以说，异化理论奠定了马克思对人的探求及其后批判政治经济学价值诉求，正是在这一过程中逐渐烘托出经济角度下的"日常生活"意涵。作为对异化理论发生渊源的探寻，黑格尔与费尔巴哈的异化思想是其重要来源。

（一）黑格尔绝对精神下的辩证异化思想

作为青年马克思时代的崇拜对象，黑格尔的异化思想显然对马克思劳动异化思想有着深刻影响。在《逻辑学》《精神现象学》中，黑格尔便系统论述了有关异化的系统论述。简单地说，他认为世界主要是由绝

---

① 从马克思的思想发展肖像来看，大体上经历了受康德、费希特的理想主义，黑格尔的绝对精神辩证法，费尔巴哈人本主义及后来历史唯物主义、科学社会主义的发展，但是有关人的立论是青年马克思时代关注的重点，尤其是在未深入古典政治经济学批判之前深受黑格尔及费尔巴哈的影响上。不仅从具体的思想发生上，就"巴黎手稿"的发现，也是在 1920 年一战后，因而马克思对人的本质及异化的人本论说为当时西方马克思主义所看重，继而发展出日常生活批判理论。

对精神而起，而绝对精神的自我证成是一个围绕异化、否定、扬弃的过程，即绝对精神是唯一而自足的存在，会通过"对象化"的方式将自己客体化。当绝对精神被客体化后，它便不如先前那般自足而完整，对象化即是异化的开端。继而，作为对象化结果的客体，会继续通过否定方式将自身作为"对象世界"而存在，进一步通过扬弃来达成对象化的客体世界向精神世界的复归。

这一过程即精神—客体—精神转换下的否定之否定过程。正是在这一否定之否定的过程下，"精神才使它自己摆脱了开始时的原始的抽象的性质，获得了丰富的具体的内容，并在最后把自身作为绝对真理创造出来。并且在精神的这种否定性的自我创造过程中，也就创造和改造着现实的对象世界，使之越来越符合精神的理性本质"①。质言之，黑格尔以辩证运动的方式透过绝对精神与客体世界的相互作用来达成对世界的理解，其中"对象化活动"是两者间运动转换的中介。那么，异化在黑格尔看来是绝对精神的回归性转变过程，更是一种绝对精神下的唯心主义式表达，不涉及具体实在的人。当牵涉具体的人本身时，在黑格尔看来，即是一种异化的体现。

所以，最终在黑格尔那里，所谓的异化无关于人本身，而更多指涉作为世界本体的绝对精神。作为中介的对象化活动，本身即一种异化，因为它负载了将绝对精神转变为对象化世界的契机。所以，从现实层次上说，所谓劳动即使异化的表现，也只有通过精神世界的转换才有可能摆脱异化的状况。不过，这种将劳动视作异化形式及通过异化本身来达致辩证契机的理路，启发了马克思对人的本质的考察。

（二）费尔巴哈"类本质"观念下的异化说

费尔巴哈异化理论的起点是从"类本质"，即人作为与动物相区别的人的本质观界定上达成的。其具体的理路可从对神圣世界与现实世界下的宗教异化批判来考察。如此，有关人的界说是一种批判理性主义及

---

① 陈洪林：《青年马克思异化观成因探析》，硕士学位论文，华南师范大学，2003 年。

神学的"人本主义"思想。

具体来看，费尔巴哈将"类本质"作为理解人的本质，即一切人共有的特性，包括理性、情感、爱，而最高的类是神。人将最高的特质与品性赋予神这一人的特殊意象，由此上帝就成了全知全能的存在。这就是说，宗教是有关人作为类存在的一种分殊即异化，而当作为全能的神得以证成时，就成了人膜拜的对象，继而"为了使上帝富有，人就必须贫穷，为了使上帝成为一切，人就要成为了无"①。相对地，上帝越富有人性，人就越显得贫乏，需要依附上帝，信仰上帝。最终当人把自己的本质完全移交给上帝时，人就丧失了本质，脱离了"类"。也就是说，从人自身中分离而又高于人自身，宗教异化的本质，即"宗教是人跟自己的分裂"②。

作为人本主义的理路，费尔巴哈这一从宗教阴影下的人本回归富有深刻的洞见。类本质在他眼中更是感性而非抽象的，这就与黑格尔理性主义异化说区分开来。如果说黑格尔的逻辑是"将这个与思维本质相矛盾的感性活动转变成为一种逻辑的或理论的活动，将对象的物质产物转变成为概念的思辨产物"③，那么，费尔巴哈则赋予神学新的形式，将人作为感性的存在重塑理性的本质，即"人乃是理性的尺度"④。总之，费尔巴哈的人本学贡献在于，他将人从抽象的理性主义论述中抽离出来，通过类本质的感性的人来还原人的自在之维，以最彻底的人道主义方式来理解生活，这是费尔巴哈不可磨灭的功绩。⑤

（三）批判与超越：马克思对传统异化说形塑

针对黑格尔唯心主义式的异化观与费尔巴哈人本主义异化观，马克思通过建设性的批判方式对上述两者进行综合，提出了基于现实的劳动异化观。他的异化观可以说直接将人置入现实的、感性的境遇予以观

---

① 《费尔巴哈哲学著作选集》下卷，商务印书馆 1984 年版，第 52 页。
② 同上书，第 60 页。
③ 同上书，第 132 页。
④ 同上书，第 181 页。
⑤ 邢贲思：《费尔巴哈的人本主义》，上海人民出版社 1981 年版，第 323 页。

察，将人这一被理性主义遮蔽的类目逐渐地剔透出来，为从经济视野的日常生活意涵考察提供可能。

在批判的一端，对黑格尔来说，他的异化是绝对精神下的对象化活动产生的。也就是说，黑格尔所谓的对象性活动即是异化的，进而人的存在注定将在由异化与非异化的纠结缠绕中存在，劳动这一证成人本质的活动也是一种异化。这是马克思所反对的，他认为异化需要"从实际生活和经济事实来研究，马克思研究的是人类异化及其根源的劳动异化"①。也就是说，劳动本身对马克思来说需要进一步的分析而非抽象的、天然就是异化的，它本身需要"问题化"。进一步推断，黑格尔将绝对精神视作非异化的本原存在，而对象化活动是异化现象的中介这一预设是成问题的，需要重新将异化的主体、对象及发生机制予以界定。这就让他诉诸之后的费尔巴哈人本学说。当费尔巴哈通过感性的人为主轴的人本判定赋予人作为本原性特质时，就将理性主义的定见予以拒斥。他将人视作自然条件，作为"人的存在基础，社会关系视作人的活动条件的存在"②。马克思就与费尔巴哈站在同样的理论基点上，通过自然与历史的方式理解人。在异化批判的现实考察中，马克思更是将劳动的异化看作一个典范，进行异化理论的综合，即将费尔巴哈有关人与宗教的异化关系转化为人与劳动的异化关系，通过活生生的人与现实对象性活动的结合赋予新的异化定位。可以说，这是马克思将黑格尔有关"对象性活动即是异化"理论的一种具体批判性建构的结果。

黑格尔的劳动异化论说可从《1844年经济学哲学手稿》中马克思对黑格尔辩证劳动异化观的评论中找到。他指出："因此，黑格尔的《现象学》及其最终结果——作为推动原则和产生原则的否定性的辩证法，其伟大之处就在于：黑格尔把人的自我产生看作一个过程，把对象化看作非对象化，看作自我异化和这一自我异化的扬弃。因而，他把握

---

① 杨豹：《马克思异化劳动思想的启示》，《兰州学刊》2006年第5期。

② 龚秀勇：《费尔巴哈人本主义与马克思人本学》，《湖北社会科学》2005年第5期。

了劳动的本质，把对象性的人、把真正的因而是现实的人理解为他自己的劳动的结果。"① 所以，黑格尔从一种绝对精神下的对象性活动来判定对劳动异化，这其实为马克思提供了将费尔巴哈之具体感性的人与劳动异化相互结合并纳入后来发展的实践论思想的基础。费尔巴哈人本主义学说虽然超越了黑格尔的理性主义异化说，但并没有很好地赋予人以历史性的、社会性的论说平台。在马克思看来，就人的本质而言，世界应分为社会与自然，只有将人投入一种社会关系即劳动生产关系才能发现异化现象。这样一来，马克思将黑格尔的抽象劳动异化界说与费尔巴哈 "自然人" 的异化说进行结合，并综合了辩证法认为的异化存在于剥削劳动中，劳动异化亦为解放人性提供了基础。

（四）马克思劳动异化说下日常生活的人文意涵

综合上述，马克思对黑格尔与费尔巴哈的批判，马克思的劳动异化理论，对人的类本质赋予了感性的对象化活动的本体论要义。具体来说，对象性活动并非如黑格尔对象性活动即是异化的观点。马克思认为，人的存在及其本质在于类存在（species beings），而类存在是人区别于动物的人之根本，就如同蜜蜂造蜂窝与工程师造建筑的不同，意识是其中的核心。所谓意识是通过对象化劳动来证成。所谓对象性活动，在马克思眼中即是 "当站在牢固平稳的地球上吸入并呼出一切自然力的、现实的、有形体的人通过自己的外化而把自己的现实的、对象性的本质力量作为异己的对象创立出来时，这种创立并不是主体：它是对象性的本质力量的主体性，因而这些本质力量的作用也必然是对象性的"②。

很大程度上，这种对象性的创造活动是费尔巴哈感性的人的思想借用。所谓感性，"说一个东西是感性的，亦即现实的，这就等于说，它是感觉之对象，是感性的对象，亦即在自己之外有着感性的对象，有着自己的感性之对象，是感性的，也就等于说是受动的。人作为对象性

---

① 马克思：《1844 年经济学哲学手稿》，人民出版社 2000 年版，第 101 页。
② 同上书，第 120 页。

的、感性的存在物，是一个受动的存在物，而由于这个存在物感受到自己的苦恼，所以它是有情欲的存在物，情欲是人强烈追逐自己的对象的本质力量"①。这是说对象性活动是感性的前提，是一种非异化的状态，人的自然状态是通过维持自我持存的劳动而得以可能，而感性也是人的必要状态。即"人作为对象性的、感性的存在物，是一个受动的存在物；而由于这个存在物感受到自己的苦恼，所以它是有情欲的存在物。情欲是人强烈追求自己的对象的本质力量"②。质言之，从具体的以劳动作为对象性活动开始，人的意志就通过对象性活动的感性（自我与他者的相互感知）被界定，而对象性—感性活动本身就成为异化批判说的本体论预设。所以，马克思在分析异化维度时，就通过人与产品、人与劳动过程、人与类存在、人与人的异化来给予定位。

在具体资本主义社会现实运作中，作为抽象物的货币及其延伸的交换价值逻辑就将这种创造性的、感性的劳动打入资本运作的牢笼。"货币作为外在的，并非来源于作为人的人和作为社会的人类社会的，能够把观念变成现实而把现实变成纯观念的普遍手段和能力，一方面把人和自然界的现实本质力量变成纯抽象的观念，并因而变成不完善的东西，把个人的实际上的无力的，只存在于个人想象中的本质力量，变成现实的本质力量和能力。"③ 其结果便是感性下的创造性活动本身失去了意志的支持。"在整个劳动时间内还需要有作为注意力表现出来的有目的的意志，而且，劳动内容及其方式方法越不能吸引劳动者，劳动者越是不能把劳动当作他自己的体力和体力的活动来享受，就越需要这种意志。"④

这样一来，马克思关于人的异化思想在承继前人的思路下，就将人放置到一种自然状态的对象性活动——劳动来看。虽然此时马克思并没

① 马克思：《1844 年经济学哲学手稿》，人民出版社 2000 年版，第 122 页。
② 同上。
③ 同上书，第 101 页。
④ 同上书，第 202 页。

有深入经济学领域进行诸如后续《资本论》中对直接生产过程的批判，但是他的关于人的类本质及其感性的意志与劳动论说却提供了反转资本自由主义理念下作为理所当然"均值人"的意识形态设定。其对对象性活动与劳动之间的分离，不仅批判了黑格尔的对象性与劳动两者混成的视野局限，也为后来劳动二重性提供了萌发基础。更重要的是，他启示了人作为具体的、实践的存在的意义，也成为后世者继承其非异化的"全能的人"作为透视异化与非异化的人间裂缝的意象契机。即使后来马克思更多地从经济学角度来达成共产主义之解放人的理念，但毋宁的，这一将人纳入感性、创造且自在的尝试，将自由主义实证的方法论固囿予以破除，并为其从本体论的社会历史与实践意义进行重塑，可以说是有关经济维度下对日常生活意涵的批判性捕捉。这也为后来者具体深入批判现代文明将日常生活的多个面相予以揭示提供了有益启示。①这可在古典社会学时代的另类边缘人——西美尔身上窥见一斑。

三 西美尔对现代情感体验的形上求索

如果说青年马克思为批判资本主义并将深陷于自由主义语境下的"均值人"意象重新拉回到人本先验的批判立场，在此之后，马克思则继续通过实践与历史维度将人的劳动异化学说进行充分的政治经济学论证并付诸现实分析。可以说，马克思从早期黑格尔、费尔巴哈到中后期历史维度的现实批判经历了思想上的转型。如此，一个有关人的日常生活总体语境被其剥透出来，其后期的分析则恰是一种基于日常生活经济批判的人文指涉。

作为另一个面相——文化，马克思并没有做更多强调。文化本身仅

---

① 自马克思的"手稿"被发现以来，当时的西方马克思主义者借助并拓展异化概念来批判当时的西方社会文化工业，马克思以批判的反题形式提出的"自由的""解放的"类本质的全能人亦是他们追求的目标。纵然采取了不同的理路，如日常生活批判学派与国际情境主义者吸收超现实主义从日常生活维度进行革命爆破等，但无疑有关人的异化全能意象可谓超出后期马克思政治经济学的论域，成为后世者进行批判性理论发挥的底蕴。这里仅做提示，正文将做具体论述。

只是马克思具"经济决定论"色彩的唯物分析的一个被决定的附件存在。① 但是以劳动异化作为批判自由主义"均值人"的出发点，日常生活下的文化应具备更鲜明的地位。那么，在具体进入日常生活下的文化批判及其情感研究的实际议题前，必然会涉及从那些"货币经济学尚未开始和已经结束的地方起步"②。对此最有贡献的莫过于古典社会学四大家之一西美尔的货币文化批判下的现代性情感体验分析。

（一）形而上学的悲观论

从西美尔的形式社会学方法论基础看，他的思想基本上来源于新康德主义传统。这里的形式是"一个范畴或多个范畴的集合，具有先验图示构造功能，形式或范畴可以把那些分散的、混乱的、毫无联系的外部对象塑造成可以理解的内在东西"③。正是由于现代社会本身极具流动性、异质性，作为实质内容的社会事实难以被主体本身把握，只能通过富有内容适应性的形式将之统合起来。如弗里斯比指出的，"对西美尔更重要的问题在于，如何从历史的具体存在中抽取出社会现象中超历史和非历史的本质。社会的任务乃是要从社会和历史的具体而又复杂的现象中获得真正属于社会的要素，即社会化"④。与同时代的韦伯比较，两者的差异就可从"理解社会学"与"形式社会学"体现，前者是通过投入性理解人的主观动机、兴趣、目的的价值理解，后者则试图从表面形式分析达到对纷乱复杂的现代性碎片的本质把握。⑤

---

① 这里的经济决定论并非恩格斯当年回应布洛赫时所反驳的经济决定论，更确切地说，传统上的经济决定论批判是针对类似"唯经济决定论"的偏见。实际上，马克思以经济基础决定诸如文化等上层建筑带有围绕经济作为"社会中轴"来论说社会的倾向。

② 西美尔：《货币哲学》，陈戎女等译，华夏出版社 2002 年版，第 4 页。

③ 蒋逸民：《西美尔对现代都市生活的精神诊断》，《华东师范大学学报》2011 年第 6 期。

④ 转引自西美尔《西美尔金钱、性别、现代生活风格》，《〈货币哲学〉英文版序言》，刘小枫编、顾仁明译，学林出版社 2000 年版，第 234 页。

⑤ 不过也有人看来，韦伯并非与西美尔的形式社会学完全对反，如韦伯将社会学知识看作"理念类型"，西美尔则看作象征性知识，即西美尔是在特定意义上对象征的综合阐释基础上将主客观范畴进行综合的，这似乎传承了康德的"先天综合范畴"思想。参见 Leck, *Georg Simmel and Avantgarde Sociology: The Birth of Modernity, 1880 - 1920*, New York: Humanity Books, p. 94。

正如此，以西美尔的得意门生、西方马克思主义代表——卢卡奇将他视作印象审美主义方法论代表。正是因为西美尔对形式问题的着迷，他将宏大的社会事实及其运作发生看作次级性的存在，相对地关注社会流变中的诸多现代性碎片，通过形式的锁链，将这些碎片进行拼接，以最终获致意义的整体性。所以，卢卡奇将其视作"地道的印象主义哲学家"，其思想肖像是过渡性、短暂性、未完成性、多元性的。正如波德莱尔这一正式对现代性做出界定的诗人的论断那样，现代性本身即是"过渡的、瞬间的、偶然的"。与其说西美尔的这种形上形式社会学手法是站在局外人的客观立场来座架整个社会发展脉络的，倒不如说是以投入性（involvement）的方式在现代性的海洋冒险。

也有许多人对他的这一形上分析持有怀疑态度，印象主义内涵的追求生命冲动与非线性的存在体验似乎带有一种相对主义、景观主义的固囿，法兰克福学派成员克拉考尔便是其中之一。毋宁的，这种形式分析及其多变的视角只是西美尔为了探寻形式意义上一般生命本质的策略而已，所以"与相对主义者不同的是，他确信每一种哲学规定方式都是绝对的、必要的、无条件的"①。正如卢卡奇早年评论"西美尔确实论述了多种世界观，但这不关相对主义的事。因为，世界的形而上学本质就是不经允许而且要求这些多种多样的范畴"②。质言之，形上理念所支撑的多元方法与视角仅仅是为了证成诸如何为世界的一般本质的目的。继而西美尔在深入对资本主义货币经济探索时，也与中后期马克思历史唯物研究取径不同，他所追求的本质更是站在以人的形上悲观本质为根本诉求，这注定了其理论中带有所中意的叔本华悲观主义成分，也是其货币文化批判下的人的异化的思想独特之处。

（二）主观价值论下的文化批判

形而上学的理论基础使西美尔的现代性研究有了独特的现代性色彩，可以说，让自己的理论求索成为一种深入现代性的冒险。正如埃

---

① 陈戎女：《西美尔与现代性》，上海书店出版社 2006 年版，第 29 页。
② 同上。

利亚斯在批判封闭的人（homo clasus）的理念时说的，如果我们不花时间冒险进入不确定性的海洋，就不能避免落入虚假的确定性的矛盾和欠缺。① 正是这种形上意义的反思性强劲力道，西美尔的考察往往带有悲观主义的色彩。这一思想"冒险"在他有关货币哲学的现代性文化研究中尤为显著，也是他一步步接近日常生活的情感研究的过程。

不同于经典马克思学者通过历史唯物发起对资本主义货币经济的现实批判，西美尔从开始就以主观价值论为起点进行形上的批判现代性观照。在西美尔唯一大部头著作《货币哲学》中，他指出，"为历史唯物主义建造文化底楼"②。这里的"底楼"，意味着从一种本质上为历史唯物未曾触及的分析层面予以更多补充，继而"自然要从货币经济学结束和尚未开始的地方起步"③。进一步地说，是对微观内在世界的体察，"包括个人的生命力、个体命运与整个文化的关联的影响……对现代货币经济与真正人的历史现象的关联只能用哲学方式来处理，意味着要从生命的一般条件和关系来考察货币的本质，而历史唯物主义的眼睛恰恰是瞎的"④。这样一来，对于货币经济的考察是为了获悉现代性境遇下个体生命本质及其存在状况，因此西美尔眼中的价值就有了主观的成分。

具体来说，西美尔认为马克思并没有很好地把握价值问题，因为所谓劳动价值在马克思那边更是以一般劳动概念将劳动价值化为体力劳动价值，进而使得体力劳动"作为整体意义上的劳动衡量标准发挥效用"⑤。体力劳动不能视作判断劳动性质的唯一标准，而诸如"精神性因素、技术精度、知识含量、复杂度等劳动性质很难折算为劳动量，它

① 埃利亚斯：《个体的社会》，翟三江、陆兴华译，译林出版社 2008 年版，第 97 页。
② 西美尔：《货币哲学》，陈戎女等译，华夏出版社 2002 年版，第 3 页。
③ 西美尔：《金钱、性别、现代生活风格》，刘小枫编、顾仁明译，学林出版社 1999 年版，前言，第 4 页。
④ 同上。
⑤ 陈戎女：《西美尔与现代性》，上海书店出版社 2006 年版，第 328 页。

们却是影响劳动价值的关键"①。许多"高级劳动"本身就大于直接生产的劳动量，因为含有一种附加劳动形式，它"并非感官上可觉察到的短暂的劳作，而是前期劳动以及前期劳动的条件下当前的表现发挥这二者的浓缩和积累"②。比如现实中的艺术表演，所谓"台上十分钟，台下十年功"，一定程度上正是这一主观价值论的反映。

是故，从根本上说，西美尔的价值论是主观意义上的，为心理欲望的达成赋予更多客观价值的理解，是心理主义的。如果说使用价值是作为有用性而对应物质世界的实在一端，它仅仅是价值的基础，只有经将它通过一种主体之于客体距离认知的期望指涉下，将这种获得使用价值的意图作为现实中克服"价值缺憾"的动机才能真正实现对价值的理解。进一步地说，西美尔就将使用价值与价值的区别混杂在了一起，"因而无法开启讨论商品交换（commodity exchange）而非物品交换的可能性。并不看重马克思对具体劳动与劳工权利、具体劳动与抽象劳动的区分，很少涉及货币与资本的关系"③。自然地，在就创造价值的现实层面，他更注重交换与流通领域，从使用价值的消费观点来看待交换，有关直接生产过程的劳动与资本运作则不受重视。欲望的满足就落在了实际交换与流通中，这看起来与当今消费社会的价值逻辑有一定的亲近性。

主观价值论下，西美尔将视域重点放到流通与消费层面。作为心理欲望满足的契机，货币这一作为一般等价物的手段就越发成就人们主观的价值期待。它一并随着现代社会劳动分工的加剧而逐渐僭越成为目的。在劳动分工加速的进程下，出现了所谓主客体文化的矛盾困境。所谓客体文化，"即是经过精心制作、提高和完善的事物，可以引导人类灵魂走向自身的完善或者指明个体或集体通往更高的途径"④。也可以

---

① 陈水勇：《论货币桎梏中个体价值的拯救》，《兰州学刊》2011 年第 7 期。

② 西美尔：《货币哲学》，陈戎女等译，华夏出版社 2002 年版，第 332 页。

③ 转引自西美尔《西美尔金钱、性别、现代生活风格》，《〈货币哲学〉英文版序言》，刘小枫编、顾仁明译，学林出版社 2000 年版，第 228 页。

④ G. Simmel, *On Individuality an a Social Forms*, University of Chicago Press, 1971, p. 233.

说是主体精神之外化、制度性形式，如社会风俗、习惯等。主观文化则是个体内在世界蕴含的生命创造力。正是在越发琐碎的劳动分工作用下，个体不得不面对纷繁的现代性碎片，进而作为主体逐渐从原先完整的劳动过程滑入复杂的机械操作的工序。作为结果，"日趋成熟的现代物质文明使单个目标的完成需要愈来愈复杂的手段。而最大的危险就在于人们过分关注于手段的应用，最后遗忘了要实现的目标"①。此时，作为工具存在的货币，就在劳动分工的作用下被放大了，以至于成为人们试图寻找琐碎生存境遇的救命稻草，而"不管表征什么，货币都不是拥有功能，而是本能就是功能"②。

职是之故，在作为欲望满足的主观价值论视野下，劳动分工下的文化困境与货币经济相互呼应，互为证成。西美尔将价值投入作为货币实现它本身交换流通功能的领域的做法，深深洞察到就劳动价值的直接生产过程的资本主义批判难以抵达的境地。作为具有勾连不同质——使用价值的货币开始通过其抽象的量的欲望魔力将万物予以平准化，最终"货币便以一切价值的公分母字句，成了最严厉的调解者。挖空了事物的核心，挖空了事物的特性、特有的价值和特点，毫无挽回的余地。事物都以相同的比重在滚滚向前的货币洪流中漂流，全都处于同一个水平，仅仅是一个个的大小不同"③。对此，货币平均化了所有性质迥异的事物，进而使人这一不断通过创造客观文化的主体，不断地失去对本真事物的把握。生活的核心与意义也一再地在我们身边滑落，在货币文化对人的异化作用下，人的情感体验自然也出现了嬗变。

（三）现代都市文化的精神诊断

西美尔对货币的形上文化批判及劳动分工下人的异化为个体在现代

① 陈戎女：《西美尔与现代性》，上海书店出版社 2006 年版，第 69 页。
② 西美尔：《货币哲学》，陈戎女等译，华夏出版社 2002 年版，第 102 页。
③ 西美尔：《〈大都市与精神生活〉，桥与门——西美尔随笔集》，涯鸿、宇声译，生活·读书·新知三联书店 1991 年版，第 265—266 页。

社会中的存在境遇提供了有力的解读。在日常生活中，货币的平准化效力无处不在，这也致使个体有了自由可能，并为形塑其现代精神体验提供指引。

正是由于货币经济所展现的开放、流动及其可计算的特质，它让处于不同时空的事物有了相互依附的可能，也因"质"的使用价值向"量"的转变，商品交换下的两端相互殊异。这样货币的这种基于向"量变"性质的抽象物让个人作为主体有了更多的通过跨越时空及不同质性物品的可能，即让个体获得了更多自由空间。按西美尔的话说，即个体自由是"随着经济世界的客观化和去人格化而提高"①。但问题是，就算货币能提供其作为一般等级物而让人获得了自由，但是这种"自由"本身却是货币赋予人的，而不是以个体自身做抉择下所主动获取的。因而，"这种转变还导致了人的存在状态的转变"②。在西美尔看来，金钱说到底只能是一种负面的、消极的自由。所谓"消极的自由"，即是不做某件事的自由，它让你有了无限做某事的可能，但却一如既往地通过无色彩的"色彩"削平深度的意义，至于世俗价值立场的行为动机更是无处安置，愈趋消逝。尤其是对身处大都市的个体来说，货币正如万能的"上帝"与法力无边的能指"语言"，让人们卸下重重的负担而游走在价值虚空的存在之桥上，并栖居于上。此时个体的情感体验似乎与货币的这种"调性"保持了同步，呈现出冷漠、麻木、焦虑、亢奋的状态，这让人想起半个世纪后于美国米尔斯所做的时代诊断，"当人们感受到他们的价值没有受到威胁，他们就会觉得是健全的。当他们感受到价值的同时却受到威胁了，他们就会有危机感。……而当他们失去了对原先珍惜的价值的体验也一并感知不到威胁，那就会产生冷漠。而当失去价值同时却有莫

① 西美尔：《货币哲学》，陈戎女等译，华夏出版社 2002 年版，第 229 页。
② 陈戎女：《西美尔与现代性》，上海书店出版社 2006 年版，第 75 页。

名的威胁时，就会感到不安"①。如果将米尔斯的判断看作资本主义兴盛时期典型的时代症候的话，西美尔发现的货币价值暧昧与虚无的效力，也可以看作其独特的形上社会学想象力极具穿越时空预见事物的结果。

在价值平准化的 20 世纪初，欧洲生活于都市中的个体情感以一种"距离"的风格化姿态来应对周遭的变迁，"对那些现象的反应都被隐藏到最不敏感的、与人的心灵深处距离最远的心理组织中去了"②。理智成为人们最常见的心理与意识反应，置换了情感作为防卫工具。此时，个体的情感可用西美尔的"乐极生厌者"和"玩世不恭者"来形容。所谓乐极生厌者，即在大都市生活中的刺激不断作用下，神经反应与心理承受逐渐趋于麻木与厌倦的状态，不是说生理上感觉不出差异存在，而是在具体社会性的体认上，出现一种对纷繁事物的无价值情感表达。这就符应了货币的价值平准化性格。这类人往往为了追求刺激与冒险而去冒险，比如玩"酷"（cool）。至于玩世不恭者，则可看作现代的犬儒主义者。与古代的犬儒主义者不同，他们抛弃了道德、价值的差异性，以及时行乐的享乐主义态度作为处世哲学，只有通过金钱才能实现。所以，西美尔做了总结，认为两者是对同一情境所造成的两种回答，前者"在货币文化中感受到的是快感，而无意改变现状，只会推进货币文化向前（钱）发展，而后者虽然是由货币经济决定的否定价值差异的倾向，却没有产生任何快感，并可能对货币经济催生的客观文化持一否到底的态度"③。不管两者表现出何种差异，都是货币文化本身对人造成的情感体验的冲击，对抗或融入都似乎避免不了悲剧的发生。

综上所述，西美尔对现代性的批判即对资本主义自由主义思想下

---

① Mills C. Wright, *The Sociological Imagination*, New York: Oxford University Press, 2000, p. 11.

② 西美尔：《〈大都市与精神生活〉，桥与门——西美尔随笔集》，涯鸿、宇声译，生活·读书·新知三联书店 1991 年版，第 260 页。

③ 陈戎女：《西美尔与现代性》，上海书店出版社 2006 年版，第 93 页。

"均值人"的异化批判，更多地集中于其独特的形而上学的立场。就现实分析而言，货币是其所倚靠的分析关键。正是西美尔形上立场下的就个体的"生命一般条件与本质"探索的路径，他与后期马克思历史维度下的资本主义直接生产过程的价值批判迥异。他更多的是从主观价值论的文化异化来赋予其时代诊断的先验色彩，以至于消费与交换流通就足以供西美尔为历史唯物建筑文化底楼了。如果与青年马克思的劳动异化思想的人本主义立场对照，西美尔的言论极具张力，可以说他延续了青年马克思先验人本立场的讨论，观照到了日常生活下的文化异化现象，即使这是从形而上学的角度发起的无社会阶级与意识形态差别的批判，但西美尔对大都市的情感体验却处处发散着其独特的社会学想象的强劲力度。以至在 20 世纪 20 年代《1844 年经济学哲学手稿》被发现后，很多后来的西方马克思主义者立即将马克思劳动异化说与西美尔的货币文化批判联系在了一起，并且不断尝试通过进入历史唯物的具体语境，将这种形上先验的异化理论进行现实的拓展。法兰克福学派成员本雅明的都市空间下的辩证意象可谓经典。

四　本雅明都市空间意象下的情感研究解读

如果将马克思有关劳动异化的思想看作现代社会思想史中以先验的人本主义方式初步地看作批判资本主义下人之存在异化状态的开始，对于西美尔来说，有关货币经济的问题更是可以文化哲学的批判理路来符应早年马克思的理论。即使他脱离了有关劳动价值的直接生产过程的语境，但却可以在很大程度上看作马克思异化理论在文化领域的延伸，纵使西美尔仍然采取形而上学的悲观主义。不管如何，两者的共同点都是通过批判资本主义的人的存在境遇来不断剔透出日常生活这一人所栖居之所在。如此，马克思有关感性与对象化活动之间的关联发掘及西美尔货币文化下都市人群的精神气质考证，都极具日常生活下基于经济与文化批判"人"之本真及其情感研究的良好尝试。

就此，对于日常生活视野下的情感研究，"人之存在"的问题将是研究不可避免所要涉及的，这在法兰克福学派成员①本雅明那里得到进一步的提升。这是他独特的基于历史唯物视野对日常生活之空间维度所展开的现代性批判思想。也就是说，本雅明对情感研究的反思更多地站在历史唯物的角度发起，体现在他试图破解巴黎都市空间中诸如游手好闲者、室内收藏者等辩证意象的努力。因此，不同于前两者，他更多地以现实形而下的姿态来承继具体的情感研究的人文反思意向。下面就从他独特的历史观出发来铺展其日常生活之空间视野的现代性情感研究。

（一）过去与未来：历史回溯下的辩证逻辑观

对于生于19世纪末20世纪初的学者来说，现代化进程的越发加速使他们的生存境遇发生剧烈的变化。处于时代转角，思想家与大众一样感同身受，尤其在日常生活面向上更是如此。借助科技的威力，现代化浪潮得以通过多种途径来展现其巨大的威力，不管是好是坏，对身处其中的个体而言，都一并以极具强烈的感官刺激予以呈现。由此，对于那些"不合时宜的人"来说，这种感觉却被一步步捕捉到。本雅明作为德国人，同时也是备受歧视的犹太人，这种时代变迁而来的对生存境遇的冲击尤为明显，也使他开始叩问现代性与历史的学术生涯。

本雅明自学术生涯早期开始便承继了犹太教的神秘主义传统②，因而在社会变迁的发生上，尤其关注对现代性相对应的历史主义进步论的批判上。他秉持着一种犹太教神秘主义下对本真性的追求意义，认为现

---

①　在青年马克思的劳动异化论与西方马克思主义所强调的文化批判理论间，西美尔扮演了重要的中介角色，这在他的得意门生卢卡奇、本雅明两人那里得到体现。当然，早期的卢卡奇基本上继承了西美尔形上的审美主义式的论证方式，后期通过黑格尔转向马克思，后者却至少一以贯之地将西美尔的文风进一步发挥，即使中后期借鉴了布莱希特戏剧唯物论，但毋宁地，他并没有超出这一范畴。更重要的是，本雅明正是没有走当时盛行的法兰克福学派的纯粹的文化工业批判论调，而让其理论即使在当代也显得极具张力与可塑性。

②　早期的本雅明即通过宗教形而上学的观念对"语言""言语"本身的关系进行了批判式解读，将作为万物与上帝中介的人的失落看作语言向言语滑落的标识，以至于他在所谓"翻译者的任务"上提倡类似带有荷尔德林诗性的直译来达到事物之光晕回眸。在其后期转向历史唯物时，这种犹太神秘主义并没有完全祛除，而是以更加暧昧与晦涩的历史观得以展现。最为著名的便是其遗稿《历史哲学论纲》中有关对"当下"弥赛亚思想的表达，正文中将围绕都市空间的批判方法做简要提炼。

代性作为与以往任何时期都不曾有过的现代社会特质具有一种破坏特质，尤其在历史主义"进步论"的历史观表达上。本雅明指出，所谓时间是现代性发展的核心，它并非纯粹的物理性时间而是政治性的，并且时间是历史与存在的构成性原则和本质。对现代社会来说，历史进步论下，"现代社会把历史放在空洞的、匀质的、连续的时间中，抽象化为前后相继的连续事件，提供了一种永恒轮回的非历史的历史形象"①。也就是说，历史主义以一种平准化的方式将历史看作虚无，因为现代化浪潮下，科学主义作为其主要推动力量无疑将使每一事物毫无例外地裹挟进其实用与效率的外衣下，被不断形塑而成为其构件与之共谋。继而，过去与未来就在科学的滚轮下被抛弃，而对未来的乐观表意则更突出成为其要旨。

对生活于这一时代的人们来说，进步论下，人们所希冀的便是将期望寄托于未来的发展中，以至于失去对历史与当下的关注，因为所有东西都得经受现代化进步浪潮的洗礼考验，似乎历史主义进步论调不仅成为主流，并借助其渗透日常生活的魔力将自身的时间观一并作为形上的道德"实然"。因而，现代性破坏特质就通过这种抛却过去与现在的"向前看"的历史观，以与时代共谋的姿态得到证成。所以，本雅明借用天使意象进行批判，"在我们看来是一连串事件的地方，他看到的只是一整场灾难。这场灾难不断把新的废墟堆到旧的废墟上，然后把这一切抛在他的脚下"②。如将现代化比作一股风，它"从天堂吹来：大风猛烈地吹到他的翅膀上，他再也无法把它们收拢。大风势不可当，推着他飞向他背朝着的未来，这大风是我们称为进步的力量"③。这里的天使便是这一时期的知识分子，他们面对的来自天堂的神性之风便是现代化浪潮下的破坏之风。作为具备敏锐洞察力的知识分子，他们要做的便是深入这一不断席卷日常生活的破坏之风，将有关过去、现在的历史碎

---

① 纪逗：《本雅明的历史观解读》，《马克思主义与现实》2008年第3期。
② 《本雅明文选》，陈永国译，中国社会科学出版社1999年版，第408页。
③ 本雅明：《论瓦尔特·本雅明》，郭军、曹雷雨译，人民出版社2003年版，第408页。

片重新拾掇起来。因为在本雅明看来，"过去也带着时间的索引，把过去指向救赎。在过去的每一代人和现在的这一代人之间，都有一种秘密协定。我们来到世上都是如期而至。如同先于我们的每一代人一样，我们被赋予些微的弥赛亚式的力量"①。对过去的历史索引，其言下之意即捕获现代性破坏特质来达致反思目的，过去需要重新被创造。

就反思定向而言，历史主义的过去是均质的，在这种框架内进行追溯，不会得到任何有助于反身性的历史质性，就需要以碎片化的方式打断由原先所形塑的进步"锁链"。在《历史哲学论纲》中，本雅明指出，"这样一门学科，其结构不是建筑在匀质的、空洞的时间之上，而是建筑在充满当下（jetztzeit）的时间之上。因为，对罗伯斯庇尔来说，古罗马是一个它从历史统一的历史过程中爆破出来的填注着当下时间的过去。法国大革命的领袖们把法国大革命看作古罗马再世，他让人想起古罗马，就如时装让人想起过去的服装一样"②。由此，"当下""此刻"即是历史实践的停顿，在其存在中，时间则成为永恒，独立于"时间"（历史主义意义上）之外。这样一来，本雅明就寄托于将时间观转化为当下时刻，通过对当下时刻的历史回眸来爆破进步论的固围，从而将人对历史乃至世界的存在认知重新拉回到本真的状态。事实上，在本雅明中后期有关都市空间辩证意象的现代性批判解读中，这种日常生活的现实性反思解读被展露无遗。

（二）历史的回眸：都市空间意象下个体情感的描绘

由本雅明的历史观不难把握，其对现代人的情感状况的具体考察不仅是形而下的，也是辩证反思性的，只有投入具体的当下时刻才有可能以"反溯"的方式发掘现代性本身对人的情感体验带来的形塑作用。与西美尔的印象审美主义比较，不难看出，本雅明对都市人群的情感考察将是进一步对西美尔的拓展。确实正如弗里斯比认定的，本雅明是少有的对西美尔的文化批判进行承继的人之一。正如对资本主义机械复制

---

① 本雅明：《论瓦尔特·本雅明》，郭军、曹雷雨译，人民出版社 2003 年版，第 404 页。

② 同上书，第 412 页。

时代人从"经验"向惊颤"体验"的感知方式转变所讨论的，机械复制带来的"光晕"（aura）的消逝是人被从脉脉的温情拉入冰冷的机械轰响声的最显著表现，此时人的心理结构与情感体验亦发生变化。他借助的正是波德莱尔笔下的游手好闲者、收藏者等意象，在将他们与巴黎为代表的都市空间的现代化变迁相互照应下予以辩证性解读。

在本雅明看来，既然历史主义具有进步性而致使享受其间的人们沉浸其中无法自拔，难以发现其吊诡的破坏特质，那么完成现代性的历史救赎任务自然要交给那些难以融入都市正常生活边缘人物。在本雅明研究巴黎拱廊的空间即景下，首先映入眼帘的便是游走于大众群体的"游手好闲者"。他们与那些西装革履的资本家及匆匆行走的大众不同，没有正常的固定工作，也无须承担对他人的责任，以非常慢的步调行走于那些因受到社会变迁的极度刺激而愈趋麻木的人群。似乎他们懒散的姿态本身即是在发起对抗效率、实用优先的资本主义社会的无言声讨。正如本雅明描绘的，"他们虽置身人群，但又与挤在人群的人流保持了一段距离，他们不想在人流中完全失落自己，他们要去观察和体验自己是怎样被人流簇拥……体验到了自己与其中作出快速反应的生产能力，体验到了自己作为一个个体如何在大众中获得一席之地"[①]。拱廊街正是这些浪子最佳的漫游去处。这些街道通过天棚将外部事物一并容纳其间，就好像室内一般，打破了原先区隔的公共与私人界限，基于内—外的空间逻辑被消弭了。

正如此，拱廊街成了这些漫无目的的浪荡子的宜人"居所"。"他靠在房屋外的墙壁上，就像一般的市民在家中的四壁一样安然自得。对他来说，闪闪发光的珐琅商业招牌至少是墙壁上的点缀装饰，不亚于一个有资产者的客厅里的一幅油画。墙壁就是他垫笔记本的书桌；书报亭是他的图书馆；咖啡店的阶梯是他工作之余向家里俯视的阳台。"[②] 传

[①] 本雅明：《发达资本主义时代的抒情诗人》，王才勇译，江苏人民出版社 2005 年版，第 9 页。

[②] 同上书，第 33 页。

统意义上，由现代主义建筑所架起的空间封闭了个人多余的想象与思考空间，当游手好闲者之于拱廊街时，一幅批判现实主义的写实画面由此展开：栖居于拱廊街下的这些边缘人物"用懒散惰性的身体发起了对现代技术进步不断更新所带来的破坏的讨伐，试图消极地去唤醒普罗大众对于美好事物、本真的体悟"①。正是游手好闲者的这种异于大众之冷漠、麻木、极具戏剧性的情感特质，让本雅明对现代性本身有了空间意象下的批评性意涵启示。当现代性之风逐渐加强时，这一群体自然就逐渐消逝了。

就在巴黎城市建筑不断更新历变之下，如本雅明描述的"后来拱廊街的消失，休闲逛街也就不再时兴了，汽灯也不再被认为是优雅的。对于在空空的科尔贝尔拱廊街忧伤地游荡的最后一位闲逛者来说，汽灯的忽明忽暗的闪烁只表明了它的恐惧，因为月底就不再有人负责他的费用了"②。晚近出现的百货商店则成了游手好闲者的终极归宿，它将所有的事物都统合起来以至于丧失了他们赖以漫步的闲庭空间。在百货商场中，人们可以很有效地通过分类找到需要的东西，其狭隘的空间布置放大了价值的生产与控制逻辑，这时强大的货币经济就像"给现代生活装上了一个无法停转的轮子，它使生活这架机器成为一部'永动机'，生活越发地躁动不安"③。最终，游手好闲者的这种抵抗姿态就被现代性变迁收编了。

如果说游手好闲者是本雅明对都市空间之室外意象的捕捉，他敏锐而又细微的洞察力也将历史回眸的目光投入室内，即收藏者的场所。资本主义下机械复制将艺术品原本的具有膜拜、距离、本真特质的光晕一并抹去，而作为交换价值的叛逆者——收藏者则试图打破这种货币经济

---

① 夏玉珍、徐律：《论都市意象下本雅明对现代性的辩证批判》，《理论探讨》2011年第6期。
② 本雅明：《发达资本主义时代的抒情诗人》，王才勇译，江苏人民出版社2005年版，第48页。
③ 西美尔：《金钱、性别、现代生活风格》，刘小枫编、顾仁明译，学林出版社2000年版，第12页。

平准化的企图。在狭小的个人密室中，本雅明看到了收藏者做着保存这种传统艺术灵韵价值的最后努力，"这种努力主要发生在他们居室的四壁之内，并体现在对个人生活的看重上。……他们孜孜不倦地将一系列日常用品登记下来，将一些诸如拖鞋、怀表、温度计、蛋杯、刀叉、雨伞之类都罩起来"①。这些艺术品就在收藏者们的把玩中，与开放的市场交易逻辑相疏离，把一切都封存到密闭的私人"话匣"，只有个体通过脉脉的物语来与艺术品对话，避免受到发展所带来的质性嬗变的侵袭。不过问题依旧存在，似乎这股神性之风并不受此阻碍。他们"虽然以美化对象为己任，可落在收藏者身上的仍是西西弗斯式的任务……然而他赋予它们以知识爱好者看重的价值，而非使用价值"②。当科技发展进入日常生活的毛细血管渗透到人们的基本生存境遇时，就连室内这一私人庇护所也无一幸免。此时不管是室内的收藏者还是室外的游手好闲者都被收编为大众，一如他们那样表现为冷酷、寂静的情感体验，丧失了他们抵抗物化时所拥有的把玩与激情情感特质。

就在本雅明对都市空间的边缘人意象的拾掇下，现代性碎片透过类似审美的日常生活空间语境得以重整再现，将现代性话语下的无意识共谋形态透过辩证的意象予以揭示出来。尽管本雅明表达了对所谓光晕及其身处都市之边缘人物消逝的遗憾，但在其历史回眸下，革命却并未止步。正如他所言到了希望破灭之时，希望才能真正到来，他在继承布莱希特所谓"艺术政治化"的道路上继续发挥其思想创造力，将机械复制时代下的消逝悲叹转化为辩证的进步复调。在《摄影小史》中，他就隐晦地指出："摄影的真实中隐匿着导向特质。"③ 其实，机械复制技术虽然摧毁了原先的艺术形式，但同时也为新的创造力提供了可能，因为如果反刍复制本身而寄寓于创造性，将之当作艺术创造力的工具，这

---

① 本雅明：《发达资本主义时代的抒情诗人》，王才勇译，江苏人民出版社2005年版，第43页。

② 同上书，第179页。

③ 本雅明：《摄影小史＋机械复制时代的艺术作品》，王才勇译，江苏人民出版社2006年版，第37页。

就可为新的艺术经验创作提供可能。这也是本雅明思想中带有批判性锋芒的同时又兼具人文性历史蕴含的独特之处。

所以，在后来的西方马克思主义学者来看，本雅明的这种对都市空间意象的批判带有强烈的人文气质，从形而上的角度发挥了青年马克思以来的人文理念，同时也将西美尔对现代性碎片的形式考察进行发挥，继而将日常生活中的个体境遇与空间相互联系，拓展了人文主义视野的日常生活理解，更重要的也为重新将情感研究拉入人文之日常生活的多元面向考察提供了突破口。

第四节　日常生活批判视野下的正负情愫及其界限考察

作为批判资本自由主义之均值人的人文视野，日常生活显然让经典马克思的批判学说充满活力，尽管在马克思那里不同时期的批判指向及诉求殊异，但从生产面相的劳动本身出发，确实为探索现代性境遇中的"人"之存在提供了极具可塑性的解读。尤其是在 20 世纪 20 年代马克思的"巴黎手稿"发现，为后来者提供了新的解读社会批判理论的空间，正如"大多数解释者（除了 1923 年的卢卡奇）一直到 1844 年《巴黎手稿》问世后才将这些要素（即西美尔货币哲学中的'异化'思想）与马克思联系起来"①。所以，很多学者通过以西美尔为中介来延伸青年马克思人本异化的思考，本雅明正是其中的佼佼者。

尽管本雅明的思想带有浓厚的犹太宗教神秘主义色彩，但正是借助历史的回眸将西美尔有关形上的文化批判予以拓展，日常生活也逐渐从马克思的经济到文化再到空间，尽管这种借助历史回眸的方式来达致弥赛亚的救赎传统带有很大的形上意味，没有与日常生活本身逻辑相搓揉，但是本雅明日常生活中的文化心理分析却着实蕴含后来者"顿悟"

---

① 参见西美尔《金钱、性别、现代生活风格》，刘小枫编、顾仁明译，学林出版社 2000年版，英译本序。

的契机。所以在 1943 年后，以霍克海默、阿多诺为首的法兰克福学派这一西方马克思主义主流发挥了本雅明有关日常生活的文化批判思想。①

如果从社会发展的现实角度看，这种从文化、日常生活指向下的哲学思辨的思想转型有着它深刻的基础。在 20 世纪初以来，社会主义革命只在苏联成功过，而"1920 年后，除了边陲地区如西班牙、南斯拉夫与希腊之外，中欧地区动荡的革命浪潮终于停止，整个欧洲地区基本上缺乏革命性的大政治骚动"②。同时，斯大林在社会主义内部发生了矛盾争执。尤其是经济大萧条与二战之后，那种试图借助大规模的暴力革命来达成传统共产主义信念的可能更小了。这样一来，基于现实的暴力革命的政治理念逐渐失去吸引力，"于是乎，所谓的西方马克思主义者即在这样诸多以革命作为使命的努力一再被击败的氛围中被塑造出来"③。

由此，以卢卡奇等人为代表的早期西方马克思主义者开始将社会批判的重心转向哲学思辨，以康德与德国观念论为武器。进而，原先作为一种形而上由生产决定的文化开始成为西方马克思主义者批判资本自由主义的武器。正如"巴黎手稿"的发现，青年马克思的先验人本思想重新出现在人们视野中，"让卢卡奇、葛兰西与布洛赫等人得以有机会回到黑格尔的思想，重新解释马克思主义的诸多概念，甚至宣称马克思只是一个激进的黑格尔"④。如果说从青年马克思、西美尔再到本雅明

---

① 在当下对本雅明与以霍克海默、阿多诺为首的法兰克福学派的关系普遍持对立的说法，即是以伯明翰文化研究学派认定的，本雅明有关艺术政治化思想意味着他对大众积极一面的可能，而与通常将霍克海默与阿多诺有关文化工业下的消极个体的异化批判思想对反，但基本上这是一种理论上的抽象式一厢情愿。不管在《讲故事的人》还是《机械复制时代的艺术品》中，本雅明表现的对大众群体的态度是两面的，甚至在文化工业理论上，后者仅仅是强化了本雅明思想的理性推演深度而已。参见胡翼青《文化工业理论再认知：本雅明与阿多诺的大众文化之争》，《南京社会科学》2014 年第 6 期。
② 叶启政：《迈向修养社会学》，台北：三民书局 2008 年版，第 232 页。
③ Anderson Perry, *Considerations on Western Marxism*, London: New Left Books, 1979, p. 42.
④ 当然，西方马克思主义的这种基于青年马克思的"唯心"传统只是其中一派，还包括如阿尔都塞等人的反黑格尔主义传统。当然，主流是前者。

三者有关人文的批判理论还未在成体系的、琐碎的、运用形上思辨方式对资本主义进行日常生活的初步批判尝试，稍后的如列斐伏尔、德波尔等人则开始正式以"日常生活"作为本体论层次的概念发起系统的批判。

作为西方马克思主义成员，列斐伏尔即通过马克思有关生产过程的劳动、工作、生活等将人们另一面的日常生活（包括休闲生活、社会生活、政治生活等诸多面相）剔透出来。此时随着工业化与都市化进程，依傍实证/实用主义的技术理性魔力，"特别是大众传播媒体科技高度发展以后，才因人们的行为高度地被策划且受到严密控制与操弄，'每日'（日常生活）这个概念内涵的重要性才得以被人们意识到"[①]。简言之，日常生活不同于政治经济学视域下的生产领域，它作为人们心理、文化所融汇的存在境遇，进一步受到技术理性下诸如大众传媒等工具的影响，尤其是在社会愈趋丰裕与发达的消费社会。在列斐伏尔那里，对日常生活渗透的操控便是异化形式的新发展，即"受控消费的科层社会"[②]。对这一新情况，他本人指出，"商品、市场、货币挟带着其执拗的理路，俘虏了日常生活。日常主要的扩展一路直捣着寻常生活中最微不足道的细部里头。……需要（needs）与每日都被规划着，技术走进了日常生活"[③]。接下来的问题便是在这种批评视野下，何以用新的革命理念达成异化批判的问题。

就对人的异化状态的解放这一哲学人类学的存有论面相的讨论，列斐伏尔采取与大部分西方马克思主义者共同的看法，即这是总体性之结构秩序的再识问题。在他看来，总体性下所内含的结构和连带而来的秩序，"乃孕育自人们的互动行动以及充满着冲突与化解、破坏与创造、超

---

① 叶启政：《迈向修养社会学》，台北：三民书局 2008 年版，第 233 页。

② Lefebvre Henri, "Toward a Leftist Cultural Politics: Remarks Occasioned by the Centenary of Marx's Death", in CaryNelson & Lawrence Grossberg, eds., *Marxism and the Interpretation of Culture*, Urbana, III: Unverisity of Illinois Press, 1988, p. 79.

③ Ibid. .

越与消灭、机遇与必然、革命与内卷等的复合体之中"①。质言之，日常生活作为一个蕴含诸多互为对反要素的整体结构自身有除去异化外的革新成分，那么对异化的拒斥与革命的契机就来自这种充满矛盾的日常生活之总体性秩序下。在继承马克思人以类存在（species beings）作为"全人"思想的基础上，如列氏说的"全人是活生生的主体——客体，他首先被撕成两半、游离，且为必然与抽象所绊住。经过这样的撕裂，他朝向自由移动；他变成自然（nature），但他确实自由的……全人是'去异化'的"②。这正是列斐伏尔辩证思维下的日常生活解放意图。

可以说，列斐伏尔的日常生活批判理路，一方面，将马克思的异化思想推展到日常生活层面，发掘到消费社会下的技术理性对日常生活中的人的渗透；另一方面，更是以辩证的革命观为人赋予新的解放可能，正如他所言，"绝对是相对之无限性的一个极限"③。这种救赎观可谓与本雅明的历史救赎观有异曲同工之妙，都在拒斥理性进步论基础上，寄寓于日常生活中看似琐碎实有革命的存在。尤有进之的，列斐伏尔将人看作一种类似既受压迫又有革命潜能的存在。这即闪透着一种基于压迫异化—革新解放的正负交融的状态的识别。从情感角度看，他是在承认人本身内含着所谓正负情愫交融的情感状态。正是在这种人的意象下，列斐伏尔对社会异化问题的解决尝试是通过以寄寓于人的这种正负情愫交融状态的机制开始，试图以一种集体狂欢下的正负情愫交融之非凡化活动来达到对生活的同质性——每日性（同质性与重复性的异化状态）的批判与超越，最终达成新的共感共应基础上的社会秩序。

如果我们回顾西方社会思想史，列斐伏尔所借助的类似集体狂欢（尤以节庆形式）的非例行化以达致社会总体性之革命与新的解放秩序的途径，其实有很深的法国人类学渊源。简单说，这是顺延着从涂尔干晚

①　Lefebvre Henri, *Dialectical Materialism*, London：Jonathan Cape, p. 108.

②　Ibid. , pp. 161 – 162.

③　Lefebvre Henri Critique of Everyday life（Volume I）：Introduction, London：Verso, p. 130.

期＆莫斯有关集体狂欢下仪式证成的理路来做的发挥。在都市化加速发生的大众社会中，日常生活的异化问题可以在一种类似节庆的狂欢氛围中得以解决，这正是狂欢所带来的平准化效力与非凡化同时作用的结果。可以说，列斐伏尔的日常生活理论及之后以德波尔通过借助超现实主义进行革命的国际情境主义，都是这一思想的后嗣，不过问题也随之而来。

　　简单地说，这种基于日常生活的异化的非例行化狂欢解放理路似乎未能摆脱类似"解放政治"的窠臼。因为在大众社会中，消费作为主导已成主流社会运作逻辑，而消费本身就是无共感共应的节庆，它"占据了人们绝大部分的日常生活场域，这促使了一向只与这样的大节庆镶嵌之中物品或行止的非凡的外形被撤销，其原本蕴含的感动、激情乃至亢奋情绪也往往因而消失无踪。商品化的消费模式是内含着引发类似节庆的特质，但是，却对节庆原先具有之神圣质性的古典意涵带来的却是更多的破坏"①。也就是说，消费社会下，日常生活本身就是将人置入类似狂欢的欲望满足状态而难以自拔。但问题是，在这种基于个人自我满足的状态下，个体性本身成为社会结构的基础特质，个体化成社会的结构原则，由此，作为非生产的消费成了个体本身的自由。进一步，这种自由是消极的自由，它"为这些充满革命热情的左派知识分子带来了一些出乎意料之外的非预期结果"②。自然地，基于日常生活的极具艺术性革命追求就在消费社会的个体性证成下受到冲击，乃至个体之间的共感共应难以形成。

　　综上所述，以列斐伏尔为代表的众多西方马克思主义者试图通过艺术的政治化路径去解放日常生活的异化，这是难以可行的。究其本质，可以看到虽然在青年马克思—西美尔—本雅明—列斐伏尔的思想谱系下，日常生活开始逐渐被纳入社会学研究的范畴，从经济—文化—空间维度得以证成其有效性，但却依旧没有对其所研究的日常生活给予反思性的力道，即没有将"人"合理地予以安顿，抛开本体论层次的思辨

---

① 叶启政：《迈向修养社会学》，台北：三民书局 2008 年版，第 265 页。

② 同上书，第 233 页。

解说，至少可以发现，直到列斐伏尔那里，日常生活理论并没能给予消费社会下的社会变迁及个体化问题更多具历史纵深的关注，因为此时狂欢下的神圣再造企图已被激情的消费能疲（entropy）所湮没。确实，从以"全人"的非异化理念被西方马克思主义者于青年马克思那里挖掘开始，即是以一种"哲学思辨"的方式来建构证成的，即便本雅明、列斐伏尔，亦没有超出个人解放与日常生活异化相互交融纠缠的观念层次探讨。结果便是在琐碎的日常生活异化的批判与个体解放问题上，总是易陷入抽象地理解社会现代性变迁的总体判断，以似一厢情愿的方式赋予其从琐碎—总体性这一思维锁链的判断，以至于后者本身成为日常生活之琐碎的抽象迷思。

由此，社会的历史视角是重识现代社会中情感解读的关键，即只有在探索历史与日常生活互为融通的关系下，才有可能真正将经典西方马克思的日常生活之反思性意涵予以挖掘利用起来，赋予对个体化消费时代以新的批判性解读，也才能将缺失历史，更确切说缺失对承载过去、现在、未来之各项时间关系模式的把握的形而上学抽象日常生活理路予以拒斥。当然，日常生活视野下情感的那种辩证机制——正负情愫交融的状态已被挖掘出来，如此人才有可能在这一理路下得以在认识论及方法论向度上再识。那么，如何解决日常生活视野下的情感现象及其与历史纵深的相互观照，则是接续批判性反思的重要议题。不过，在此之前，需要进一步厘定理性思维下的情感现象，既然正负情愫交融已经通过日常生活视野的考察以二元互为搓揉摩荡的方式剔透出来，那么两者在理性之逻辑一致性下依然会遭受短视，而以一种非交融状态呈现。这在前面有关结构视角的情感作为"分析的存在"即有所涉及。那么，接下来的章节将继续沿着"结构"逻辑，将时空转换到欧洲晚期现代境遇的情感研究中，从理论到经验研究来梳理"结构"所内含的外控之持具个人（possessive individuality）的情感研究线索。这不仅延续了帕森斯对情感的模式化分析之外控持具个人的理路，也是社会步入晚期现代性阶段后进行情感理论反思性研究的前提。

第四章　晚期现代性视域下情感研究的二阶反思

从围绕资本自由主义有关人的异化思想的梳理来看，从异化作为人在现代性中的存在境遇开始，围绕人的解放的诸多日常生活维度——经济、文化、空间等逐渐被剔透出来。正如此，以帕森斯为代表的结构功能主义及其自由主义之"均值人"的认识论、方法论设定成为情感研究反思的关键，日常生活下的情感研究必然是立基形而下的存在指涉，这就要求将原先日常生活的形上存在逻辑——剥夺 & 满足、爱 & 恨、制度化 & 非例行化等二元对立投入历史维度才能予以更好检视。因此，日常生活逻辑本身需要以类似形而下的姿态"反哺"于历史，进而使后者不是形上思维指涉下缺失"中断性、反身性"历史的①一个抽象判断之构件，同时更应是将后者视为推动两者交融证成的契机。由此，历史的反思性眼光需要被置入这种日常生活的情感研究。这里，历史的意味有两层，一层是以知识社会学为倚靠作为接续结构分析学说的社会理论批判，以为从形而下角度审思与结构对应之能动的社会学意涵，为形而下的日常生活理念之发掘提供反思性历史批判基础。另一层则从具体

---

① 正如前面章节梳理的，日常生活的形上谱系指涉的是就历史时间维度而言的，所以关键即在于历史本身的考察，即对有关"过去""现在""未来"等诸多时间维度之关系的模式分析。因此，形上的日常生活更指向抽象、先验的人文理念，此时时间是缺失的，作为承载"过去"的历史并不被看作反思关键，进而相对形而下的日常生活反思，此时应至少重新赋予"过去"以意义，不管此过去是被理性话语收编的、封闭的还是开放的。本书指向的反思性更多与具独立的、中断性的过去历史观相对应，其他的形而下的日常生活历史观会在下面有关吉登斯的结构化理论评议中具体呈现。

的现实议题出发，透过历史的回眸对经典的情感概念、命题进行检视。这便是运用历史解读日常生活的理路，也注定是基于理论与现实的反思性批判取向为要旨。

因此，接下来的问题便是，历史如何与日常生活相互作用？如何接驳日常生活下情感研究的理论与经验议题可能？这就需要将目光具体投入社会发展视域予以观照。重点即在 20 世纪晚期出现的所谓晚期现代性为背景的理路考察中进行反思工作。同样在这一时期，作为对"均值人"这一理论设定的"结构"介说的批判性承继，以吉登斯结构化理论为代表，有关学者开始以一种制度化的方式发展"结构"——结构化理论作为理解人的存在的理性方案。这是基于制度化理性思维层面发起的日常生活形而下的反思路径，可谓继续了形上的反思考量。正如此，在晚期现代性境遇下，社会学的历史意涵被集中转换为关注以时间—空间的证成而得以表达，是故，在他那里，日常生活与历史以形而下的方式在理论那里得以表述。对结构化理论的再识，将成为我们在新时期肃清日常生活与历史两者关系达致反思之境的必要工作，也是对日常生活形上讨论有关人文意涵的再检视。下面简单回顾西学传统中所谓以外控个人持具的结构理性对情感研究的传统障碍是什么，以便接续新时期的讨论。

第一节　理性作为制度化情感研究定向的意涵

就社会学中结构与日常生活的关系看，日常生活视野下的反思性批判要旨是以一定的形上先验的方式烘托出来的，在很大程度上将资本自由主义结构的分析引向人的自在之维。即使很大程度上是在先验的预设立场，但无可否认，诸如青年马克思、西美尔、本雅明等人的努力，深入结构的"海洋"进行冒险，通过捕获流变的现代性碎片以把握整体的方式，为日常生活的人及其能动施为（agency）特质提供了进一步形而下的可能，纵然形上的日常生活与历史之间存有很大的间隙。正如前所述，要接续历史与日常生活，更恰切地说以日常生活逻辑与历史视域进行反思性融汇，关键是通过形而下的方式进行，这就需要我们再次回到帕森斯以降以实证主义为倚靠的结构功能之分析实在论的发展演变理路上来（如吉登斯的制度化理论）。在延沿结构概念的发展中，主体能动与结构之间的关系是其后续形而下情感社会理论发展的节点。这里先尝试通过将理论视域放入以反思性的结构理论的历史视野来达成批判性的目的，进而挖掘出从理论到现实的结构—能动锁链。所以，以下简述主体性 & 能动概念的经典西学理路。

对于主体性问题的考察，可以说与前面关于日常生活形上的观照一脉相承，但是应将目光适当从纯粹的历史哲学向现实的知识社会学的平台转换，因为理论书写形式本身即彰显着逻辑本身，尤其是在进入晚期现代性境遇时，话语本身经历着外显与内里的嬗变。因此，对有关主体性问题的把握上，理论与现实之间会存有不可"明察"的张力，这是转向日常生活形而下考察对理论反思本身所要求的。在英语语境中，主体（subject）即有主体与附属的双重意涵，理论上的运用倾向将主体视作某种外化社会的形式，呈现为一种社会作用下的效力结果，以此证成基于人的存有的个体性本身。

因此，进一步地说，在有关主体性的证成路径上，理论概念与现实制度是不同的。理念层面，从抽象到具体，可以从人类存在、主体性、个体、身体来逐步展开，即人类存在作为古老的西学理论论域决定了主体性本身的位置，进而由主体性本身拓展到实际的个体性问题（individuality）的探讨，最终通过身体予以反馈。路径即人类存在到主体性，主体性导引个体性，进而身体成为人类存在本体的根本。但是历史本身并不会将这一观念路径予以平准化，其序列大致上从个体性来反馈主体性、主体性位置决定人类存有意义，继而身体成为个体性的根本依托。这就如资本自由主义实证论所力图证明自身的那般，所谓历史哲学的观念反刍于现实，作为结果则呈现为事实与价值之间的张力、应然与实然的对彰，更以应然的理念态势覆盖于实然身体之上。

因此，在现代历史潮流的趋势下，以持具个人的外控压制机制仅仅是其中的一个阶段。① 顺着身体来形塑主体自在本身是其中的核心要旨，作为与能动对张的权力此时"毋宁是，乃伴随着主体而生成的，并且，其效果体现在身体上面"②。也就是说，这种展现身体生理的形式是具历史随制性的（contigency），从外控强制性到身体的生命权不一而足。那么，既然证成主体本身是依附在身体基础上的不同形式（外 &内）的展示，其自我呈现形式也将不同。③ 大体上，身体将与外显的金钱、职位、学历等相关联，权力作为主体性的效度标准呈现为持具个人（possessive）的形式，进一步地在有关权力指涉下的不同个体间，这种持具个人的权力即以"关系性"的互动模式得以维持继替。

    也就是说，理念上的主体性实际是以持具个人作为本质得以证成的，这为实际"结构"本身的侵入提供了极具可塑的形式可能。从持具个人之外在强制到关系性的内在生命权力理路，现实内涵的"结构"操控要旨被理念上的主体性话语所覆盖，身体也受到不同形式与程度、显性与隐性的操控。如此，通过权力来立证主体能动的思想理路将有可能继续随着理性本身对待生理身体的方式而有所变化，从帕森斯以分析实在论视域下的结构功能主义开始，就日常生活的形而下部分进行历史维度的权力 &"关系性"本身，也将不能用单一的线性历史观来探查，理性对"能动"的作用形式也将发生变化。就以上理性话语下的结构理论演变路径而言，从身体之生理性出发逐渐趋向制度化的人文性论调

---

    ①　例如，以霍布斯为发端的近代政治思想中，有关自然、人性的论述立基于生物性的欲望、冲动为出发点，并进一步在社会契约的达成中，将生物性因子逐渐转换成现实的制度安排。在社会思想史中，以中后期马克思为代表的历史唯物传统及弗洛伊德的围绕生理无意识下精神分析都在很大程度上是对身体生发出的权力主体理论的阶段性符应。参见叶启政《深邃思想锁链的历史跳跃——霍布斯、尼采到佛洛依德以及大众的反叛》，台北：远流出版公司2013年版。

    ②　叶启政：《进出"结构—行动"的困境——与当代西方社会学理论论述对话》，台北：三民书局2004年版，第322页。

    ③　当然，在后现代理论范畴中，身体的权力叙事是有所迥异的，即如个体化时代及其消费社会主题下排斥持具外控型主体本身，而非基于内—外形势下的"外控型"模式，这种身体的满足下的权力证成方式将被翻转。参见叶启政《象征交换与正负情愫交融：一项后现代现象的透析》，台北：远流出版公司2013年版。

在吉登斯的结构化理论那里即有表现。也就是说，对主体性的这一身体—人文路径的制度化理性路径考察，将为我们提供有关知识社会学视角下对日常生活之形而下的反思性意涵，进一步澄清日常生活与历史时间的反思性关系，这在形而上无历史考察中是难以做到的。下面就吉登斯结构化理论下的关系性权力表述及其风险社会理论中对个体安全感的体察进行考察，为日常生活制度化审思与历史的关系进行晚期现代性境遇下的新的反思性观照。

第二节　再谈"结构"：从吉登斯的结构化理论说起

一　社会整合与系统整合：结构性涵摄下的二元整合说

在有关人文主义思潮的追溯中，可以看到有关人的主体性是通过本体论、认识论再到实证主义的方法论诉求，一步步进入理性化的自我认知证成境遇。大体上，以笛卡尔"我思故我在"的宣言为时代发声代表，人本的理性主义（单向度的唯科学主义）开始从本体意义脱离诸如"道成肉身""因信称义"等基督教人文主义的影响，以认识论的方式反刍人自身的认知来确立主体—客体疏离殊异下的主体性。由此，原先以围绕上帝为中介的主体与客体之间极具灵韵的二元互通关系就受到理性主义本身的冲击，进而逐渐摒弃宗教本体意义上的普适伦理。此时人自身不仅是作为与主体—客体二元两者之一端，更因失去先验的上帝而成为这一二元关系的主体。这样一来，就出现了一个困境，主体性本身的证成发生了困难。这就如在认识论中，主体性的证成是靠与客体的分裂，认知的有效性确乎是一种与他者分离作为前提而得以可能的。自此，"主客体之间的关系如何恰当地被安顿，无疑都会是一个恼人的问题"①。

---

① 叶启政：《进出"结构—行动"的困境——与当代西方社会学理论论述对话》，台北：三民书局2004年版，第220页。

带着笛卡尔以来的认识论及其方法论意味上的二元困境，涂尔干的人性二元论正是试图化解这一困境的开始。简单说，他认为，"人是一种同时兼具感觉能力（作为特质的一端）以及概念思想和道德活动（作为特质的另一端）的动物"①。也就是说，一方面，他作为个体性的感觉能力的存在；另一方面，他又是集体性的道德活动和概念思想存在。这两者统一在人身上，即"一种二律背反，即是人性的实在特征"②。于是，反映在人身上的矛盾就成为一种典型的二元性困境。这种二元性划分在涂尔干那里，更以诸如神圣—世俗、机械—有机、感性—理性等二分概念阐述社会现象。在这样的二分基础上，如何寻求化解这样的问题就是他的实证主义方法论所着力的，核心即寻求这种二分矛盾条件下的社会秩序达成。

涂尔干就社会秩序中的个体与集体问题进行了不同权重的赋权。进一步地，与集体相互关涉的理性道德是社会秩序的本质，正如他所言，"一个集体所有的观念和情操，乃是一定的支配权（sovereignty）与权威来源的理性作用结果。它会导使一些特定个体思考，并且使他们相信是代表他们，而且是以道德力量的形式来支配或支持他们"③。这样集体及其对应的理性道德就被涂尔干视作优于个人的存在，社会秩序也正是在这一优势因素支配下得以可能。进一步地说，涂尔干正是通过确立集体本身的话语地位而消解了现代社会在失去传统宗教及其伦理后的二元性难题，进而为社会秩序达成提供依据。如果我们看涂尔干有关理性道德应然与实然的关系，便会发现他的人性二元论及道德理性的优位说仅仅是将所谓理性道德的应然与事实的实然相互混淆的结果，而这在康德那里是相互区分的。往往理性道德的应然形式与现实实然之间是有落差的。那么，这种应然加诸实然的路径的结果便是将社会这一概念超拔

---

① Emile Durkheim, "The Dualism of Human Nature and Its Social Condition", in Kurt H. Wolf, ed., *Essays on Sociology and Philosophy by Emile Durkheim et. Al*, Columbus, Ohio: Ohio State University Press, 1960, p. 327.

② Ibid..

③ Ibid..

出来，在涂尔干那里成了外在性、制约性的存在，最终"社会先验地既存"的应然性质来成就（具道德意涵的）实然。① 在此，个体性与集体性就被强制地纳入优势性的话语，不断地以这一理性话语逻辑来强化自身的合法性，成就社会秩序之实证书写的典范。

可以说，涂尔干就强化二元一端即集体性、结构性及其理性道德来达成二元协调的理路，在有关启蒙理性下自然与人、社会关系的变迁中就有表呈。在科学理性的日益作用下，作为认识一端的人便会将原先自然与人的对抗冲突关系逐渐转换为人与人的社会关系。这就是基于生理性意义的制度化进步理路，以至于原先作为人之恐惧、危险之在的自然被科学的工具性力量所收编，成为"积极的"一面，这便是从生理性向科学实证主义之人文性让渡的结果。似乎作为恐惧的一端——自然被克服了，这不啻是一个理性话语演进下的幻象。因此，涂尔干的这项理性道德的努力才会有如此反响，诸如失范、自杀等议题亦是如此被收编的。至于现代社会学时期，帕森斯试图从社会理论史的视域来剔透出有关社会行动之"自然而然"发展的理路时，其莫不与涂尔干有异曲同工之处。他早年的"唯意志行动论"，试图超越理性功利主义与实证论的窠臼的尝试，就是理性话语的自我形变结果，更勿论其后续将个体转向集体时有关社会系统的制度化结构分析缺陷了。

是故，理性话语本身尤以围绕主—客体二元关系问题在历史发展视野下会有不同表现，诸如涂尔干、帕森斯等人基于社会秩序的二元对立问题的解决路径，毋宁是以问题消解的方式取代了问题本质的追问反思，依此对这一主体性问题的重识与反思，必须依附在帕森斯为代表的现代社会结构分析理论，把握有关主体性的问题。②

如此，我们有必要也必须在日常生活形而下的制度层面进行反思性

---

① 叶启政：《进出"结构—行动"的困境——与当代西方社会学理论论述对话》，台北：三民书局 2004 年版，第 224 页。

② 这与先前日常生活之形上的非历史判定理路有所殊异，毋宁是就"结构"概念发展的内部以"破茧"方式来讨论能动—结构二元问题，而非前者的悬置。

冒险。这一"冒险"有必要将思维"依附在结构这一概念的大伞下，包含着'行动'此一具主体能动性的成分，让它代表结构这个概念的主观面向，并在如过去之结构功能社会学家强调'结构具客观性'这样的惯性认知当中，特别把主观的面向凸显出来"①。这一思考理论典型反映在洛克伍德社会整合与系统整合的双向整合中。

简单地说，社会整合是针对行动者有关秩序性或冲突性关系的问题，而系统整合则是针对社会系统不同组成部分的相容性问题。前者关注个体互动关系，后者则针对集体制度化探讨。这样一来，洛克伍德就将使作为一个集体性之自存体的两个基本成分，即将传统二元性关系下的理所当然之优势理性话语予以拆分。继而以此通观结构功能论及其冲突论者就会发现，规范功能论者属于系统整合，冲突论者的理路形式则是在一定程度上有关社会整合的。那么，这样的二分视域就将帕森斯以"唯意志论行动说"的规范内化被达成个体间行动协调的社会秩序论所内含的统摄二元格局的霸权所拆解，继而重新将二元理性的迷思搬上舞台。正是对这一基于结构范畴本身所内含的主客体关系的探索，思想得以推进。这为吉登斯等人对能动—结构的二元关系的后续力量发展提供澄清视角，也为对他们理路局限的反思提供了可能。

二　吉登斯结构二重性的理论定向：微分—关系性权力能动观辨识

以洛克伍德对社会整合与系统整合基于能动—结构的不同定向，他将结构之内涵的主体面向与客观面向提请出来，这就不同于在绝对意义上批判主体主义与客体主义的对立那般，进而对诸如涂尔干、帕森斯试图超越二元对立思维论说内含的"集体"优势论迷思予以揭露，此也让吉登斯重新反思能动—结构问题。

在承继洛克伍德社会整合与系统整合的划分下，吉登斯进一步对比分析行动者与社会提供，将社会整合定位于行动者间的关系状态，将系

---

① 叶启政：《进出"结构—行动"的困境——与当代西方社会学理论论述对话》，台北：三民书局2004年版，第238页。

统整合定位为几何体或系统之自身内部的关系情形。这其实延续了洛克伍德的结构性二分说。于是，"我们可以定义社会整合乃有关面对面互动层面的系统性；体系整合则是有关社会系统或集合体间关系层面的系统性"①。前者是行动者资助的依赖互惠关系，后者则是群体或集体之间相互依赖的互惠关系。进一步地，对他来说，两种整合对社会系统都不可或缺，而就传统西方社会思想中，他反对结构论者之于人的意识及其实践意识缺乏认知，同时"更使得时间和空间对形塑社会结构应有的重要性也一并被忽略掉"②。也就是说，传统结构论者仅仅关注跨越了时空范畴的系统整合部分，而忽略了特定时空范畴的行动者自身的存在意义及其反身形塑结构的作用力。同样，吉登斯也批评了行动哲学者，"这些人只处理了行动者的生产面相，而忽略了结构分析（制度）的必要性"③。因而，与结构论者相反，他们只看到社会整合面向，忽视了系统整合的可能性。

在对社会整合与系统整合的不同思想倾向进行批判后，吉登斯重塑了基于能动—结构的二元体系。通观西方社会思想发展史，如果说理性是作为结构支撑在思想潮流中占据主导的话，此时结构本身不仅应被定位为传统意义上对行动者及其行动具备的绝对支配地位，而不仅作为行动的中介起着优势地位，它是行动本身的结果。简言之，"结构不只是对着能动的行动有所限制，更重要的是，它同时予以能动的作用"④。结构在吉登斯看来，是以"规则"和"资源"的方式介入行动者的行动者，行动者正是依据这些规则和资源来重新组构或再制结构状态。

在这里，结构与能动是相互作用的，结构作为中介的同时也是行动的结果。这将行动者的能动特质凸显出来，两者需要相互依偎，互为证

---

① Giddens A. , *Central Problems in Social Theory*, Berkeley, CA. : University of California Press, 1979, pp. 76 – 77.

② Ibid. , pp. 45 – 48.

③ 叶启政：《进出"结构—行动"的困境——与当代西方社会学理论论述对话》，台北：三民书局 2004 年版，第 242 页。

④ Giddens A. , *The Constitution of Society*, Cambridge：Polity Press, 1984, p. 25.

成，结构与行动两者在很大程度上时刻脱离不了彼此。进一步地说，从其内涵的时空角度看，时间—空间此时是通过从特定行动与跨越时空的结构相互作用而得以跨越的，这就与结构功能论者静态的抽象永恒时间观殊异，结构与能动以一体两面的二元性（duality）相互联系，即"以表现在'时间—空间'轴线上之关系的性质上面"①。这样吉登斯便通过以结构之"中介"及"结果"的二重特质对行动者能动特质进行论证，自然地，其跨越时空的特质在这种关系性理路上依附在"现在"的时间观中。继而二元性的能动—结构之间不可能有任何基于"现在"时间观的偏差。在相互构造的二元性特质中，关系性/过程的结构二重性理论让长时段的结构分析似乎受到遮蔽。所以，这种过程性理论成为"结构化"理论，即以"微分"方式的时间横切面来探讨这一横切面两端结构—能动的关系。在这种时间观下，对能动具体证成也极具微分特质。

依据以上根据吉登斯结构二重性的微分时空观的具体路径，结构与能动之间确实在极大程度上得到融通。不过，这种融通是否真的能撇开传统西学的理性语境而达到完满，却是可以进一步讨论的。在此继续沿着吉登斯结构化理论内含的"时间观"具体讨论主体能动本身是如何被安置的。这也影响了接下来有关晚期现代性境遇下的情感研究主题。

具体来说，从能动这一概念出发，吉登斯将社会整合的能动内涵建立在反身性的监测能力（reflexive-monitoring）上，意味着导向行动的反思成分。这一能力，在吉登斯看来，"最主要的关键因素是行动或施为者所具的能知度（knowledgeability），而非其内在的心理意向或动机"②。也就是说，他对人的主体性确立是基于导向行动的认知层面，重在理性的运用能力，而非内在的情感面向，因为他认为如果将行动放在一种基

① 参见 Giddens A. , *Central Problems in Social Theory*, Berkeley, CA. : University of California Press, 1979; Giddens A. , *A Contemporary Critique of Historical Materialism*, *Volume* 1, London: Macmillan, 1981; Giddens A. , *The Constitution of Society*, Cambridge: Polity Press, 1984。

② Giddens A. , *Central Problems in Social Theory*, Berkeley, CA. : University of California Press, 1979, pp. 53 – 59.

于心理的意向（intentions）上，就会"混淆能动的指称（designation of agency）和行止描述的给予过程（the giving of act-descriptions）"①。这样就会混淆心理与表象行动之间的区分，尤其是在他的作为过程性指称的结构化中，所以必须将心理的成分分离开来。那么，作为一种能动的表现，将与通过过程的结果相对称，能知度也将以这种赋有"器具式"的形态进行证成，这即"行动的起落乃仰赖一个个体对事情的既存状态或事件路向所具有的制造差异的能耐了"②。

这种基于差异的反身性之能耐/能知在个体中由外在社会的权力形式展现出来。结合结构二重性说法，这种权力展现乃是"行动者以其手中可以掌握的资源与规范为基础的规则作为媒介，进行一种具关系性的操作"③。这样一来，权力与资源规范以关系性方式互为证成，权力必然存在于微分的当刻时空，指涉着互动的关系。于是"一个个体是否具备了确保其行动结果的能耐，乃端看其他行动者的相对应能耐的表现，才能有所定夺"④。不过，困难正发生于这种微分—关系性权力的主体性证成中。具体来说，以效用结果为依据的权力的关键，在基于结构二重性内含的"结构化"之过程性/关系性的证成中，但是这种通过"他者"互动的比照，势必带来一种变动不居境遇下的认知困难，即其中会产生大量的非意图结果。能动性本身是寄寓于这种权力关系中的，由此就容易将权力背后的主体能动企图抛开，更多地停留在"关系"本身。这就很难跳出关系的逻辑而反观关系的具体"结构"性质，似乎到此能动性的证成或者主体的反身性能力只有在关系中才得以可能，进而使得厚重的过去与现在发生分离。当个体在遭遇新事物、新体验时，则会"习惯地"以"现在"作为能动—结构的条件，而将过去归属于现在，以至于丧失基于过去内含的"中断性""重构性"的部分。

---

① 参见 Giddens, *New Rules of Sociological Method*, London：Hutchinson, 1976, 第二章。

② Giddens A., *The Constitution of Society*, Cambridge：Polity Press, 1984, p. 14.

③ Giddens A., *Central Problems in Social Theory*, Berkeley, CA.：University of California Press, 1979, pp. 63 – 68.

④ Ibid., p. 79.

这种中断性含有新事物下的非意图结果的制动意涵，主体性也是在接受非意图的新事物基础上得以可能的。那么，关系性思维即驱逐了非意图之确证的可能，而这是福柯系谱学所大力批判的。

所以，虽然结构二重性的反思极大地提升了主体的书写，但这种反思确乎是在关系中的，并未跳脱其"当即""现在"境遇，以至于主体试图通过权力来确立自身的意图成为一种轻飘的依附权力结果的表层制度性反思。相对应，吉登斯不得不将结构下的规则与资源进行"性质化"，即看作内含在关系性权力的微分元素。随着能动性本身被限定在"微分"的时间中，权力本身也一并受到限定，并在关系性形态中被抽象化了。作为依附资源与规则的结构一端，也在抽象化的关系性权力中模糊不清。如何具体探讨所谓的规则与资源来形塑结构本身，吉登斯似乎并未给予很好的答复。

可以说，吉登斯的结构二重性为西方的二元理性对彰传统提供了很好的反思启示，但仍然带有"关系性"的理性话语倾向。在结构化的微分当下，未认知条件会大量迸生，以至于出现各种非意图的后果。这是拥有权力之主体行动者不得不面对的。如何更好地对待这一时间观支撑下的结构分析理论，是学者接下来所力图努力的。显然，与微分时间观相对，很多学者从一种"积分"的方式，重新对原先基于当即的暧昧、模糊（诸如 archer matrix 混沌母体）权力提出质疑，继而将二元性（duality）以层级的方式引向类似带有"长时段"过去内含的结构制约前提的二元论（dualism）中，即增加了关系性权力本身的前提要设（不管具体如何）。以下针对这一"积分"时间观的结构分析进行提点，将为晚期现代性下的情感研究理论与现实议题反思提供基于制度化内涵的"关系性"理性反思的启示。

三　两种层级说："积分化"的能动样态及其意涵

（一）莫扎里斯的先赋 & 权力分层说

在有关能动的客体化与对象化的论述中，可以发现，有关主体能动现实层面的展现，大体上是通过基于身体之社会客观化的理路得以证成的，权力概念亦如是。这在吉登斯有关对行动者之能动的反身性特质——能知及其对应的兼具效果的权力关系视域论述中尤为明显，由此推演开来，有关"社会的"结构书写语序并没有随着权力的证成而被摒弃，"能动"必须借助外部的标准进行施展。这样从身体基底的依附到外化存有的证成，似乎主体在关系性的无形指涉下被让渡了，以"被世俗社会化、客体化、但却去人物化的施为概念来成就主体性。他这样的社会学主义观点，把施为的概念抬出与结构的概念对张，事实上乃西方社会学论述传统中个体与社会对张的另一种化身"①。如上面所说，这正是吉登斯时间观的结果所及。为了将这一依附客体化的能动概念局限予以清除，相关学者是从与权力 & 能动关系性证成理路的外围来进行的，也就是通过赋予行动者先赋条件与权力分层的积分化时间处理方式。以下就莫扎里斯（Mouzelis）与阿切尔两人为代表做进一步理论推进。

从莫扎里斯二元论（dualism）的层级说开始，首先，他站在洛克伍德的双项整合说指出，洛克伍德之内在者与外在者对应着社会整合与系统整合，并以相互环扣的方式联系着，进而指出帕森斯的以分析实在论出发的 AGIL 的结构功能分析大有问题。具体来说，帕森斯用不同的次系统来对应整体功能的论述，就单一的应用角度来说，不失为一个解读社会的路径。但是当帕森斯试图通过以不断剥洋葱式的、从高到低的手法来分析社会系统就不合理了。他认为，"AGIL 之次体系的存在，并没有必要具备社会系统如此一般的功能要求，它所真正需要的毋宁是实际行动或能动的可行性问题"②。否则，按照这样的分析实在论的特性一再切分下去，就根本没有让行动与能动两个概念的施展空间。可以看到，在批判帕森斯分析实在论的内涵中，针对其类似分析视域下不断

---

①　叶启政：《进出"结构—行动"的困境——与当代西方社会学理论论述对话》，台北：三民书局 2004 年版，第 325 页。

②　Mouzelis N. , *Sociological Theory*: *What Went Wrong*? London: Macmillan, 1995, pp. 88 – 90.

"拆分"的结构功能分析理路，莫扎里斯似乎有将这种类似微分的实在论模式予以进一步推进的逻辑演进倾向。所以，在对吉登斯的微分——权力关系的分析中，莫扎里斯也一并予以批评，认为吉登斯的基于"性质化"&"结构关系化"的说法并不能穷尽行动者与结构内含的资源和规则的作用类型。"换言之，在与既有的潜在规则和资源相面对之际，一个行动者并不是以白纸般的状态呈现自己，毋宁的，他是有着一些预存的禀赋特质的。"①

正是这些预存的禀赋特质能展现他的特殊性，行动者跳脱出吉登斯结构二重性的视域。如果说吉登斯的能动—结构微分作用是一种基于"现在"的混成体的模糊抽象理念表述，莫氏则通过赋予个体能动的特殊禀赋摆脱了结构化理论的一般性暧昧境遇，此时个体有了摆脱这一话语局限的二度诠释能力——"策略/监测能力"。②继而，个体就能把自己暂时从实际的结构情境中抽离出来，以第三者的身份看待当前此刻的既定结构。"作为主体，乃与规则保持一定的距离，以使它为客体，并要求进行策略性干预。"③比方说，一个学习一门外语的人，他面临的是需要通过依靠自身的先天禀赋进行基于对"语法规则"的认知式的理性习得，这即莫氏的依附天赋的策略行动。④吉登斯的结构化微分表现则可以本国人在日常生活中进行语言交流的经验流式的索引，不需要清醒的意识与额外的认知禀赋，耍额外的"小聪明"。这样一来，莫氏的理路似乎可以在吉登斯之外另立门户。更恰切地说，能通过带有"距离感"的二元论而非暧昧不清的微分方式，给予日常生活更多的解释力道。

尤有进之，打开了这道微分的结构化口子后，莫扎里斯更进一步以

---

① 叶启政：《进出"结构—行动"的困境——与当代西方社会学理论论述对话》，台北：三民书局2004年版，第251页。
② Mouzelis N., *Back to Sociological Theory*, London: Macmillan, 1991, p.29.
③ Ibid..
④ 比如，中国人对学习英语，用额外的策略如汉字音标来标记发音，耍小聪明，这就不是基于一种习惯、过程的方式，而是清醒的认知策略方式。亦如手握大权的位高权重者，制定法律而跳脱出法律施加的场域。

社会整合与系统整合内含的个体行动者互动关系和社会组成的互动关系以"横聚合"与"纵聚合"的概念，分别与上述"二元性"（duality）及"二元论"（dualism）相互对应，从而延伸出四个能动—结构分析的子项。比如就横聚合来看，即在有关个体行动者的互动关系范畴中，与二元性对应个体间相互指涉的情境，对应二元论情境则个体间互不干涉的局面。就纵聚合来看，二元性对应的是诸如以习惯的方式进入制度化再生的过程，以制定相关制度路径跳脱出来进行策略分析。不同组合下，即在不同"整合"维度的距离式思考，让能动—结构之间关系清晰起来。不同层级境遇下，能动的施展空间与效度也有殊异，所以莫扎里斯尤为关注行动者与他人的关系及其社会位置，以诸如宏观、中观、微观三类从高到低的权力能动度进行先赋上的划分。① 这样就从性质即四类之情境与距离的作用和程度即先赋性属上进行了具体的行动者能动的定向。可以说，很大程度上，莫氏通过预设先赋条件与分层处理让吉登斯的微分观有了可供实际澄清与论证的曲调。

（二）能动、行动者、主格人：阿切尔的形态衍生论

在以二元论（dualism）的视角发起基于"积分"时间观的日常生活形而下的主体能动审视的学者中，英国社会学家玛格丽特·阿切尔（Margaret Archer）同样以她的形态衍生说就吉登斯的"微分"——权力关系之能动理论进行评述。可以说，她为具体的结构化理论提供了基于社会角色运作意义的主体能动分层的分析贡献。下面从她对吉登斯的结构化理论的批判面向开始展开。

亦如莫扎里斯那样，阿切尔同样将吉登斯的基于结构之二元性（duality）说法看作理论本身的局限，认为有关结构与能动两者更应是"以相互区分的不同性质的实体"②。在她看来，吉登斯的微分时间理论

---

① 宏观行动者有重大决策能力，中观则具有一定程度的决策力，以此类推，而不单单限于单纯的、互为证成的结构—能动权力的模糊化处理。

② Archer M. S. , *Culture and Agency：The Place of Culture in Social Theory*，Cambridge：Cambridge University Press，1988，p. 77.

将会使结构与行动之间进行没有时段的当刻整合处理，使得两者消弭于过程性的权力关系情境，结果自然使具体的结构化理论审视不具显著性。于是，在这样的论述通观下，社会世界就如"一个全盘性的母体（matrix），其中所有意义的横切面和社会实践的每个特征相互纠结着。在如此组构之整体式的版本中，每个互相组构之元素的诸性质是互相独立的，但是，一旦被插入母体，且与元素组成的整体交错指涉时，此诸种性质就丧失了地位"①。进一步地说，似乎这种二元性之所在的时间横切面下，存在一个先验的混合体，支撑着它的便是能动—结构相互作用所散发的客体化、对象化权力力道，因此阿切尔才会将吉登斯的结构二重性理论称为趋中统合理论（theroy of central conflation）。质言之，吉登斯指涉的是有关社会秩序与秩序化的本身，即在结构化作用的场域即混成体内部的关系性审视，"并非是对社会秩序与秩序化所以形成的社会化（socialization）和深嵌化过程（indoctrination）"②。他没有跳离出结构本身反思结构运作的逻辑。进一步推及，以阿切尔的积分视角将吉登斯的结构化理论看作一项"先验母体"的逻辑话语施展代表下，原先在吉登斯看来具有反身性监测特质的能动就会被混沌 & 先验的母体所座架，"反过来说，吉登斯眼中的能动也一样地早就被预设，成为自命、自成，甚至已属于多余的概念范畴了。因而，在建构理论的论述中，能动—概念本身，其实根本就起不了任何积极的决定作用。它的存在只是单纯地被肯定、被确立；到头来，一切还是需要依照所谓的社会规则来游戏"③。纵然能动概念被赋予了作为反身性的作用机制，但其与结构过于依附相连，又无相应基于非"现在"的层级式条件划分作为前提，结果容易成为社会规则下的分析俘虏。

对微分时间观的批判，阿切尔将目光转向带有时间序列的积分结

---

① Archer M. S. , *Culture and Agency: The Place of Culture in Social Theory*, Cambridge: Cambridge University Press, 1988, p. 77.

② Ibid. , pp. 76 – 77.

③ Ibid. , p. 79.

构—能动证成的进路上。她将有关社会整合与系统整合分别对应于作为迸生性质（emergent property）的能动的人们（people）与社会中的部分（part）。作为实体（realism），结构实体与施为实体是相互作用又不同的，于是对两者的基于二元论式的差异性区分就让两者有了时间序列的不同作用。就能动—结构的作用来说，阿切尔通过结构限制—社会互动—结构整饰（structure elaboration）的先后路径赋予具体的带有时段而非时刻的时间进路，拨开了眼中表现出来的混沌母体下的迷思。作为承接结构与能动中介的社会互动，就为阿切尔对有关人的能动提供了理论升华的空间，就此她有关人类存有下之能动、行动者、主格人的形态分说呼之欲出。

　　当吉登斯将能动以客体对象化的方式进行微分—权力关系基础上的理论建构时，他无形中就沾染上福柯"生命权力"意涵。于是，阿切尔对于人类存有的能动意涵思考以脱离这种权力关系的单纯能指为出发点。具体来说，在哲学人类学意义上，她以能动者、行动者、主格人予以定位。其中，能动者具双重形态衍生特质。一方面，以社会文化系统处于类似结构位置的群体为样板呈现；另一方面，又是转型之系统化容貌的主导者与代言人。也就是说，前者大多适用于某些社会群体，如知识分子、工人阶级、少数民族等，享受着类似的利益与生命机会的集合性概念，"虽然无法决定特定行动者个人选择做什么，但却可以坚实地为社会行动者实际能变成什么提供条件"[1]。就行动者而言，则在能动的双重形态基础上加了一个形态，即个体行动者尚具特定且富"个别性"的社会认同。它是基于能动者所在社会结构延伸出来的既有结构又具个性的存在，可通过具体的社会角色承担行为予以观察（既规范又有个性的行动者），如某个社会角色中的人可通过其对某一角色的不同理解进行不同实践意义上的承担，而有不同的能动效力。可以看出，能动者如吉登斯微分权力观中的概念，行动者概念所内含"人文性"

---

　　[1]　Archer Realist, *Social Theory: The Morphogenetic Approach*, Cambridge: Cambridge University Press, 1995, p. 257.

（humanity），即不同个体的个性权变则超出吉登斯抽象的社会学主义的客体对象化精神。① 越出的自我部分则先验以身体与经验被她加以贯联。

对阿切尔来说，社会非全能（个体身体意义上的先验证成），即非全面挟制着人。她进一步将个人的超越"微分"——客体权力关系部分认定为主格人，采用涂尔干社会起源与康德先验范畴的结果。如将主格人看作个体内在的认同，那么带有三重进生性的个性指涉行动者则依靠社会角色为基底而与社会认同相对应。那么，自然要接续个人认同与社会认同两者以为人类存有达成一体协调时，作为抽象基底的能动（对吉登斯的批判意味上）则起到中间的环节，正如她指认的"如果主格人为行动者供应活动的能源的话，那么以便于提供一个具目的的活动，能动/者是其间必要的中介体"②。于是，人类存有涵摄下的自我感就通过身体经验加诸社会规范来达成。这样一来，阿切尔也排除了吉登斯试图通过外化客体的权力关系为能动做定向的企图，这也是他所内含的排斥内在人文性而极富行为主义及理性选择论的局限。相应地，阿切尔则用内在交谈的方式（internal conversation），以诸如沉思、终极关怀、情感评论（emotional commentary）对能动本身进行内在性的反转。这不得不说大大突破了吉登斯客体化的能动—结构局限。

可以说，以吉登斯微分的外化权力观来试图达成内在的能动性的路径，在传统西学语境尤其自启蒙时代以后就有所展露。其极富创造性地借助洛克伍德的双向整合概念进行微分式反思性融通的努力，仅为解决二元困境的一种途径罢了。所以，诸如莫扎里斯、阿切尔为代表的学者纷纷对这一现代性反思理论进行批判，不得不说跳离于微分境遇式的积分理路为主体本身提供了可供搭架的作为现实实体二元论意义上的融合

---

① 这一行动者内含的出离于微分时空观下的"人文性"在阿切尔那里兼具先验性，她借助康德的先验范畴与涂尔干社会起源来推定人的自我，自我意识来自社会，但又是先验赋予的。可参见涂尔干 & 莫斯《礼物》。

② Archer Realist, *Social Theory：The Morphogenetic Approach*, Cambridge：Cambridge University Press, 1995, p. 256.

契机。以这种时间序列的实体化方式来消弭微分"现在"时间观，也将是对基于人类存有意义上的人在进入以主体交互为主题线索的晚期现代性境遇的一个重大启示。

当社会进入晚期现代性发展阶段时，社会的现实样态似乎也愈趋向以二元互为证成的方式演进。也正如此，基于不同时间模式的反思将为我们带来不同的理论呈现，毋宁地延续吉登斯外化能动的制度化语境的反思性话语将继续发挥作用，我们亦可通过批判这一制度化外在反思性理路达成新时代境遇下具体情感研究的理解。那么，以下便让我们从晚期现代性下的制度化反思视角对具体情感研究进行切入！

第三节　无处安顿的现代性情感修辞

一　反思的现代性：情感研究的自我证成逻辑

20 世纪 60 年代后，社会逐渐向后工业社会迈进。不同于诸如马克思、涂尔干、韦伯等古典社会学家对基于早期现代化社会的研究判断，此时随着社会分工的加剧、专业的分化，原先受到忽视的情感之维开始进入诸多学者的视野。如"后工业社会""消费社会"为背景的各类研究议题，可谓层出不穷，似乎在短时间内从无到有情感这一原先陌生的词汇被立转译成醒目大写。这不禁令人疑惑，为何情感研究会出现这种欣欣向荣的变化呢？其背后的时代条件是什么？进一步情感研究的立足基点又在哪儿？要解答这些疑问，则有必要将目光聚焦到学者对社会反思现代性理论及前面章节略有提及的自我主体认知的议题解读上来。

大体上讲，反思现代性理论多建立在以现代化问题分析的基础上。它涉及现代性的情感问题时，倾向于将原先忽视的情感纳入理论分析视域，但问题恰恰在于此，因为它似乎很难将情感放置到合乎其自身逻辑的位置进行讨论。从情感分析策略上看，有人指出反思性理论仅仅是将情感当成理性分析的一项附属，成为就某种社会事实背后的因果解释，好像情感本身就是某种内在的表达，以致情感呈现是个人内在过程的外在脚注。① 就反思理论的内部逻辑来看，现代个人的自识与反思关系一直作为反思理论核心要旨而不断发展，这也是个人与社会关系间存有的主要线索。由此在介入情感的反思理论建构及其研究的主题之前，就情感研究范畴如何被反思现代性理论纳入理性制度化分析框架，情感的理性化塑造又将给研究带来何种影响，继而在处理个人与社会、个人认同与自我意识发展问题时需要进行理论的梳理。在反思现代性理论中，影响最为深远的当属贝克及吉登斯。

（一）启蒙理性的话语再造：贝克第二现代性下的反思理论

首先，就时间观这一作为界定反思现代性理论的核心内涵，最明显特征是以不同分期的方式将现代性发展划分为早期传统现代社会与晚期现代性社会。其内含的便是一种类似实证的、类型化的时间观念，不同分期对应不同的社会发展逻辑。可以说，正是对晚期现代性之"现在"强调及其对"过去"逻辑的忽视证成了其理论基底。具体而言，在《风险社会》中，贝克就尝试用风险来界定晚期现代性社会特征。他将风险定义为区别于传统工业社会的简单现代性特质。他认为，"简单的现代社会是工业社会，在这个社会中是以基于国家范围的物质分配作为其主要准则"②，此时现代性应理解为建立在可计算基础上的安全法则（insurance principle）。它将通过计算化的方式将那些不可计算的事物纳入安全计算系统，以避免在以商品交换价值为核心的社会运行中受到利益上的威胁。随后，则是以风险为代表的风险社会阶段，社会运行原则以风险、危机而非物质商品作为核心，这即是他所谓的第二现代性（second modernity）。此时的安全法则从物质流通转移到充满不确定性与偶然性的风险、危机中。在此进程下，原先的安全法则就失去基于经济实体的调控范畴。正如此，风险社会下个人被不确定性及其风险所包裹而无法有效地依赖安全法则，进而在这样复杂的社会环境中生活，个人

---

① Ian Burkitt, "Emotional Reflexivity: Feeling, Emotion and Imagination in Reflexive Dialogues", *Sociology*, Vol. 46, No. 3, 2012.

② Beck, *Risikogesellschaft*, Frankfurt: Suhrkamp, 1986, pp. 45 – 55.

已无法很好地应对。

单单就贝克这一现代性判断来说，其实与后现代思想有很强的亲和性。"有关当今世界被不确定性（contingency）所占据的观点，吸引了一大批具有后现代气质尤其是青年学者对贝克思想的关注。"① 如果现代性反思意味着吉登斯眼中的自我监测（self-monitoring），那么不确定性本身就预设了这种自我监控的失败，这也是现代性反思之局限。不无遗憾的是，"贝克将风险视域下的后现代意味以发展更加强烈的反思性气质所冲抵"②。对他来说，传统惯例（convention）下的自我监控已日益被以知识型主导的社会系统取代，反思继而是在对流行知识的科学性、理性评价基础上形成的。如亚历山大（Jeffrey Alexander）评论的，这反映其具有一种分析上的客观主义、功利主义偏向，"在关于其风险社会理论主题下，虽然他在很大程度上挑战了马克思与卢曼的社会思想，但却很少集中于日常生活的真实过程而仅限于基础的（infrastructural）、组织的（organizational）方面，这实质上保持了传统现代性分析的框架"③。也就是说，这种将风险的不可控性与理性思维的矛盾以更加偏向现代理性反思的角度进行解读。这难道不和吉登斯对能动之能知度（knowledgablilty）的外化存有判定一样，进而将反思这一原本作为主体自我证成的活动转入客体制度化局限吗？

所以，虽然贝克对晚期现代性提出不同于传统现代性理论的判定，并用风险加以冠名，但这一基于现代性流变的不同社会运行模式的类型化划分，以及个人存在境遇的制度化转嫁，不能不说是理性话语的另一变形。其内含的无视过去历史，而投入晚期现代性之"现在"的流变的反思性时间观，又与吉登斯的反思性及其自我定义耦合，越是风险的，就越是当下的，也越是主体之外化认知的。至于拉什认为"这仅是一种

① Lash, "Reflexive Modernization: The Aesthetic Dimension", *Theory Culture & Society*, Vol. 10, No. 1, 1993.

② Ibid. .

③ Jeffrey Alexander, "Critical Reflections on Reflexive Modernization", *Theory Culture & Society*, Vol. 13, No. 4, 1996.

现代性反思的激进形态，是贝克受到吉登斯反思现代性（reflexive moder-nity）及其专家系统（expert system）影响的结果。他的思想从根本上还是建立在启蒙以来理性法则的发展基础上"①。由此不难看出有关贝克对风险社会所特有的不确定性、危机等现代性特质分析持有去传统化及去个体自我指涉（self reference）的反思逻辑，将现代性所呈现的后果以客观主义的图景予以理性式的塑造。正是在这一现代性反思认知下，原先被置于理性之外的情感研究话题就纳入应对现代性流变下的消极反馈机制。在此，吉登斯在现代性判断上，承继了贝克对宏观系统的反思性证明，并就个人微观心理体验及身份认同进行了反思性探索。

（二）从自我反思到本体安全：吉登斯制度化情感研究路径

吉登斯的结构化理论无疑为我们提供了其独特的微分时间观下的主体之能动证成路径，个体更多地被置于如阿切尔所谓的充满权力关系的先验母体中，通过能知度（knowledgability）所支撑的社会关系中的客体化权力来彰显能动的存有。那么，在有关晚期现代性下的反思议题中，吉登斯对反思及其自我的判定亦是在这一基于客体化的制度范畴中得以证成的。以下就接续结构化理论的反思预设对其反思性理论进行展开，推展出他的情感研究的制度化反思语境。

在吉登斯那里，反思性（reflexivity）被看作一个人在晚期现代性境遇下不断应对社会变化而做出的智识上的反馈。② 进一步地，它不能仅被理解为自我意识，也应理解为不断流动的社会生活中的监控特质，这个反思性行动监控是基于理性化的、过程的，更甚于行动者自身内含的状态及活动。③ 也就是说，对应于自我主体的反思性本身与外界条件的流变关联。正是晚期现代性社会的高度流变特性，内含能动主体的反思

---

① Lash，"Reflexive Modernization：The Aesthetic Dimension"，*Theory Culture & Society*，Vol. 10，No. 1，1993.

② Ian Burkitt，"Emotional Reflexivity：Feeling，Emotion and Imagination in Reflexive Dialogues"，*Sociology*，Vol. 46，No. 3，2012.

③ Giddens A.，*The Constitution of Society：Outline of the Theory of Structuration*，Cambridge，1984，p. 3.

性不可避免带上这项流变特质，继而与吉登斯早年结构化理论中的能动之能知性（knowledgability）标准符应。那么，自然智识上的变化建立在外部变化所带来的知识更新基础上，而反馈的模式正如贝克所论述的，在应对外界环境中，个人对外界的反馈方式发生了变化，承载这项应对现代性任务的媒介则由传统惯例及个体层面转移到外部抽象系统。所以，这种基于社会变动的知识型反思模式加剧了个体自我意识及身份形成的外部化导向，结构化理论的局限在此重现。这正如赫尔摩斯（Mary Holmes）指出的，此时反思性更像是在缺乏个体自省（self-reflection）条件下，通过现代化进程而形成的社会自我再造与改变，是一种解个体化（self dissolution）。① 质言之，晚期现代性的流变及其基于能知＆智识的自我反思，再度以客体化的方式将能动予以证成。进一步地，传统现代性的安全理性法则向流变的制度化客体反思性过渡。最终在这种依靠外在系统的监控与反思模式下，个体好像失却对自身的把握（能动性），而将认知权转交给专家系统。在这种对不可预知的现代性特质进行理性算计的吊诡中，焦虑与恐惧则成为唯一的情感归属。在吉登斯有关自我认同与反思关系的指认下，制度化反思下的情感研究就会受到很大限定。情感的生成基于现代性机构的反思性活动本身，它忽视了个体之于他人的社会关系视域，排除了生活中他人对自己的反馈作用。同时，个体自身也失去了反观诸己的能力。这样一来，反思性理论（theories of reflexivity）对个人情感体验的考察将更多地面对无法自处而充满焦虑与恐惧的个体。从宏观面向看，吉登斯对现代性的判定是类似于贝克风险社会下的复杂性与不确定性的结论，不确定性、偶然性使得惯习行动（habitual action）失效。在吉登斯看来，在个体情感体验过程中，一种无意识下的本体论安全意识（ontological security）② 正是促使

———————

　　① Holmes M, "The Emotionalization of Reflexivity", *Sociology*, Vol. 44, No. 1, 2010.
　　② 有关个体本体论意义上的安全诉求，吉登斯借用了罗纳德·兰恩（Ronald Laing）有关自我的精神分析及后弗洛伊德客体关系学派的理论。个体的安全感来自个体早期与他周围事物之间的关联客体（object）。无论客体背后所承载标签是快乐还是痛苦、压抑，在自我意识的发展中，只要与之相符合，个体自然就会获致安全感。

个体舍弃作为理性的主体而依附外部系统的关键。在这种作为安全保护机制存在的无意识影响下，个体会不断地面临获得安全体验的机会，同时又因智识反思对不确定性进行算计的外部认知导向作用而陷入情感混乱，导向诸如焦虑与危机的体验。

尤有进之，正是吉登斯将反思性及其内涵的自我本身以制度化手段予以赋能，自我在其理论中便丧失跳脱出基于流变的反思性场域的能力（关系性的社会主体互动空间），安全感也被限定在反思性的流变躯壳中，甚至成为依附"他者"的安全感问题。因此，尽管他将这种无意识作为研究个体自我意识产生及行为动力的重要因素。但没有清晰地界定这一无意识过程对紧张不安的管理有何深层意味[1]，"个体安全诉求在吉登斯那里仅仅是为了突出知识理性及意识的重要作用而布置的"[2]。进而这种无意识被视为方便的地面清理装置，用于打扫来自社会关系的情感杂碎，并给那些急于监控行动及理性化过程的反思性功能运作提供空间。[3] 其反思性理论基础预设了最终情感研究的局限。

综上所述，尽管社会逐步向晚期现代性阶段迈进，贝克、吉登斯等人亦通过他们敏锐的学术眼光，通过第二现代性、风险社会、自我监控、专家系统等关键词洞察到现代性变化特性，但其中也不免带上理性反思的局限。正如前文对吉登斯结构化理论及其后来者的批判上，自我及其主体能动的证成此时被限定于与传统现代性不同的极具流变的反思现代性基础上。当它们将主体置入一种针对外部的智识型回馈状态时，抽象的专家体系此时就易取代传统基于个体的安全法则的单向度的理论思维模式。正如此，自我 & 能动的主体被抛离于流变的现代性及其智识的策略中。总的来说，他们对于晚期现代性的特质认定不无启发意

---

① Ian Burkitt, "Emotional Reflexivity: Feeling, Emotion and Imagination in Reflexive Dialogues", *Sociology*, Vol. 46, No. 3, 2012.

② Thrift N., "The Arts of the Living, the Beauty of the Dead: Anxieties of Being in the Work of Anthony Giddens", *Progress in Human Geography*, Vol. 17, No. 1, 1993.

③ Ian Burkitt, "Emotional Reflexivity: Feeling, Emotion and Imagination in Reflexive Dialogues", *Sociology*, Vol. 46, No. 3, 2012.

义，但对自我的思维模式的外向制度性转接却大有商榷余地，这也是反思现代性本身对时间观下自我证成的核心内涵的特质所在，无视"过去"历史的现在观让人们对情感研究亦有了恐惧、焦虑的制度化标准。由此一项与时代特质的共谋之情感修辞随着这一自我反思的语境展开。下面就对此一制度化反思影响的情感劳动与情商理论的具体情感议题进行评述。

二 从情感劳动到情商理论：非正式化情感研究议题刍议

当反思现代性理论将反思从个人转向知识型专家系统时，在对待相应情感问题中，就更多地把原本情感生发的社会互动与结构要素剥离于反思范畴。毋宁说，人的主体能动问题依然没有得到解决，结构之理性力道强劲依旧，二元对立依旧。随着现代化进程加速，两者的对彰以多种形式在情感社会学研究中表露。当下情感社会学研究时兴的两大议题——情感劳动与情商管理研究，可以看作其从理论到具体实际问题研究的延伸。现代性视野下，情感劳动（emotional labor）理论与情商（emotional intelligence）理论既有相当程度的关联，又有很大不同，两者始终带有现代性反思所特有的——主体—客体、真实—虚假的姿态一并呈现出现代性理性话语。

关于情感劳动的研究，最具话语权的当属其创立者霍赫希尔德（Hollchschild）。按照霍赫希尔德的情感定向，她将情感从看似个体的私人领域转到市场商业领域。如果说劳动是工业社会最为显著的人类活动及维持自身存在的前提，那么在现代化进程下，劳动自身性质的变化及面向大众的影响而发生的嬗变（transmutation），则使情感这一要素开始逐渐占据社会资本运行过程。在其代表作《心灵的整饰——人类情感的商业化》中，霍赫希尔德开篇就将情感放到丹尼尔·贝尔的"后工业社会"这一时代背景，讨论人类情感在晚期现代性阶段的境遇。她以马克思笔下工业社会中壁纸厂的工人体力劳动作为与后工业时代的情感劳动对比，一方面，就早期工业社会而言，"在壁纸厂工作的男孩所进行的工作需要的是在精神上及手臂、精神与手指、精神与肩之间的配合，我们将他们简单地视为体力劳动"①。这时候，个人的体力劳动更多地被认为从属于个人与机器之间的操纵关系，相对地缺失了基于人际面对面形成的情感之维。另一方面，她又指出，"贝尔在后工业社会的来临中指出服务业的发展意味着沟通与遭遇（encounter）——一项对自我变化的回应——这才是今天工作关系中的核心，他认为个体现在与其他个体打交道而不是与机器的关系已经是后工业社会的基本事实"②。这样一来，霍赫希尔德就将劳动从传统工业社会的工厂拓展到后工业社会中以服务业为代表的第三产业，为其下一步情感劳动及其异化思想提供基础。

作为以人与人面对面为基础的情感劳动，情感此时已被商业利益内含的交换价值逻辑所操控。"在商品生产社会，如果我们从商品那儿被异化了，那么也同样会在服务性生产社会中被异化。"③ 个体自身的情感呈现逐渐被放置到商业需求中来看待，与体力的劳动异化相对应，后工业社会中，个人以情感作为生产媒介来达成商业利益的实现。在情感劳动机制上，霍赫希尔德以空乘人员机组服务的例子进行阐释。在情感劳动下，有两套方式达致商业目的，一套是外部指向的表面行为（surface acting），即引导人进行指定的外部情感表达，如空乘人员必须用微笑、和蔼的言语、亲切的问候等给乘客以舒适感。另一套则是深度行为（deep acting）④，即这一行为本身产生适应服务态度所需要的特定心理，让自己似

---

① Hochschild A. R. , *The Managed Heart*：*Commercialization of Human Feeling*，Berkeley，CA：University of California Press，2003，p. 8.

② Ibid. , p. 9.

③ Ibid. , p. 7.

④ 霍赫希尔德深度行为的提出，不仅在很大程度上与马克思的劳动异化相似，而且为了进行这项异化意义上的劳动拓展，她借鉴了米尔斯有关都市白领贩卖个性，及戈夫曼日常生活呈现的戏剧理论。她认为，前者指出了情感作为商品在消费社会的趋势，但没有具体说明这一过程在日常生活中到底如何运转，后者虽然把握了微观情境下的规则，但相对地将个人看作遭遇具体情境下的持有固定表演规则的消极个体，个人自我内心在商业化之下如何变化却是缺失的。在这样的背景下，她将两者融合成深度行为。这里深度行为过程的一个最大预设即虚假与真实的对立性，这一点正文将继续说明。

乎真的能感受到为乘客所需、所想。在这一行为指向下，空乘人员不仅看起来爱他们的工作，而且也真正地去爱它，尝试与乘客真诚交流，怀有同情心与那些粗鲁的乘客沟通。简言之，在内外双向行动指向下，情感劳动就成为一项"去整饰感知而提供给乘客一种行动意义上的证明，即我们所希望他们去相信与感知的……而最终，我们付出的东西太多了以致将我们的心绪与所想真的朝我们所想的方向转变了"①。

可以说，情感劳动概念为后工业社会中的劳工开辟了新的解释路径。但正如有关反思现代性对历史时间观划分所引申的社会运行与自我反思问题的局限，虽然霍赫希尔德为情感在商业化社会中的资本运作提供了新的解释路径，却不能说她的情感劳动本身就完全脱离了早期马克思异化理论的分析框架。并非如霍赫希尔德所言的，"提供服务的情感方式就是服务的一部分，因而对壁纸生产的爱与憎恨都不是工作的一部分"②。情感劳动只产生于后工业社会。其实，就有关马克思讨论工厂劳动的异化，自身就包含情感意义上的异化指向③，只能说霍赫希尔德的情感劳动大大拓展了马克思异化思想在当今社会的解释效力，在这之前并没有人能很好地去尝试。当她提出情感劳动是一项对个人内在与外在的双向整饰过程时，就预设了一项"真—假""公共—私人""真实—表演"等二元化概念操作。这一二元区分可以作为现代性分析的

---

① Hochschild A. R. , *The Managed Heart*： *Commercialization of Human Feeling*，Berkeley，CA：University of California Press，2003，p. 83.

② Ibid. ，p. 7.

③ 马克思的异化理论是对黑格尔与费尔巴哈的革新，一方面借鉴了黑格尔的否定之否定的辩证思维，摒弃了其唯心主义绝对观念的思想；另一方面批判了费尔巴哈旧唯物主义中基于类的抽象思维的人，而将其投入实践与历史中理解。这一不同就意味着异化思想中社会交往维度的发掘意义。根据国内学者韩立新对于《第一手稿》和"穆勒评注"的文本追溯考证，"《第一手稿》用'类'和'劳动'来规定人，其结果是将人错误地理解为'抽象的——孤立的——人类个体'，而'评注'中的交往异化理论正是对《第一手稿》的有益补充，其最重要的是社会关系视角的引入，这种引入一方面使马克思摆脱了抽象的主客体式人本主义逻辑，破除了只从劳动说明人的本质的局限性，另一方面则使马克思建立了属于自己的社会概念。通过'交往'概念引入了社会关系视角，从而才真正理解了人"。异化的四个维度即产品、劳动过程、类本质、人与人；尤其后两项正是劳动作为人实现社会关系总特征的关键，而劳动下的人与人的交往意义及其异化之维也自生发于此。

典型逻辑来看。当个人自我所拥有的本真（authenticity）受到外部商业利益的情感规则（feeling rules）影响时，原属于个人自我的本真就失去了土壤，内部的真实受到外部工具理性的操纵而失掉真切，代之以虚假。这一区分逻辑是否有助于把握到情感呈现与社会行动、个体与社会之间的关系，而类似"真实"的东西又到底如何澄清才能更好地加以理解呢？正如华尔特斯指出，"霍赫希尔德情感劳动的核心问题在于她既定了真实的、非社会性的情感自我，并排他性地存在于私人领域，并通过嬗变（transmutation）与商业集团相适应"①。根本上说，这一区分下的私人真实可以被视为社会对有关自我形象（self-image）的表达，它是一种"封闭个人"（homo clausus）：人类自我形象是建立在深埋个人内部的真实自我，而这是个人所无法明晰意识到的。② "它指涉到当下占主导的有关'内部的真我'与'外部社会下的假我'的对立划分。"③ 因此，在埃利亚斯看来，当这种二元对立界限在加入历史维度即"相对于现在的过去"历史维度后会发生的变化，毫无疑问，个人与社会、公共与私人间潜在的真—假预设，必然会受到历史文明进程影响而发生改变。

这在埃利亚斯以中世纪到早期现代社会为节点，对上层阶级日常生活情感现代化的追溯，使这一二元关系的变化情况尤为明显。他阐释了一种社会对个体逐渐施加基于身体功用（bodily functions）的羞愧与反感的要求，其结果便是当现代人看到中世纪粗俗礼仪的厌恶心理。相同的礼仪对于不同文明进程的人会产生迥异的情感体验，这种截然相反的差异如同一个无形之墙，阻隔与抗斥正是对这个二元事项的集中表现。由此，公共与私人、真实与虚假等一系列对立，一并是某一特定历史进程下的同位语，随着不同历史条件与时代主题发生着殊异的关系对位与

---

① Wouters，"The Sociology of Emotions and Flight Attendants：Hochschild's Managed Heart"，*Theory Culture & Society*，Vol. 6，No. 1，1989.

② Elias，"On Human Beings and Their Emotions：A Process Sociological Essay"，*Theory Culture & Society*，Vol. 4，No. 2，1987.

③ Elias，*What is Sociology*? London：Hutchinson German，1987.

变化。在历史进程下，个人与社会间的关系是会变化的，对公私领域范围的不同界定随之决定了真假之分，真——假就发生了转换。因而，所谓"私人的部分则始终是由社会历史进程决定的"①。

由此观之，当霍赫希尔德哀叹个人随着资本化进程加速给私人的真实情感带来严重的侵蚀时，她就将其所指向的个人情感异化现象有意无意地带向更加宽广、复杂的文明进程中。在这一视域下，"对于情感管理本身就不能被简单还原为资本家利益操持下的行动逻辑了"②。所以，一旦将有关情感劳动的思想放到以资本发展为线索、交换价值为目标的相对固定脉络中加以审视，即可看到个人情感所受的情感规则限制则也相应局限于这一资本逻辑的话语体系中。在这一作用过程下，情感的异化现象会较严厉、正式和强制。当历史进程下的社会关系发生必然变化时，二元对立下的"封闭个人"的意识就会受到冲击，一项基于"非正式化"的情感管理形式孕育而生，即基于主体的引生性（generative）、生产型的情商（emotional intelligence）理论出现了。下面将尝试用历史观对情商这一内含情感异化议题的形式变化做进一步批判性解读。

情商概念最初起源于神经科学，由约瑟夫·勒杜、安东尼奥·达马西奥③等人提出，但对其进行系统性研究及关注其实际解释效力的则更多来自应用心理学领域。到目前为止，对情商的讨论还存在许多争论。与其纠结于这些不同争论，不如先将目光集中于情商概念自身与以往理性处理情感的不同之处。尤其在如领导力、群体决策、氛围等诸多组织领域的情商研究中，基本以一种非对抗性的、非正式的个体为转向，将

---

① Jason Hughes, "Emotional Intelligence: Elias, Foucault, and the Reflexive Emotional Self", *Foucault Studies*, Vol. 8, 2010.

② Ibid. .

③ 可参见 Antonio. Damasio, *The Feeling of What Happens: Body, Emotion and the Making of Consciousness*, London: Vintage, 2000; Antonio. Damasio, *Looking for Spinoza*, London: Vintage, 2004; Antonio. Damasio, *Descartes' Error: Emotion, Reason and the Human Brain*, London: Vintage, 2006。

情感纳入组织管理的决策中来。在诸多现下对情商研究的人中，以记者和作家出身的丹尼尔·戈尔曼（Daniel Goleman）最具影响力。戈尔曼对情商的研究可以从与智商（intelligence）传统理解的对比开始，他提出智商："只决定个人成功的20%，而剩下的80%则是由其他力量所决定。"① 情商则关乎你是否很好地把握控制住了自己，它指涉情感把握能力，认识自己情感及他人情感的能力。如亚里士多德所说，"任何一个人都能变得生气，这很简单。但是生气时于合适的人、合适的度、合适的时间、目的、方式等则很难"②。

作为一种管理情绪的能力，情商与从出生就一直相对稳定的智商不同，它更多地作为一项可供发展的社会技能存在。由此，戈尔曼用五个模型对情商作为管理意义上的限定，其中三个属于内部个人能力，即认知自己的情感、管理自己的情感、激活自己的情感；剩下两个属于人际互动维度，即认知其他人的情感、把握人际关系。以上五个情商管理维度让个人有了可供操作的依据，更重要的是，"戈尔曼对情商的界定已经超越单纯的表演规则，他鼓励我们去管理不仅是基于外部矫饰下所产生的一些负面情感体验，而是要发展自己的情商去真正地拥有更加积极、富有同情心、愉快的情绪体验"③。这一点和霍赫希尔德所指认的情感劳动下的深度行为（deep acting）很相似，都是通过特定的方式来更为根本地影响情感体验。但同样，"不管是对情感自身本真、自主地强调，情商本身就是基于一种利用情感来获致专业及个人的成功"④。到目前为止，情感劳动与情商理论对为获得商业利益的实现而进行情感管理这一路径的状况是一致的。但情感劳动下的二元划分逻辑限囿于相对静态的、正式的、强制利益驱纵下的情感管理模式分析，于是它并不

---

① Goleman, *Emotional Intelligence：Why It Can Matter More Than IQ*, London：Bloomsbury, 1996, p. 34.

② Ibid. , p. IX.

③ Jason Hughes, "Emotional Intelligence：Elias, Foucault, and the Reflexive Emotional Self", *Foucault Studies*, Vol. 8, 2010.

④ Ibid. .

能很好去呈现这项二元逻辑在当下的演变。情商在除了以上商业利益驱动而介入组织管理与情感劳动相似之外，却从表面形式上以非正式化的方式将个人（自然、真实）与社会（矫饰、虚假）的紧张关系进行缓解。这一商业化所带来的情感操控的策略变化，同样可以从历史进程视角加以解释。

埃利亚斯指出，随着文明进程的发展，社会对于个人的操控也会越发内在化（internalised）而成为个人的次级特质（second nature）。与此同时，对个体明显制约的社会规则及规章则相对地失去了重要性，并出现更多看起来轻松的、愉悦的、非正式的行为导向方式。研究过荷兰空乘人员的社会学家华尔特斯则进一步发展了埃利亚斯的这种内化社会操控倾向论述，将其归结为一种"非正式化"①。在非正式化进程下，个体的情感处境无法脱离这一进程影响，从原先相对严密、正式的情感规则转向较人性、开放、自由的情商模式。与情感劳动相比较，如果说情感劳动拓展了商业活动对个人在心灵上的操控范畴，那么情商的提出则从根本上将这一操持的形式与力度进行转化。在看似自由并有助于达成事业成功的美好愿景下，"个人先前所持有的基于公共情感投入下的自我与深埋在个体内心深处的真实自我之间所保有的安全距离就会随之缩减"②。这样一来，霍赫希尔德所倡导的保持私人与公共界限的努力就被情商下诱人的个性策略所击破。

也就是说，在情商理论中似乎个人与公共之间基于真实—虚假的对立已毫无意义，此时因公共与私人之间的界限越发模糊，而使得以往公共对个体情感管理的强制介入失去了显著性。自然，这一界限模糊所引

---

①　在埃利亚斯《文明的进程》第三部分的"反差在缩小，种类在扩大"中，非正式化就已隐约有所提及，但他更注重前者即差异的弱化上。华尔特斯则将这一趋势进行整合并用非正式化来阐释。需要指出的是，这一非正式化取向并不是意味着与前一文明进程的决裂，而应看作一种延续，即使个人在处理情感有更多的自主与认知能力，也脱离不了主—客对立下受操控的境遇。

②　J. Cullinane & M. Pye, "Winning and Losing in the Workplace —The Use of Emotions in the Varizationand Alienation of Labour", Paper Presented to Work Employment Society Annual Conference, University of Nottingham, 11th 13th September, Joseph Ledoux, 1986、1992.

发的基于异化操控的情感分析失效，使得分析的目光聚焦于操控的形式而非情感劳动表面赋予的强制症候。非正式化背景下，对于情商内含操控的形式化特质所具的矛盾性更容易觉察。一方面，"情商促进了外部显著规约对情感约束的解放；另一方面，情商同时以对这些管理约束标准以精致化的方式隐藏于对人们的能力要求中"①。人们在这一情景下，对自我的情感管理从原先的束缚中摆脱出来，但又不可避免地陷入更加微妙的自由——操控的制衡境遇中。它同时包含轻松自在与控制的加持，我们可以破坏规则，但却要以一定的"礼貌方式"（manner）回应着特定的非正式化情感控制形式。在日常生活中，这种非正式化的情感呈现与操持模式可以在公司的便衣制度得窥一二。在某一工作日中，员工可以穿着非工作服上班。他们不需要穿正式的、符合公司规定的统一着装及打扮来工作，穿着可以非常随意、不拘一格并个性张扬。但是除开轻松自在的着装达成工作减压的目的，我们同样可以发现，一系列出自正式着装形式风格的体验感受约束。我们将从心里自问"什么是合适的便装""这样搭配时尚吗""这样穿是不是显得太正式而缺乏活力了"等。因而，我们会不断地被推向各种正式与非正式、合适与不合适的抉择。也就是说，在非正式化条件下，自由、随性还是有参照性的。既然是有参照的，最终的选择必然在这一对立项下进行，因此原先正式、严格场景下的二元制衡，仍然存在更加微妙与暧昧的关系。情商所包含的对个人个性与情感解放的特质以及对个人事业追求、"我是谁"的深层导向，也必然面临着这一形势。

三 日常生活关系视角下的情感研究导向

反思现代性视域下的封闭叙事是将情感本身置入自我证成的逻辑，以客观主义立场为导向将现代化进程抽象划分为对立鲜明的传统与后工业时期，通过自身智识为能动主体证成的逻辑进行延伸，进而将情感吸

---

① Jason Hughes, "Emotional Intelligence: Elias, Foucault, and the Reflexive Emotional Self", *Foucault Studies*, Vol. 8, 2010.

纳到分析框架中来。情感自身话语就在这种粗暴的理性反思传统下不断受到"揠苗助长式"的压制，属于情感自身的言论自由就被制度性反思话语剥夺了。当下情感研究不仅产生了如情感劳动及其情感规则等一系列较为正式、固定的议题，同时在现代性流动特质影响下，也产生了非正式的开放研究议题。

　　所以，从前面有关情感研究的相关概念反思上看，情感劳动本身不仅带有反思现代性的制度化固囿，将整个研究置入传统与当下变迁的对立，将后工业社会的变迁论调与情感研究进行对应，从而造成就"资本"而言情感资本化的狭隘视野。而且，这种历史分期的类型化处理，也使得她无视早期马克思劳动异化传统，并没有发现自身带有青年马克思形上日常生活批判的缺点，始终难以摆脱微分—关系性研究的制度化语境，以至于无法将以"相对于现在"的过去时间观来挖掘历史中的"中断性"话语。这对情商这一以通过表面主体自我的引生性情感管理概念来说，正是这项制度化反思性情感研究的经典。此时二元性问题通过结构对个体的涵摄性操控而得以消解，进而造成情感解放的幻觉。这亦如埃利亚斯所称的个体化社会之封闭自我的复现，日常生活语境在此依旧不能很好地与历史视角融通。进一步地说，采取何种时间观下的关系性视角来反思个人作为情感研究定向，成了问题的关键。

　　回顾情感社会学发展，自20世纪80年代情感社会学创立以来，研究大体上分为建构主义与实证主义。前者倾向于通过将情感信号与文化环境予以对照，以内外向度的情感规则方式进行普遍化解释。但与其对手实证主义所持的进化论观点一样，忽视了社会关系及特定情境的形塑作用，因为情感信号的习得及被呈现是以特定情景为条件的，这就意味着情感行为并不总是能遵守感知规则。有时候人们并不能制止他们去拥有那些不应有的感知，因为这种自发性情感的体验是基于他们的关系情景。[①] 情感行动（emotive action）发生前并未预设（pre-exist）有任何可

---

① Ian Burkitt, "Social Relationships and Emotions", *Sociology*, Vol. 31, No. 1, 1997.

供解释的情感来解释行动本身。① 当人们用一种主客二元视角分析情感时，分析本身就失去了情感的维度。对此，肯普尔（Kemper）从社会结构角度对此提出质疑，当文化惯例要求我们在葬礼上悲伤时，但如果死者是我们的敌人或者野蛮的政治暴君，我们还会像文化普遍指示那样去感受吗？② 因此，情感研究在视角选择上，从被反思现代性理论吸纳时就逐渐偏离情感栖居地——社会关系，继而情感被看作非关系性的，在外部施加下的知识性反馈表现，一种现代性后果。

那么，关系性（relationality）应是情感研究的关键。但可以肯定，这将不是吉登斯结构化理论中依附外在客体权力关系，并以能知性作为基础的微分关系性视角。它应是对基于情感所生发的当刻之"现在"观照的同时，亦需要将视野投入脱离"现在"话语母体的过去，那么，两种的结合似乎可通过类似布迪厄的惯习来做理解。惯习本身即具有对"过去"积分时间观的延续性，通过身体的经验进行累计，同时也有基本当下瞬时偶然之所在的"现在"性。所以，在具体的关系纽带中，个人间的关系就不能像吉登斯所指认的个人那样具有一贯的理性自我的强力性特质，毋宁说是基于主体间性（inter-subjectivity）的非连续性产物。③ 进而它就不能被定义为外在生物或内在心理这种二元框架下的产物，而"作为标准恰切的情感呈现而应是社会建构的"④。所以，在情感关系性视域下，更像一种基于个体的身体技术（bodily techniques）的习得。这种情感的身体技术就是从早年婴儿出生起就通过社会关系的具体环境逐渐灌输到婴儿的情感模式中，其后的一系列反馈正是这种身体技术的结果。总而言之，情感分析离不开生理基础，社会互动下他人

① Ian Burkitt, "Social Relationships and Emotions", *Sociology*, Vol. 31, No. 1, 1997.

② Kemper, "Social Constructionist and Positivist Approaches to the Sociology of Emotions", *America Journal of Sociology*, Vol. 87, No. 2, 1981.

③ Elliott, A., *Subject to Ourselves: Social Theory, Psychoanalysis and Post-modernity*, Boulder, CO: Paradigm, 2002.

④ Averill, J. R., "An Analysis of Psychophysiological Symbolism and its Influence Theories of Emotion", in R. Harré and W. G. Parrot, eds., *The Emotions: Social, Cultural and Biological Dimensions*, pp. 204 – 28. London: Sage, 1996, p. 217.

与自己交往所形成的社会关系一并作为情境力量塑造着情感行为，因此，纯粹感知（sensation）层面的生理性情感，或如某项情感规则下的情感认知，都是对情感社会关系维度的反思性致盲。

综上所述，当代情感研究的发展脉络大体上从对强制正式的情感分析逐渐向对非正式化的内在引生性的视域转换。不管如何变化，这一趋势的转向背后所内含的是一种基于时代变迁逻辑的理性话语，这亦如吉登斯的微分—权力关系下的能动证成论说，对于主体能动的理性话语总是随着时间的变迁而不断形变着，继而从情感研究具体议题中发生变化，如此才让人有种难以捕获其本质的困难。日常生活中的人不仅是单纯关系性的人，还需要对"相对于现在的过去历史观"，即历史发展视野下对不同于"现在"的具中断性、创造性的过去的历史观，这样才有可能突破纯粹关系性视野及其制度化智识主导的主体能动证成的话语，跳离出制度化反思框架，对个人的主体性及其能动予以观照，进而反思情感研究。

下面将围绕结构主题展开的日常生活之形上"沉思"与晚期现代性的形而下制度化反思及其情感研究理论做一个总结，并就反思性自我与时间观的关系整合问题进一步讨论，为具体情感研究提供理论上的反思定向。

第四节　时间、自我与社会：情感的人文反思意涵

统观上面几个章节，以日常生活与历史两者关系的变迁为参照，不管是以发端于青年马克思形上的主体性情感研究反思，还是以吉登斯基于形而下微分—关系权力的制度化思考，都无不带有西方传统理性逻辑，主体性问题始终难以得到圆满的解决。基于社会学史意义上的考察，这一理性脉络逐渐捕获，究其根本，即在于主体性—能动与历史—时间观两者如何恰切地融通问题。所以，在反对实证主义"均值人"的方法论意象设定时，西方马克思的形上文化批判路径并没能将日常生

活真正化为理解人之主体性继而反思情感问题研究的关键。在晚期现代性语境下，吉登斯为代表的制度化反思也并没能走出理性的固囿，即使他以一种关系性的理路来尝试解决实证与日常形而上学的困境，其以绝对化的方式来突出权力互动的主体，本身就是对历史时间观的特定建构。那么，不管是形上日常生活文化批判，抑或形而下的制度化智识性反思，都无视了历史时间，更恰切地说基于"过去"的重构性意味。那么，如何进行时间观与自我的反思融通成为关键。以下通过可变性与不可变性、共时性与历时性大致标准分析几种西方经典时间观。

一　从永恒化、封闭化到相对开放的社会时间观厘定

第一种可称作永恒排列的时间观，这一时间观在社会秩序不变的基础上展开。秩序原则是在无时间、无空间的永恒意义上呈现自己。追溯其历史根源，可以在古希腊的巴门尼德以及柏拉图那里找到。具体来说，这一时间观秉持着类似"理念说"的要义，时间变迁是永恒规则下的"排列"或"结合"①，即时间本身不能有效地反映作为本体规则的完美性。在巴门尼德看来，时间的附属性使得现实从不存在过，也将永远不会再现，因为现实即现在，完全是现在的状况。"现实既不是过去，也不是未来，因为现实完全就是现在，而且会一直如此。"②进一步说，在此观念下，社会秩序问题研究是独立于时间之外的。永恒时间观随着其在希腊文明中的主流地位，继而被传承开去，西方思想传统基本上都带有这一观念的深刻影响。

如文艺复兴时期后期，笛卡尔的理性人文世界观认为时间的流逝没有任何意义，一切可从空间推导出来。20世纪的结构主义亦通过无意识的普遍理性规则预设而秉持无时间的逻辑。就西方马克思的文

---

① S. Toulmin, J. Goodfield, *The Discovery of Time*, Chicago, The University of Chicago Press, 1982, pp. 38 – 54.

② L. Taran, *Parmenides: A Text with Translation, Commentary, and Critical Essays*, New Jersey, Princeton University Press, 1965, p. 82.

化批判传统来说，以本真—异化的二元对立思想本身就预设了一项基于永恒非异化的状态。所以，日常生活的形上反思并没能将自我投入可将社会秩序与时间相关的有机联系。虽然他们从哲学人类学的存有高度将人从结构分析中重新提拔出来，但无疑此时的人仍然是抽象的、先验的，以至于后期西方马克思主义所提倡的基于超现实主义无意识下的日常生活艺术政治性的解放理念实为一种乌托邦。这对在如今消费时代亦有狂欢意味而缺乏相对集体认同的社会条件来说尤其如此。进一步地，霍赫希尔德情感劳动下的异化内涵也带有这种抽象的形上指涉，其文化建构主义带有很大的阐释局限。①

　　第二种是封闭的时间观。这一观念认为，社会秩序并非脱离于时间之中，其核心是在时间上，对社会现象与秩序的考察则依靠对时间的考察，这就不同于永恒时间观对时间本身的拒斥，进而将社会现象的探讨抛离于时间外。不过，封闭的时间观虽然在某种程度上强调了时间的重要性，但它对待时间却是以一种线性的方式，即社会秩序在时间中是变动不居的，通过对延绵不绝的时间变迁得以"单向整体"的形式把握。后来，福柯将它描述为"进化的时间"——一种序列新的、有指向性的、累积性的社会时间："'进步'的字眼表达的是一种进化。"② 有关过去的未来与未来的过去并未分离。进而他把它看成一种新的规训技巧。由此，依附线性时间中的社会秩序考察是此一理念的关键，进而延伸出类似"历史决定论""未来目的论"等的历史观。

　　从西方思想史角度看，这一理论亦有一定的地位，如古希腊的埃斯库罗斯历史理论，伊奥尼亚学派的宇宙论都认为历史进程是一种逐渐累积的

---

　　① 所以，荷兰社会学家 Cas Wouters 即通过历史性的视角指出霍氏理论之本真性的预设及她在《心灵整饰——情感商业化》中未就20世纪60年代后出现的 speed-up 阶段即廉价航空出现给予充分的考察，因为廉价航空的出现本身即是一种阶级流动与市场商业化调整的反映。这样情感劳动下的心灵异化，是否需要具体的历时性限定呢？又如，她将卢梭的野人之自然状态与当今资本商业化的服务人员比照，这亦有脱离语境之嫌。

　　② M. Foucault, *Discipline and Punishment : The Birth of the Prism*, Harmondsworth, Penguin, 1979, p. 161.

过程，其指向从一开始便是决定了的。在西方启蒙之光的照射下，诸如康德、孔多赛、赫尔德为先驱的历史哲学都有对连续性及递增的阐释。19 世纪后实证哲学的兴起，孔德的社会动力学说将社会划分为神学、形而上学、实证主义三个发展阶段。就本书的关涉主题个人主体性问题而言，实证主义内含的现象主义即有在永恒秩序下寻求社会整合的企图，帕森斯结构功能分析模式变量的二元学说以及默顿有关①隐性功能的探查，无不隐藏这一封闭历史观语境。在此，时间的流逝没有创造新的秩序，也没有为新事物或突现性事物的出现提供空间，继而因个体自我证成是通过新事物的接纳与创造而可能，在这种固定秩序下，个体能动反思性也降低了。所以，这一历史观下的情感研究以一种脱离时间类似帕森斯分析实在的角度得以解析，成就理论应然加诸现实实然的理性话语。

第三种则是理想的相对开放时间观。可以说，前两种时间观在西方思想传统中占据重要的主流地位，此种时间观则相对边缘。具体来说，不同于前两者对社会秩序固定、僵化的设定，它认为虽然社会秩序也存在时间中，但却会发生变化。这既是基于"现在"的一种相对较为开放的时间观，"每个现在都可能把过去与未来分开，即现在的未来和未来的现在可以分离"②。

在西学语境中，古希腊的索福克勒斯即持有相关的时间观，虽然迅速地被巴门尼德与柏拉图的永恒时间观取代。诸如伯格森便用直觉来代替本能与智力。美国实用主义学者则用时间化方法来解读达尔文的进化论思想，认为一个新事物的出现都为现在提供了重构的契机，过去作为"现在"的变迁结果亦在不断发生变化。那么，过去与现在是可以相互

---

① 默顿对隐性功能的考察可谓对帕森斯结构功能主义学说的批判改进，但是他仍然摆脱不了共时分析的弊端。当他对基于"现在"的科学研究角度来理解"过去"的现象之异常时，他是站在无视过去具"中断性"意义上的现在立场上的。但问题是，常人与科学家都具反思精神，更勿论这种反思思维在随时间变迁而发生变化了，进而他从自身即"科学家"的"现在"立场观察"具反思之常人"的"过去"是有问题的，或说这一立场只是社会事物分析的一个面向而已。

② 帕特里克·贝尔特：《时间、自我与社会存在》，陈生梅、摆玉萍译，北京师范大学出版社 2009 年版，第 7 页。

区分的，继而过去具有的中断性也能影响现在，而不至于将现在抛离于存在的混沌中。简言之，现在即是一个朝向未来目标和期望的起点。这样就跳出封闭时间观的固囿，而将新事物的发生与对人的认知冲击都予以接纳，将过去与现在进行了既分殊又共通融汇的尝试。

由此看来，这种相对开放的时间观在个人自我证成与反思中是更为恰当的。过去与现在（及其延伸出来的未来）不可偏废其中之一，否则就会造成封闭的决定论或吉登斯制度化反思的"现在"时间观（即现在中的过去历史观）的客体化局限。下面就进一步围绕吉登斯结构化理论的时间观（另类的以"开放的现在"姿态证成的封闭化时间观）进行审视，来厘定并提出相应的主体自我反思及情感研究的维度。

二　"过去的"重构：走向二阶的反思理路

要达成一种基于开放的时间观，首先要理解社会秩序（社会事物变迁）与时间的关系问题。从封闭的时间观及永恒的时间观两个维度看，社会秩序本身是不变的，只是时间维度在两者间以永恒序列下的"无意义"流溢与基于过去的决定论方式来被证成，相对应，开放的时间观需要将社会秩序从"过去"及其永恒的本真中超拔出来，才有可能继续讨论。这一达成径路中，吉登斯的结构化理论是链接时间观与自我反思与社会秩序有机关系探索的必要节点，其中的一大来源——常人方法论可为我们提供关于自我反思的解说前设。

先前有关实证论以及结构功能主义的时间观定位，基本上属于共时性的结构分析，两者都预设了社会秩序寄寓于一个带有类似"进化"的、指向性的规律本真，以"过去"为原点而考察当下的社会事物。也就是在封闭化的时间观里，封闭化指"过去"成为一切时间维度"现在""未来"的元点，继而社会问题研究就在于追溯历史，无限地往后推进，这正是福柯在《知识考古学》中所意在归类的。那么，结果便是以绝对"过去"生发的决定论或目的论路径指向。就此，常人方法论则通过对日常生活的反思面向进行观照，从而将有关过去"理所当然""习惯"行为拉入当下的日常生活境遇进行"现在"的分析。这不得不说是一种对封闭时间观的革新，即对"现在的过去"与"过去的现在"的分离尝试。

于是，初看起来，常人方法论者似乎有将这一封闭时间观进行破口的可能，即将隐性的习惯继续基于科学家立场的分析突出个人的索引性与反身性。但继续从时间观上看，常人方法论者的这种观察却没有将个体本身拉入重构的"现在""过去"中。也就是说，他们过于突出索引性与反身性，即只站在科学理性角度发掘了个体在日常生活中的习惯性"行动"本身，却没有就其中个体所具有的主体能动给予重视，"和帕森斯一样，仍关注社会秩序的再生"①。也就是说，加芬克尔"只是用社会生活的反思性来解释规范传统的持续存在性……人们能够并且进场地反思自己及其处境，但是这种反思能力只是朝着社会系统的再生方向发展"。日常生活中的索引性与反思性内含的即是悖谬地基于人们的反思来发起规则的遵循活动。质言之，常人方法论所引进的基于现在的反思仅停留在行动本身，而未就行动背后所具的习惯的索引性进行出离式反思，没有质疑行动之结构性特质的合法性。

如将这种基于行为表层的恰切性"现在"意义的反思看作反思的"一阶"，二阶反思就不应仅停留在表层而更应深入行动的内里结构，即将惯习"非理所当然化"。那么，与时间维度关联，如果一阶更多的是基于"理所当然"世界的结构与习惯反思，其时间观即纯粹的"现在"时间观，拒斥以关系性的姿态包容过去，继而将过去消弭。二阶反思则拒斥"理所当然"的世界，其反思的力度则直抵行动背后的结构存在，由此二阶反思更与理性、推理等相符应，于是就将"过去"从"现在"抽离出来。② 进一步看，一阶的习惯性索引下对应的是"接

---

① H. , Garfinkel, *Studies in Ethnomethodology*, New Jersey, Prentice Hall, 1967.

② 以学习外语为例。本国人学说母语基本上是基于一种习惯的层面，通过耳濡目染的"理所当然"意义而达成，这即是一阶反思之所在，并以基于当刻的经验流为媒介。异国人学习外语时，则需要掌握语言的语法规则，并不能信手拈来，由此更以自我意识基础上的智识认知为基础。当然，两者会互相转换。当不断遇到新经验、新事物冲击时，一阶反思会逐步向二阶反思过渡，二阶反思阶段的人逐渐达到熟能生巧时，则会引生出习惯的一阶认知。

受性现在"，继而是"现在中的过去"组成的时间观维度，因为"现在"已然成为人们反思行为的绝对时间标准，而二阶则出离"现在"，它通过反思当下而将过去重新予以"重构化"，继而再塑为"对于现在的过去"以及反作用于"现在"时对应的"重构的现在"。因此，开放时间观及其反思的核心要义就是将习惯与自我意识两者接续。正是对往往只有在不断自我意识的运作下，基于习惯的一阶反思才有可能，两者本质上是相互联系的。常人方法论的一阶反思就与吉登斯结构化理论内含的制度化反思极其相似，由此我们可以通过二阶反思时间观来具体审视。

从上面有关常人方法论对日常生活中反思性的隐性结构考察，通过将反思本身进行层次分层，可以说从时间角度与反思继而自我的证成进行了链接。在吉登斯的结构化理论下，外向型的权力智识反思形态与微分的关系性时间的融合，大体上离不开反思的制度化色彩。据此在其微分—权力关系的视域下，主体能动施为部分被定为"现在"的时间观，进而"过去"本身则成了"现在"的俘虏，而"现在"却是变动不居的，以至于证成主体能动之创生性的新事物及非意图后果就被"现在"的当刻流变性所湮没，这样一来，主体无法通过新事物本身有多少的人文创造性特质，微分下的关系性已然将能动的创生性内涵提炼为外向之自我引生性特质。所以，就反思的性质而言，吉登斯的这一微分时间观下的反思更接近于一阶反思，即未对行为者行动背后的结构性及其合法性行为给予关注。即便出现能给予"当刻"自我以冲击的新事物，个体已然会将这一新事物通过"微分"的外部智识性权力熔炉予以融化消解。这正如库恩眼中的常态时期的科学家，即是遇到了许多以往解释不了的事物时，学者亦不会质疑原先的理论合法性，而仅停留在具体的解释路径对分析进行部分修正。

所以，突破这种制度化的微分时间观所支撑的自我反思路径，必须先从时间模式打开突破口，即莫扎里斯与阿切尔不同角度地从先验立场来对结构—能动予以理论预设。因而，长时段的分析就显得至关重要，因为长时段的分析将有可能把习惯与自我意识之间进行有机联系，前者所依附的微分当刻时段与后者之理性的思维绵延相融合，从而打断不断向前推进而反身性湮灭过去的"现在"。这正是将思维从一阶及其当刻时间观所对应的"理所当然"世界转向二阶之长时段下对反思结构本身的再次反思，这也将微分时间观下的"现在"中的"过去"（即被习惯所湮没），与"接受性的现在"（即拒斥非意图结果及体验的中断性）转向"对于现在"的"过去"与"重构现在"的时间观所组成的历史之维的可能路径。

在情感研究及其反思意义上，一阶反思下的情感研究仅是从情感的表层进行阐释，不管是情感劳动还是情商理论，无不是就所谓"后工业"时代下的新兴情感现象引入既定的制度化反思。从二阶反思意义上，这种尝试虽然突破了早前理性对情感的压迫话语并将情感研究的重要性予以揭示，但这种类似以"开放"姿态来包容"情感"的努力却有将情感本身进行制度化限定的可能，不管是文化建构主义还是实证主义都难以避免。正如此，霍赫希尔德才无视传统批判理论的形上劳动异化，将其"当下"的新现象与"过去"的系谱相区分。沿着这一制度化的情感反思理论，这一理性话语必然逐渐从一阶制度化反思向二阶的反思过渡，才有了基于内生性、开放的情商理论话语。

通过诸如布迪厄、埃利亚斯、福柯等人对历史与日常生活的关系态度，关系性本身却可能成为接续过去与现在、身体与情感的线索，此即基于身体与经验的惯习技术的情感反思理论。由此，从早期情感与理性相互分离的认知状态（尤以后者对前者的压迫抑制为甚）来看，从二阶的"重构现在的"历史观来分析，这种二元分离的理性话语将继续发生形变。这就需要我们将目光投入个体性/化作为社会主流发展趋势的社会条件，进行新的批判现代性的"重识社会学想象力"的努力。

第五章　当代情感研究的反思定向：
从当代个体化进程说起

　　前文围绕"结构"线索以人作为主体能动的定位及情感研究的反思，从日常生活的视角来展开。正是在对待时间的不同历史观下，塑造了不同社会理论中主体样态与情感研究议题的形变。偏向永恒时间观下的日常生活之形上理路，让情感研究有了不同于资本自由主义"均值人"的基底。从青年马克思、西美尔、本雅明及列斐伏尔、德波尔等人的日常生活理路上考察，虽然他们仍然难以走出社会秩序下的"解放政治"的阴影，但有关正负情愫交融的人类学意涵被发掘出来，即作为一种理性的对抗，一方被赋予了社会起源的神圣意味，这着实为后面理解社会之个体化发展趋势提供了理论启示。

　　当进入日常生活之形而下的制度化解读时，立于洛克伍德结构之双项整合的思想则被贝克、吉登斯所发扬。此时，微分—权力关系的时间观让日常生活之形上体悟有了接近实证的可能性，将永恒的时间观与以"线性"的过去决定论式的历史观转化为"接受性"的现在观。但似乎问题仍未得到圆满解决，这即如常人方法论者所共同拥有的反思性局限——基于行为本身的制度化表征自反思维，以过犹不及的方式拒斥了"过去"作为一种当下反思性历史模式的可能。由此针对形而下的制度化反思只是停留在一阶意义上的自我话语指涉与证成而已。

　　由此，情感研究需要从反思性的历史观，将"过去"与"现在"以分离的方式进行融汇。如将从马克思、西美尔、贝克再到吉登斯等的主体看作外控持具（possessive individuality）个人理念下的反思语境内涵，就需要重新反思这一个体性内含的历史发生及其发展定位，因为正如有关日常生活学派就个体消费行为及其批判所略微提及的，持具个人的理论语境及形上、制度化反思，将遭受个体化时代下诸如消费主题的反转。这是作为当今情感研究不可避免的难点与重思社会学想象力的必要条件。

第一节　个体化：作为个体自我证成的背反逻辑进程

一　外控持具的个体化社会发生

按照西方哲学人类学的思想脉络，尤其是在现代化进程中，社会思想基本是按照"持具个人"（possessive individuality）的外控型理论范式发展的，因为"环绕着身体意即以生理感官的直觉感受效果为基础，而对芸芸众生而言，没有任何其他的东西，比感官之本能性的直接感受，来得更素朴、更实在而直接了"①。以霍布斯、弗洛伊德、马克思等人为代表，西方现代思想史大抵上都沿着以人的自然本性为前提进而达致思想的理性撑张。② 因应这一现代社会思想史的理路，于社会历史发展面向，资本主义机器大生产更是将个体推向启蒙理性之光照耀下的光明大道，进步的现实与理念相互符应。此时，个体得以通过理念与现实的基于生理性意义的欲望逻辑得以证成，就此延伸出以持具性质之私有制及特定伦理道德状况的合法化路径。如此，一方面，工业革命促使社会生产力发展及分工，从而使个体愈趋分化；另一方面，正是个体性

---

① 叶启政：《迈向修养社会学》，台北：三民书局 2008 年版，第 99 页。
② 诸如霍布斯基于身体生理性而对人性之平等与自我保存的预设，以机械论唯物的方式将人的欲望冲动分为内外源行动，以欲望为基底成其社会契约论的根本。亦如弗洛伊德通过生物性的无意识性冲动，以俄狄浦斯情结及文明进程中个体正负情愫交融状态展开其后期的文明动力说。马克思则站在"使用价值"的立场上，就资本自由主义的交换价值逻辑及劳动的商品化、异化现象予以批判。这是试图对资本主义"人性论"内涵的抄底，也是站立于持具个人基础上的解放政治诉求。

本身通过现实及理念的强化，个体就私有制的权力意识逐渐成为社会普遍意向。也就是说，在现代化进程下，资本自由主义通过生理性的外控持具为基础，个体以个体性作为社会普遍的集体意识的吊诡状况得以实现。

是故，在这一个体性逐渐成为社会集体意识形势下，围绕私有制之持具内涵的理论与现实斗争亦由此展开。此时，有关社会的现代性理论通过诸如失范、自杀、异化、法律等外控持具的现代性修辞得以建构，继而出现了以马克思代表的试图以"解放政治"的方式来对资本自由主义进行历史唯物批判。在工业化时代，这种"解放政治"方式闪透着个人欲望与自由发展的理念，所以不管是私有制还是共产制，它们都离不开外控持具的理论探讨范畴。根本上说，这是围绕以"生产"为社会发展主导面向的理念应然与现实实然所生发的结果。

如就此西学思想语境展开进一步历史时间观的反思探讨，诸如前面所提及的贝克、吉登斯亦应属于这一外控持具的范畴，即他们脱离不开"封闭的"历史时间观。如将中后期马克思的历史唯物思想看作持具个体对抗资本主义私有制的经典传统的话，那么搭架在"解放政治"这一持具个体平台上的就是围绕社会发展的线性历史观。纵使马克思多用辩证的方式来赋予历史以变化性，但大体上，从原始社会、封建社会、资本主义社会乃至共产主义社会的社会发展理论，却无疑是其后期科学社会主义理念下的蓝图。这与孔德就人类智识发展予以神学、形而上学、实证划分异曲同工。过去决定论与未来目的论的历史观念通过生产面向的社会逻辑得以延伸出来。

当吉登斯试图拒斥资本自由主义的社会结构对个体的压制建构二元性的微分—权力关系理论时，其"接受性现在"的时间观依然停留在沉重的外控持具的基础上，个人主体性证成依旧脱离不了"他者"阴影。不管是以"过去"为主导还是以"现在"为主导，历史在持具个体的现实与理念境遇下都呈现为封闭状态。坦白地说，尤其是在社会仍处于以经济生产为主导的发展阶段时，个体的感官欲望满足中，这种依附个体之生理、物质的思想极具诱惑性，以线性的或"现在"的时间观将自然很容易与之发生联系，此时思想亦停留在一阶反思的层次。不过，如将这一持具之现实与理念看作历史发展的特殊质性表达，以上便仅是个体化社会发展的一个阶段。"面对着以消费为主调之历史场景的来临，尤其具引诱与满足特质之个体化的结构形态日益形成而着装，人类所经历的，或许与往昔是不一样了。"① 或许正是社会逐渐步入消费为主导面向的阶段时，消费的即时性逻辑打破了之前持具个人的"线性"逻辑，进而将之收纳而吊诡地以共谋方式将"个体"树立起来。这进一步强化了孕育于生产主导时代的以个体作为集体意识的理论境遇。

二　面向日常生活逻辑的个体化境遇

如果说以持具个人之哲学人类学的个体性话语最显著特征是将个人主体性与诸如欲望、权力、认同、异化等宏大叙事相关联的话，那么当社会进入以"消费"为主导的社会时，这种依附外控持具的个体性话语也会发生性质及其范畴的变动。也就是说，在依附以资本自由主义主导下，"经过三个多世纪的折冲，以充分证成个体性作为形塑社会结构的原则，终于导致个体性逐渐饱和，呈现出'过度肥肿'的现象，体现在以消费（特别是象征符号消费）为导向的当代社会里，显然特别突出……这是一个总是为个体留下无数空间的时代——禁欲主义与纵欲主义秉性，剥削与施恩比邻而居，宠溺与尊重仅是一丘之貉，同性恋者可以从横于异性恋者之中却显得自由自在"②。也就是说，先前与制度相依而生发的个体性持具话语限度此时就须破口，消费社会导向的是个体欲望满足，将相对不定的以"过去"线性历史生产维度转向"现在的"即刻性满足。这既是社会事实的时间观转变，又是个人主体本身

---

① 叶启政：《迈向修养社会学》，台北：三民书局2008年版，第105页。
② 叶启政：《象征交换与正负情愫交融：一项后现代现象的透析》，台北：远流出版公司2013年版，第146—147页。

不断随个体化深入而有了不同于制度化的个体性证成。那么，如何对待这一新社会境遇下的个体化状况呢？从社会与个体关系角度看，这需要我们重新回到反思性问题上，以学者对反身性/自反的定义的比照为消费导向的个体性特质提供索引。

沿着现代化发展路径，以晚期现代性下的自反/反身现代化理论为背景，贝克、吉登斯的持具个人为特点的自反现代化理论应是其中的代表。总的来说，所谓的反身性（reflexivity），对贝克以及吉登斯来说，"特别地反映在专家知识对现代化过程中的种种矛盾、吊诡结果的反思上面。它带来了所谓的公共性，并形塑了所谓具反身性的公民（reflexive citizens），为社会孕生了一种辩论文化"①。也就是说，贝克与吉登斯对反身性的问题讨论延续了他们有关现代性之制度化反思的路径，将基于个体应对外界不断流变状况的智识反思当作公共领域个体间互动的存在。问题是，这种持具个体而依靠外在的智识指涉有很大的缺陷。当社会转向消费逻辑的欲望满足时，此时物质生产的一面将退居先前的主导层次，这在二阶反思意味上亦是如此。主体还有诸多不同于外在制度化的维度。

正如布迪厄指出的，"反身性其实可以指涉对任何未思及的范畴进行有系统的披露功夫，而此一未思及范畴往往是让我们产生更多自我意识之实践的前提条件"②。那么，除了一阶制度化反思下的结构表征范畴外，剩下的就是诸如日常生活的结构内里了。继而布迪厄认为，"反身性是透过人们分享的实践以成就证据（evidence），是一种诠释图示性质的取向"③。这显然不是贝克、吉登斯所强调的针对社会结构反思

①　参见 Giddens. A. , *The Consequences of Modernity*, *Cambridge*, England：Polity Press, 1990；Giddens. A. , *Modernity and Self-identity*, Cambridge, England：Polity Press, 1991；Beck-Ulrich, *Risk Society*：*Towards a New Modernity*, London：Sage, 1992。

②　参见 Bourdieu Pierre & Loic J. D. Wacquant, *an Invitation to Reflexive Sociology*, Chicago, Ill. The University of Chicago Press, 1992。

③　Lash, "Reflexivity and Its Doubles：Structure, Aesthetics, Community", in Ulrich Beck. Anthony Giddenss & Scott Lash, eds. *Reflexive Modernization*：*Politics*, *Tradition and Aesthetics in the Modern Social Order*, Cambridge. England：Polity Press, 1994, p. 156.

的反身性，也不是弗洛伊德所论意识未及的东西，而是基于主体意识的诠释性关系。所以，在布迪厄那里，所谓的惯习及其场域不能以分类范畴来呈现，进而他把"人作为一个知晓者直接安顿于生活世界里头"①。由此，通过个体的反身性推及个体性及个体化证成的论域时，以主体经验下的日常生活世界应是后两者存在的关键阵地，因为这符应了对应外控持具制度化之生产面向朝个体本身欲望满足的消费面向转变的现实趋势。

结合主体反身性问题的性质与范畴转变，个体化在延续先前资本自由主义作为集体意识之个体化的理路下，个体与集体/社会的关系将以极其隐蔽的吊诡方式展现。正是日常生活逻辑下，原先持具个人的制度化叙述被倾向个体内在的审美、诠释性空间所软化了，继而随个体性的变化，原先依附坚硬外表的制度化权力关系则以更加绵密的技术形式出现。这是福柯所指认的权力作为关系形式通过技术治理的手段重新加诸到主体身上，个体化是这一权力施及的路径。这样一来，相较以前，权力的施及范畴已无比细微深入，对此思想就不应停留在制度意义上（一阶），而更应在功能形式的结构性、反思性上下功夫。此时，每个人都试图以个人的自由选择与意志来试图成就心中的"自我"，但却又不能脱离权力的固囿。"它不是把具例外特质的异质性以通约方式架设在具例行化的同质性上面，而是把某种特定的例行同质性以例外的异质性作为前提来予以证成。"② 这是个体化的迷思，所有的共识问题仅是以某种力道表现在原先的制度结构的抽象形式上，而非特殊文化内容的具体行为模式上。

由此，在反身性之日常生活面向的拓展下，个体性本身展现了更加柔软暧昧却又无微不至的面向。更重要的是，这一进程下所撑张开来的

---

① Lash, "Reflexivity and Its Doubles: Structure, Aesthetics, Community", in Ulrich Beck. Anthony Giddenss & Scott Lash, eds. *Reflexive Modernization: Politics, Tradition and Aesthetics in the Modern Social Order*, Cambridge. England: Polity Press, 1994, p. 156.

② 叶启政：《迈向修养社会学》，台北：三民书局 2008 年版，第 114 页。

个体化本身的时间观也得到相应的扭转。这在其对应的消费现象中尤其明显。因为伴随物质的极大丰富，过往以生产面向下使用价值＆交换价值的线性社会运作将受到以大众媒体为中介的符码逻辑的取代，事物能指与所指之间就将以不定的飘荡方式呈现，进而工具理性借助这一运作方式渗透进由广告等内涵符码的消费中。由此在消费时代的符码逻辑下，注重"现在"的时间观就会取代以政治经济为依托的生产面向的工业社会之"过去观"。也就是说，"身处于以符号消费为导向的后现代场景里，飘荡符号的消费代表的是不断耗尽，一切只存在于当下此刻的'现在'，既没有过去，也没有未来，更不需要积累，'历史'因此不见了"[①]。如此消费的欲望证成的消耗逻辑取代了生产下持具占有逻辑，这就是现在观对过去观的吸纳，即持具个人被收编了。

　　当社会逐渐步入消费时代，个体本身就将呈现与以制度化外控持具逻辑不同的符码境遇，相对应，权力本身亦跳出固化的外化智识范畴，以微细血管的弥散形式，以一种抽象的无形力道作用于其中的个体。个体在社会中的关系性本身是一种受控的状态，但正是消费行为的欲望满足让持具本身得到极大的实现可能，从而现在时间观取代了持具个体的封闭时间观。当贝克、吉登斯不断用制度化反身性理念进行个体化进程分析时，就将在一阶的非结构性反思意义上不自觉地与消费时代下的权力操控逻辑共谋。可以说，只有通过二阶反思，将持具个体性本身看作特定历史下的发展阶段，才有可能跳出生产面向之封闭历史观的视野，进而对消费逻辑下的现在时间观的诱惑有所觉察（对持具个体性面向），个体化进程也随着社会主导逻辑的变化而受影响。那么，在这一不同于西学传统的社会发展进程下，有关情感的研究自然就需要反思。不同于先前情感劳动与情商理论内含的非正式化研究趋势所指涉的层面（一阶），可以说，消费时代下的个体化进程之符码逻辑与初民社会中的象征交换及正负情愫交融的状况有很大相似性，这更需要回到初民社

---

　　①　叶启政：《象征交换与正负情愫交融：一项后现代现象的透析》，台北：远流出版公司2013年版，第166页。

会有关象征交换与正负情愫交融的哲学人类学发生语境下考察，以做更好的比照，为拓展当下情感研究的社会学想象力提供基础。

三　象征交换与正负情愫交融的历史嬗变

从持具个人向以消费时代的个体化符码逻辑转向，个体化社会经历了不同于西学传统的个体与社会的制度化结构指涉，其中的理性的操持话语亦从一种强力的宏大叙事转向难以觉察的隐性呓语。就此，原先作为非理性存在的情感自然会随着这一现实变迁受到影响。谈及日常生活形上层面时，就现代性境遇下的正负情愫略作过提点。如果说文明的发源来自类似人类学意义的宗教仪式活动内含的象征交换及其正负情愫交融状态，那么，以正负情愫作为非理性参照进行历史考察就将为延伸文明发生、发展线索下的个体化社会境遇中的情感研究提供线索。下面就从初民社会的象征交换与正负情愫交融的文明发生为起始切入，为当代个体化提供比照与解读基础。

在西方社会理论家那里，初民社会中的象征交换活动一直承载着社会、文明发生的机制。最典型的即涂尔干的宗教社会学思想。他认为在初民社会中，象征交换是作为不同于现代社会理性交换行为的活动，在诸如礼物交换的非功利纯粹交换的功能性活动指涉下，个体间通过社交及宗教仪式逐渐进入集体欢腾的状态，进而生发出集体意识，社会秩序正是在这一集体狂欢下得以产生的。也就是说，在此一非理性认知意识的活动下，个体会以类似非理性的"酒神精神"做行为内里，通过基于生理性的激情冲动而最终达成个体间具有共感共应的集体的神圣意识。

那么，这一文明发生机制中，内含的重要成分即情感，而其非理性的冲动力道就是所谓的曼纳（mana），通过曼纳而引生出激情，继而锻造理性及其神圣性。担负这一激情的中介便是类似集体欢腾下的仪式，正是仪式活动所内含的象征交换特质，打破了非此即彼的线性逻辑，并将不同的个体予以平准化，激情得到升华。平准化又将个体以平等的方式协调起来，以至引出社会秩序。因此，仪式就如一个门槛，一端是激情，另一端是集体意识、秩序，"宣示着神圣与世俗之间是断裂着，不可以任意逾越"①。人们需要通过"物"的形式（如神像、焚香、供品）等作为媒介，才能让内含曼纳力道的仪式及其象征性重构意义得以显灵。于是，在这一西方哲学人类学的预设下，文明的发生来源于生理性的冲动，通过非理性的激情而将个体平准化，最终证成社会文明秩序。可以说，这一过程就智识角度极为暧昧、模糊且吊诡。非理性的情感此时亦以非线性的正负情愫的形式呈现，如爱＆恨、欢乐＆悲痛、恐惧＆乐观等，都通过仪式的熔炉而被融汇成一道。对于身处其间体验的人来说，这一承载集体意识的情感欢腾自然不会有太大问题，更恰切地说不成问题。由此，当我们将目光转向现代化的路径发展时，内含逻辑一致性的理性必然会对这一暧昧的象征交换活动及正负情愫有所"提防"。这便是文明发生下正负情愫问题化的开始，也是其中时间观嬗变的开端。

依据初民社会中的象征交换特质，可以看到，这种跨越激情与理性的仪式活动并非线性的理性思维所能完整把握的，由此如从时间模式看，基本上这种对存在的越界式平准化与神圣化过程内含的是一种永恒时间观。这正如伊利亚德（Eliade）所指认的，象征交换活动如同宇宙世界里的空间（无时间指涉）活动，时间是循环的，无限地再生，进而构成一个定型的宇宙。现代性则是"一种有限的时间，两个非时间永久点间之片段的接续连接"②。也就是说，前者是无时间的，以类似永恒的基点作为存在的生发，后者则是有时间的，通过一种线性的时间观来撑张起整个理性思维的历史渐进。那么，从初民社会转向现代社会，这一时间观的变化便是从永恒向封闭的历史观（过去决定论）转变。这亦如前面章节提及的有关日常生活学派之形上"解放政治"与功能论、实证论者秉持的历史理念的关系。当理性逻辑通过封闭＆线

————————
① 伊利亚德：《圣与俗——宗教的本质》，杨素娥译，台北：桂冠图书公司2000年版，第75页。
② 同上书，第101—102页。

性的历史观而反转永恒时间观时，象征交换及其内里的正负情愫交融现
象就成为问题。

在弗洛伊德有关图腾与禁忌的思想中，所谓的精神官能症便是生发
自古老人类文明起源的共感共应的心理现象，最经典的便是俄狄浦斯情
结下对父亲这一角色爱恨交织的正负情愫交融状态的刻画。亦如鲍曼对
有关语言特质进行的分析，他认为语言的特征是对事物的赋名（na-
ming）与分类，只是在此基础上才能用来支持秩序，给予语言以意义。
当一件事物或事件被多重赋名分类时，语言便不能自证其本身的应用秩
序与意义自洽，产生失序现象，继而在心理上产生正负情愫交融的感
受。所以，就理性的一致性逻辑来看，"正负情愫交融即是力求符合透
明的生产过程所留下的有毒垃圾副产品，需要予以根除"①。若要化解
这一现象，"就需要致力于更多的分类工作"②。自启蒙理性成为科学主
义的内涵进而被广泛接受时，理性内涵的逻辑一致性要求便让正负情愫
交融这一"非理性"、非线性的情感体验的存在相形见绌，以至于使其
原先处于神圣的、非质疑的地位越发受到理性的怀疑与不满。是故，这
一以有限的封闭时间取代了宇宙之"无限"、扩展之永恒。"无论就源
起或当今现实状况（后现代场景）来看，知识的不完整性顶多只是理
解正负情愫交融之一个具历史—文化意涵的前置背景条件而已，特别就
启蒙理性文化机制所展衍的历史质性来看，情形更是如此。"③

从初民社会到现代社会，如果说持具个人的外控型思想模式与启蒙理
性耦合，从而将非理性、永恒规律存续的正负情愫交融现象抛离于人文之
本真境遇，并压制其非理性使之问题化，那么就个体性及其个体化问题分
析的，在以消费为导向的个体化时代，理性对于非理性的作用此时就不像
之前那么刚强、外控与强制了。此时工具理性与日常生活逻辑一道以"异

---

① Bauman Zygmunt, *Modernity and Ambivalence*, Cambridge, England: Polity Press, pp. 1, 3.
② Ibid. .
③ 叶启政：《象征交换与正负情愫交融：一项后现代现象的透析》，台北：远流出版公司
2013 年版，第 95 页。

质性"的同质性形式话语将正负情愫交融问题消解了，似乎在个体化时代下，消费成了个体本身自我证成的关键通道，一并呈现出类似初民时代的集体狂欢特质。依据鲍德里亚对有关消费现象的论述，消费导向的社会中，消费本身就是一种诱惑，支撑起整个消费现象的是不同于以往生产时代线性观的符码逻辑。简单地说，伴随以大众媒体对纷乱繁芜的符码推及，原先固定的能指与所指开始发生分离，飘荡的符码与虚幻的想象共谋，进而依存于特定伦理道德关系的羁绊愈趋消解，个体受到大量消费符码的诱惑。这一诱惑又确乎是非实体指涉的。主体感就在这一欢娱的虚无感中，被一次次地、脆弱地拉出来，逐渐消失殆尽。

　　初看起来，消费社会下，符码的非线性逻辑与围绕主体的情感激励、悦动，似乎与初民社会的象征交换与非理性情感现象相符应，个体性也一次次在消费的自我满足下得以证成，只是符码取代了原先的仪式而已。问题是真的如此简单吗？回到有关个体化时代主体性问题来看，如果说初民社会中的象征交换内含一种奠基于永恒规律下的抽象时间观，并指向集体意识与秩序维系，那么，消费时代下的时间观则完全抛弃了终极规律的指涉可能，而将目光完全投注于"当下"。当这种当下的"现在观"与世俗的欲望满足达成一致协定，并通过原先历史的持具个体性问题予以进一步对照时，一种吊诡的和谐局面出现了，消费之"现在"时间观吸纳了生产之封闭"过去"历史观。如此，秩序问题从一开始被消解了，以至不成问题。身处其中的个体越发自恋，情感越发脆弱与敏感，此时个体在不断消费刺激下，正负情愫交融现象再度降临，但却被内含理性的消费活动吸纳收编了，或说此时它已不像原先那样充满集体的炽热情愫，仅是被符码操控失去终极秩序而导向中空化的、"热烈的"冷酷现象。

　　综上所述，当个体化逐渐从外控持具个体性内涵向日常生活逻辑下的自恋主义心理学化转变时，主体性话语也随之从外向内转化。伴随个体化时代之理性话语的形式变迁，原先对非理性的情感问题也受到不同的定位。如果说初民社会非理性之正负情愫交融情感是文明的发生的重要动力，那么进入现代化之持具个人的个体化社会境遇时，情感就从文明的本体论意涵下降到理性的附属地位，乃至"异端"。当进入依附消费为主导的个体化时代时，理性则成为情感背后的"藏镜人"，通过鼓吹的形式将情感抬升，进而对其收编。也就是说，个体化时代对情感研究有了新的理论境遇，不仅对情感现象进行新一轮的操纵，也为我们反思社会学想象力提供了契机。

正如米尔斯"社会学的想象力"这一经典概念对现代美国精神情感状况所指涉的，似乎个体化时代下，这一普及概念又有了新的反思必要。在此基础上，传统西方基于非理性激情的文明发生"仪式"机制，也在现代性之后有了进一步话语重塑的空间，非理性与理性的关系也将在社会学想象力概念的澄清下逐渐展露出来。

第二节　"重识"社会学的想象力：跨越时空的历史解读与反思

社会学想象力作为社会学入门概念在当下可谓极为普及，但这其中却有抽象解读的一面。如从知识社会学角度看，它极具时空延展性，在古典社会学家那里即已通过方法论的内涵得以萌发。在现代社会学时期，米尔斯更是通过承继革新的再塑方式，将这一概念以批判性的反题形式提出。至少在方法论层次，社会学想象力的建构带有现代性话语局限，认清这一概念的"始终"，"想象"这一概念的发生将是接续前文个体化时代之主体性定位，并进一步就人类学视野下文明发生之非理性情感反思（揭露非理性的理性化狡计）于当代的状况考察是不可避免的。

一　米尔斯的界限：一个概念普及下的迷思

自 1959 年米尔斯发表其代表作《社会学的想象力》后，围绕着有关"社会学想象力"（sociological imagination）的学科方法论与理论反思议题开始成为后世学者争相讨论的热点，直至出版近半个世纪时就"已有 17 种语译本，并被国际社会学会（ISA）评为继韦伯《经济与社会》后最受欢迎的社会学著作"①。于 1964 年设立至今的年度"米尔斯奖"更是激励着那些通过融汇社会学想象力来研究社会问题的学者。可以说，就目前来看，社会学想象力作为一个重要的学科入门概念具备相当的普及性。② 尤有进之，它更经常被看作社会学的学科代名词，凡言及社会学者，必引"社会学想象力"注之。但相关疑虑也由此而来。就中国读者来说，对这一概念的理解似乎更多停留在其独特定义与方法论内涵上，并未触及其背后的建构语境及话语性质解读，似乎概念的普及性与批判性解读的相对缺失成为一对迷思。这不得不让人产生对这一普及性背后所带抽象解读局限的质疑。

如从知识社会学角度看，一个理论概念的提出必然带有特定时空下思想、文化内涵的意向指涉。米尔斯正是就战后美国以帕森斯为代表的宏大理论及拉扎斯菲尔德的抽象经验主义进行批判性回应提出社会学想象力概念的。由此，作为一个独具话语建构色彩的概念，社会学想象力的普及过程即带有富于美国"彼时彼地"性向诸如当代美国乃至转型中国"此时此地"理论认知的转变过程。质言之，随着时间的推移，它的普及性并非意味着概念内涵建构范式之效力普适性，普及现象本身亦有盲目之嫌。按照叶启政先生的观点，这就要求我们不仅从概念内涵上加以准确把握，更须深入西方思想语境对其要害进行批判性解读。③

---

① Brewer, J. D., "Imagining the Sociological Imagination: The Biographical Context of a Sociological Classic", *The British Journal of Sociology*, Vol. 55, No. 3, 2004.

② 作为一个学院的边缘人物与激进主义者，社会学想象力并没有在米尔斯生前得到重视，这多少也反映出对某一概念的认同受时代境遇影响。后世对之追捧继而普及，更是"他者"对其重新进行理论诠释与实践的结果。诸如其内含的现代性话语也成为近来学者所批评的着力点。

③ 社会学在中国本土的外忧内患下被引入，因而极具民族情感，也兼具实用与实证特性，这即符应了西方自然科学下的理性诉求。作为"边陲"地位的本土，经过多个世代基于身心结构意味上的外来文化熏陶，已然在本土化求索中很难简单地找到自足点，由此西方社会学理论上必须深入那些原本让人安逸舒适的实用科学话语体系，进行哲学人类学存有论意义上的反思，才可能捕获些许本土化之关键"分离点"。这对诸如"社会学想象力"等一系列概念的反思性话语解读也是如此。

是故，对于社会学想象力的理解应包含历史眼光（与"接受性现在"观决裂而具中断性），尤其在当下作为一个关键学科"大写"，不能因其普及性而忘了背后所不断特殊的建构境遇，以至于仅将其视作"特定人物"——米尔斯批判"特定学说"——宏大学说、抽象经验主义——下的抽象概念，进而陷入概念抽象追捧下对想象力本身理解的缺失，而应在概念的时空发展脉络予以反思性审视。综观社会学史，有关社会学想象力的观念早已在古典社会学家那边发端。下面从这一阶段有关的范式预设问题及方法论内涵的追溯开始，为社会学想象力的发生及反思提供历史基础。

二 重返经典："社会的"想象力的方法论诉求

社会学想象力的提出是对当时盛行于美国的结构功能主义学说批判的重要标志。一方面，如果说米尔斯特殊的理论境遇塑造了其锋芒的学术笔调与激进的学者姿态；另一方面，作为被当下学者誉为社会学的入门概念却极具历史延沿性。但通常意义上，有关实证与人文的范式划分即个体—社会、主观—客观二元对立传统，阻碍了古典社会学想象力的探索。所以，下面先就经典社会学研究范式的二元认知进行理论上的澄清，这也是对客观性问题予以重新审视的尝试。

（一）重新审视：传统二元认知范式的澄清

一般而言，自社会学诞生以来，实证主义与人文主义即开始作为划分社会学研究的两大对立范式而一直存在。就实证主义而言，这一范式本质承继以孔德所谓客观性、普遍性、真实性等实证精神和客观规律为目标，将社会学的合法性"建立在事实之上，其确认性得到普遍承认，能够应用假说手段把与之相关的一切基础事实结合起来"①。由此，社会学将自然科学之普遍客观性规律追求予以方法论上的总结，观察法、比较法、实验法等开始被用来研究社会问题。对人文主义范式，它则吸

---

① 昂惹勒·克勒默－马里埃蒂：《实证主义》，管震湖译，商务印书馆 2001 年版，第 8 页。

收新康德主义学派的历史主义视角，将追求事物本真的目光投入个人特殊性与主观意识中。"只要行动的个体赋予其行为一种主观意义，我们就称其行为为'行动'。只要其主观意义考虑到他人的行为，并且因此是指向其过程的，这种行动就是'社会的'。"① 也就是说，人文主义范式下，研究者将研究对象从外在的客体转向以个体行为背后的主观动机意义，力求通过移情的方式理解价值性问题，对社会中作为不同境遇与持有不同价值观个体做解释性理解。所以，两大范式至少表面上在古典时期就有很强的张力表现。这一对立发展的直接后果便是社会学理论危机话语的诞生。当众多学者发现实证旗帜下所谓的普遍的客观性规律无法得到很好检验时则开始拒斥它，认为实证主义无法像自然科学追求真理那般研究社会，继而宣布追求客观性的社会学理论危机来临。这虽包含着社会学理论自身反思成分，却也产生了误识，问题即是将实证研究对客观性规律的追求视作绝对意义上的，进而"将客观性与绝对的价值中立等同起来——而陷入'客观性认识的陷阱'"。似乎个体与社会关系的探讨因为某一方求真性失效而导致对另一方的偏狭，最终受到范式对立的限制，而陷入非此即彼的语境。

如果将目光投入客观性与方法论的反思视角，这里的危机其实并未发生，只是将客观性问题绝对化后造成的两种范式对立表象而已。后实证主义者指出，所谓追求客观性只是一种批评方法的客观性，它只存在于科学家之间相互沟通、自由批评的共同体内，正是"这个缘故，它在某种程度上依赖于使这种批评成为可能的整个一系列社会和政治的环境"②。所以，实证主义对客观性的追求本身并不纯粹，也受社会关系视角的影响，站在绝对客观性立场批判实证范式是难以成立的。由此，社会学的范式差异更多体现在方法论而非认识论上，即"客观性目标本身是否有意义、是否值得追求，无论是实证的还是'理解的社会

---

① Weber, *Economy and Society*（Ⅰ）, Berkeley: University of California Press, 1968, p. 4.
② 吴小英：《社会学危机的涵义》，《社会学研究》1999 年第 1 期。

学'，都没有对一种意义上的客观性作为社会学的研究规范提出异议"①。两者都是对事物及现象背后因果规律不同方法论层面的把握，涉及的仅仅是对客观的可达到性（attaintablity）的工具性追求，这也是社会学作为一门非思辨学科的要义所在。

简言之，两大范式从古典社会学时代起就存在的所谓客观性张力并不是绝对的，个体与社会关系下主观—客观、宏观—微观的对立范式讨论，其背后都带有某种方法论意义上所共有的"社会的""社会性""亲和性"，进而不管社会学家被传统界定为属于哪个范式阵营，他们都有可能在不同的研究视角将社会运行看作内外相互关联的有机整体。

（二）内涵简析：古典社会学家的方法论本质

不管是实证主义还是人文主义，两者都浸透着有关"社会"的方法论探索。在社会学创立之初，社会学的合法化前提是一套看待社会的方法论，即社会如何构成，表现为何，采用何种方式研究更合理等，这就与以研究对象为划分学科界限的标准相区分。② 如彼得·伯格指出，"社会学家并非观察不为任何他人所知的现象。他是以一种与众不同的方式来观察同一现象"③，"社会学研究的动源不是心理学的而是方法论的"④。进一步说，"在社会学话语中，'社会'主要是作为一个名词而出现的……而'社会的'和'社会性'构成了社会学想象的基本内容，社会学家们赋予它的各种想象"⑤。所以，自社会学诞生以来，有关"社会的"方法论探索就极富想象力意涵，有关社会何以可能的秩序研

① 吴小英：《社会学危机的涵义》，《社会学研究》1999 年第 1 期。

② 社会学常有以研究对象"社会"作为与其他学科的区分标准，但问题正在于这种以实体性内容的概念来区分本身极易造成学科自身的争论。如果追溯社会这一概念，这一概念自然脱离不了现代性变迁语境，而对现代化进程多有指涉的相关社会科学如政治学、经济学等学科也会介入对社会的实体讨论，甚至将社会纳入自身的研究范畴，往极端发展便有诸如经济学帝国主义之虞。所以，关键不在就社会的构成因素等实体性内容的探讨，而因社会构成的原则，机制的研究才是社会学自立的基础。

③ 彼得·伯格：《与社会学同游》，何道宽译，北京大学出版社 2008 年版，第 40 页。

④ 同上书，第 44 页。

⑤ 肖瑛：《回到社会的社会学》，《社会》2006 年第 5 期。

究成为古典社会学家方法论内涵的集中表达。

在古典社会学三大家中，马克思已借助秩序问题研究建构起类似社会学想象力的操作方法。他认为，要认识一个思想的发生、内容与表现形式就需要放置在社会历史的背景下，通过人类自身生产活动与关系来理解，实践活动则作为具体而微的意义指涉存在。这正如他不满黑格尔"市民社会"思想中对个人的原子主义认识那样，个人并不是自满自足的、绝对的，和任何东西无关的，而是说个人的需要都会通过与他身外的其他事物与需要勾连起来。"正是自然的必然性、人的特性、利益把市民社会的成员联系起来。他们不是神类的利己主义者，而是利己主义的人。"① 进一步地，他通过批判自由资本主义内含的个体原子论的方式提出他在规范性意义上的社会思想，"对私有财产的积极扬弃，作为对人的生命的占有，是对一切异化的积极地扬弃，从而使人从宗教、家庭、国家等的向自己的人的存在即社会的存在的复归"②。在法国，创立了实证主义社会学的孔德也对社会进行了界定。在他看来，社会性即与集体主义等同，个人离不开社会关系，所以"实证精神最大可能地而且毫不费劲地拥有直接的社会性。单纯的人是不存在的，而存在的只可能是人类，因为无论从何种关系来看，我们整个发展都归功于社会。整个新哲学无论在实际生活或思辨生活中始终倾向于突出个人与全体的各个方面的联系，从而令人不知不觉地熟悉社会联系的亲密感；社会联系相应地延伸至一切时代、一切地方"③。在孔德看来，社会秩序问题便是在诸如家庭等基本社会单位难以维系社会关系纽带情况下造成的。虽然孔德提倡的实证更多地在理念、原则上发起社会秩序的研究，但自此对个人与社会关系考察也进入了新阶段。

在实证主义旗帜下，涂尔干社会团结研究也表达了类似"社会的"想象力意涵。回顾他的学说，初看起来社会在他视域中如冰冷的、强制

① 《马克思恩格斯全集》第 2 卷，人民出版社 1995 年版，第 154 页。
② 马克思：《1844 年经济学哲学手稿》，人民出版社 2000 年版，第 82 页。
③ 孔德：《论实证精神》，黄建华译，商务印书馆 1996 年版，第 52—53 页。

外在的客体存在，但我们仍可找到其社会有机团结的秩序维系作为社会与道德相关联的证据。当社会处于有机团结阶段时，个人普遍通过职业分工与功能依赖得以实现自由与需求的满足，此时正是社会道德形成的过程。"与人为善、公平待人、忠于职守、各尽其责、按劳取酬"的过程，就是我们朝着"一个统一的人类社会"目标靠拢的过程。① 最后，作为人文主义代表的韦伯，尽管其思想主观色彩最为强烈，但正如前面的客观性问题澄清，不管是集中社会事实还是个体主观理解都不过是一种方法策略的选择而已。"这种方法论的立场与把社会性当作集体性的本体论预设并不冲突。"② 对韦伯来说，社会关系在互动行为中得以产生，是个体彼此以可重复的主观性意图达成的相互指涉关系。当意义在互动中相对平稳地存在时，规则便产生了。当然，他指出这种相对固定的关系也可以是诸如国家地区、民族间的冲突关系。

综上所述，虽然存有实证与人文对客观探索的范式偏狭，但在讨论社会性之方法论问题上，个体与社会的关系仍能通过类似社会的/社会性的同构方式得以互为证成。从历时性角度看，现代化境遇下对社会秩序问题关注是古典社会学家确立关于"社会的"想象力意涵之根本，进而社会学的想象力能始终以不同形式的社会秩序研究得以发散。进一步地说，学理上的澄清，其背后亦包含对社会变迁的观照。正是在起承古典社会学思想基础上，米尔斯在其艰难的个人学术发展道路上逐渐构建起作为概念的社会学想象力。

三 时空历练：想象社会学想象力的发生前景

无疑地，在对社会秩序问题的关注下，社会学家通过"社会何以可能"的探索将"社会的"想象力提升为方法论意涵，同时也为从更深的时空延沿角度理解社会学想象力提供可能。也就是说，这里首先是对

---

① Emile Durkheim, *The Division of Labour in Society*, London: The Macmillan Press LTD, 1984, p. 337.

② 韦伯：《社会学的基本概念》，胡景北译，广西师范大学出版社 2005 年版，第 23 页。

不同范式所内含的理论预设进行澄清与视角融通为基础，来逐渐展开富有想象力的现实问题研究。同样，米尔斯正是在对当时流行社会思潮的回应与批评下，借助古典社会理论层面富有想象力的知识澄清而逐步搭建起他的想象力之理论工作模型（the working of model），进而对大众社会的权力分层研究就为社会学想象力概念的正式提出给予实证基础。社会学想象力作为"一种心灵品质（the quality of mind），即抓住人与社会、经历（biography）与历史、自我与社会之间的相互作用……"① 所以，社会学想象力的建构，一方面是受到经典思想中蕴含的想象力启发，另一方面则是它对具体社会问题实证研究而得以可能的。下面重点就米尔斯的理论基础与经验研究的三部曲为文本做具体阐释。

（一）社会学化的实用主义理论路径

有关米尔斯的思想研究肖像一般公认有两面，一面是他所承继的以杜威等人为代表的实用主义思想，另一面则是他试图通过整合韦伯的社会行为学说以解决两种马克思主义学说（主观主义与客观主义）的激进一面，两者互补，共同推进。但就前者而言，并没有受到学者重视，有学者指出，"与通常对他利用大量如马克思与韦伯等人有关经典问题导向（problem-focus）的社会理论的关注不同，只有对他最早期工作熟悉的人才会对其强调的社会学化的实用主义有所关注"② 。这里的社会学化实用主义便是米尔斯对实用主义改进基础上介入社会研究的重要基础与动力。

回顾米尔斯学术经历，早年他就受拉扎斯·菲尔德与默顿的赏识，求学于实用主义哲学重镇哥伦比亚大学，实用主义影响从他早期学术生涯就已开始。如就知识与行动的关系来说，"像杜威一样，他坚持经验（experience）中的冲突是社会探索的基础，进一步地在这一认知基础

---

① Mills C. Wright, *The Sociological Imagination*, New York: Oxford University Press, 2000, p. 4.

② Delanty, G. & Strydom, P., eds., *Philosophies of Social Science: The Classical and Contemporary Readings*, Milton Keynes, UK: Open University Press, 2003, p. 284.

上，知识发展也应通过其付诸行动的力量来予以评价"①。这里的经验
冲突考察与行动，其实就蕴含后来从方法论层次对个体困境关注的理
念。不过，米尔斯并没有简单停留于实用主义哲学视野，他认为就社会
的经济与政治权力运作机制而言，杜威并不能给予很好分析，"即没有
关注资本家利益、中产阶级消费文化及追求民主自由下冷漠的科层秩
序、个人的创造性、社会公平等，此所谓美国实用主义危机是也"②。
他认为要解决这一困境的办法便是，将"实用主义的基于个人经历与
行动的目光集中于公共生活中（public life），对权力与不平等的社会结
构以更具理论复杂性与批判性的姿态予以阐释"③。可以看出，实用主
义思想促使米尔斯尤为关注个体经历及其实际行动的影响一面，同时也
正因他不满实用主义过于个体化实用论证的偏见，他转向了社会的制度
视角。接下来，作为古典社会学三大家之一的韦伯，为他提供了具体嫁
接个体与社会两个维度的可能。

正如前面对古典社会学家范式类型学划分的澄清，个体与社会的关
系在具体社会问题研究中早已展露了两者互构共生的想象力度。米尔斯
也先见地通过继承韦伯的社会行动理论对当时流行两个马克思学说进行
批评性回应，尝试将两者有机融合，这很容易让我们看到他的理论建构
与发掘古典社会学阶段有关社会的想象力的亲缘性。具体而言，马克思
主义作为战后美国最重要的激进社会理论来源却在批判发声路径上存在
难以解决的困难。古尔德纳将它划分为"批判的"与"科学的"两种
取向，前者秉持黑格尔主义旗帜下的青年马克思唯名论传统，认定社会
问题都来源于个人的心灵与意识。后者则更多地将社会结构放置在个体
上面，以经济决定论的教条眼光看待社会运行，两者都以个人—社会、

① Iain Wilkinson, "With and Beyond Mills: Social Suffering and the Sociological Imagination", *Cultural Studies & Critical Methodologies*, Vol. 12, No. 3, 2012.

② West C., *The American Evasion of Philosophy: A Genealogy of Pragmatism*, Basingstoke, UK: Macmillan, 1989, pp. 124 – 138.

③ Iain Wilkinson, "With and Beyond Mills: Social Suffering and the Sociological Imagination", *Cultural Studies & Critical Methodologies*, Vol. 12, No. 3, 2012.

主观—客体等二元极端对立作为社会诊断的理论基础。对此，米尔斯借用韦伯社会行为理论来看待两者关系，认为"社会行为即意图指向他人的能相互期待且重复发生的行为，而社会结构便是由行为的特定类型化的结果，通过双方的主观期待不断互动，达到一种常规化，进一步地形成一种合法的秩序，最后这种秩序意识发展为一种信念（belief），社会规则的合法化便得以证成"①。用他的个性发展理论表达，个性（personality）可视作四个关键要素，即有机体（organism）、心灵结构（psychic structure）、角色扮演者（person）、性格结构（character structure）相互作用的结果。有机体作为生物容器，承载起结构性机制的运作，这为由感知、冲动等组成的心灵结构的形塑提供可能。以上原始生理要素会通过角色扮演中人的有动机的（motive）行动得以社会化转译，即通过角色这一制度化的他者期待的不断承担与满足推动自我意识的发展，最终形成勾连原始生物结构与社会制度秩序的性格。这看似简单的理论整合，却是他将早年的实用主义思想推向社会学维度后为打破传统二元思维的重要尝试。之后，米尔斯所发起的大众社会的权力结构分析与批判，可以看作这项理论路径的实证推进。

（二）迈向大众社会：社会学想象力的发散

在米尔斯看来，对一个社会的解读必然离不开那个时代的个体考察。那么，个体到社会之间该以何种方式予以关联呢？结合美国二战后军事、政治、经济的越发垄断与激进社会思潮此消彼长的形势，他以权力结构为核心对个体与社会进行视角融通尝试。处于这个权力结构分层中的，便是构成他权力分析三部曲中的主角：劳工领袖、白领精英、权力精英。

通过比对美国社会变迁，米尔斯发现，资本主义作为重要经济推动力，其经历了从自由主义到20世纪垄断资本主义的转变，随之而来的是各个社会阶层进入一种"紧缩"的生存状态，公共与私人的分界越发明显。就劳工阶层而言，在被他称作权力新贵的劳动领袖那里，他们

---

① Scimecca, J. A., "Payinghomage to the Father: C. Wright Mills and Radical Sociology", *The Sociological Quarterly*, Vol. 17, No. 2, 1976.

并没有扮演被当时激进学者所寄予的公平利益诉求者角色。随着产业发展，工会领袖更加注重新形势下赋予他们的权力机会，而"维持这一地位就成为其个人的核心焦虑"①。再加上当时麦卡锡主义的盛行，工会作为劳工阶层的组织形式开始逐渐官僚化，变成追求狭隘利益的角逐场。由此，如果说对美国劳工的研究意味着米尔斯开始体味美国社会越发冷漠的个体化社会现状，对新兴白领中产阶级的考察则更推进了一步。通过历史性比较，米尔斯发现，中产阶级从传统以秉持节约、勤奋、积极介入政治事务的农场主、小工商业者向寄居于科层体制下的技术专家或办公职员转变。这类似于韦伯眼中所谓"铁的牢笼"的科层制度使他们心里越发冷漠，最后"公共事件的意义和重要性与人们最感兴趣的东西之间存在着巨大的差异。……那些过去被称为最深沉的信念的东西，变得像流水一样转瞬即逝"②。如将劳工阶层与新兴中产阶级白领视作社会的大多数，那么对少数位于制高点的权力精英的个体意识及境遇考察是米尔斯完成其主要权力分析的最终一步。就此他指出，权力在军事、政治、经济三个部门中早已集为一体，权力精英的一个系统性特征就是所谓的"高层的不道德"和"有组织的不负责任"。③ 这样一来，有能力进行顶层设计的权力精英也处于不作为状态。

将以上阶层状况综合起来看，即公民对公共权利诉求普遍冷漠。不管是代民发声的劳工阶层，还是以自由、平等著称的中产阶级，抑或掌握实体权力的顶层设计者，他们要么陷入狭隘的利益制衡结构而迷失方向，要么被科层制压抑沉迷于日常私人活动，抑或犬儒，不作为。这样的社会被米尔斯统称为"大众社会"，一个与"公民社会"相对的概念。后者所具备的公共责任意识与公民身份认同特质随大众传媒兴起丢弃了。不难看出，米尔斯的经验研究承载了他的社会学化实用主义试图

---

① 闻翔：《从大众社会到社会学想象力》，《社会》2012 年第 4 期。

② 米尔斯：《白领：美国的中产阶级》，周晓虹译，南京大学出版社 2006 年版，第 262 页。

③ 闻翔：《从大众社会到社会学想象力》，《社会》2012 年第 4 期。

弥合个体—社会二元性的努力。通过历史比较视角，他有了社会结构中
权力阶层变迁的动态视野，通过对政治议题及其利益在各个阶层的表达
状况考察，将个体以集体冷漠的社会心理作为勾连个体与社会结构关系
的要害，处于不同阶层的社会个体似乎都在一步步陷入私人的狭隘境
地。可以说，这是如米尔斯在承继古典社会学思想叩问时代问题症结的
有责任担当学者所不希望看到的。正是随着大众社会研究的推进，不同
阶层人的"冷漠"表现一次次让他的希望破灭。那么，由谁？如何来
唤醒大众社会中冷漠与麻木的人？在 1959 年米尔斯经历了学院派对其
三部曲的指责谩骂后①，他将矛头对准知识分子本身。此时经验研究被
米尔斯拓展到知识反思中，继而他认为社会科学研究本身也是社会行为
的一部分而不会脱离于社会发生的影响，从而将学院派诸如抽象经验主
义、宏大理论及科层气质一并视作冷漠时代的精神共谋予以拒斥，最终
带着强烈价值指涉与批判气质正式发出我们熟悉的方法论为指向的
"社会学的想象力"呐喊。

四 游离于想象与幻想间：现代性话语下的启蒙焦虑及反思

通过有关古典社会学时期的追溯与米尔斯个人学术发展历程的回
顾，我们发现，作为一种方法论意涵的社会学想象力早已孕生于学科发
展的土壤中，米尔斯个人的学术发展也离不开古典社会学思想的哺育。
通过回应二元理论预设而积极介入经验研究，最终反身性地达成以鲜明
批判旗帜下的概念建构。一方面，这在时空维度拓展了社会学想象力的
范畴意涵；另一方面，有助于我们摆脱拘囿于以宏大理论、抽象经验主

---

① 有学者从传记的视角指出，社会学想象力作为方法论概念提出，在很大程度上由米尔
斯个人经历决定。从他在哥伦比亚大学与拉扎斯·菲尔德的不愉快合作开始，再到后来访问欧
洲使其沉浸于批判理论，而在被他称作最佳著作的《权力精英》出版后所遭受的美国社会学
界的冷嘲热讽，都促使米尔斯将批判社会的经验研究矛头指向知识分子。《社会学想象力》即
可视作这一阶段反思个人境遇的结果，在此不再赘述。参见 John D. Brewer, "Imaging the Socio-
logical Imagination, the Biographic Context of a Sociological Classic", *The British Journal of Sociology*,
Vol. 55, No. 3, 2004。

义等特定形式对垒下抽象谈论社会学想象力的局限。更重要的，这让我们有了从理论发展视角重新审视这一概念的机会。

结合美国战后逐渐进入"丰裕社会"的背景，米尔斯的权力分析三部曲可谓现代社会分析力作，社会学想象力的提出也不可避免地带上浓厚的现代性特质。在《社会学想象力》开篇，他即将古典社会学家思想作为批判结构功能主义的来源，如"社会学想象力就是能够使我们抓住历史、传记（biography）以及两者在社会中的关系……而从如斯宾塞、孔德、涂尔干、韦伯、凡勃伦等古典社会学家那里就可得窥一二"①。因此，从理论的话语表达与逻辑上，有学者指出，"他的文本对话更像是现代主义者"②。通过"将古典社会理论的语言，如异化、失范、总体性、资本家、身份、权力等小心翼翼地进行转换"③，来为写作铺设修辞语境。所以，他的这种现代主义写作风格明显地倾向于将"美国早期后现代社会（early-postmodern society）下以试图弥合微观与宏观个人经验的总体性方式进行书写……以至于陷入了他所珍视的理论修辞中而不能真正实现社会学想象力"④。这与前面有关持具个体的个体性话语类似，所以问题关键是米尔斯概念证成时所潜藏的现代主体中心主义逻辑，即在秉持社会结构变迁的视角下并未能真正触及个体日常生活的真实经验所在，也并未能将所捕获的他者经验以其所是的他者方式发声，以至于以现代性的想象力话语取代了具体而微的个人发声。他的美国研究的系列著作就如时空错位下的批判现实主义小说那样，试图于巴尔扎克之后，"将那个时代社会的所有主要阶层以他自己的方式叙述出来"⑤。确实，他的权力分析中，对各个阶层人的经验捕捉并没有

---

① Mills C. Wright, *The Sociological Imagination*, New York：Oxford University Press, 2000, p. 13.

② Denzin, Norman K., "Post Modern Social Theory", *Sociological Theory*, Vol. 6, No. 4, 1986.

③ Denzin, Norman K., "The Sociological Imagination Revisted", *The Sociological Quarterly*, Vol. 31, No. 1, 1990.

④ Ibid. .

⑤ Mills C. Wright, *The Sociological Imagination*, New York：Oxford University Press, 2000, p. 200.

达到理想的状态。经验本身就是变化的而非确信的。后现代主义者德里达就提醒我们，意义仅存在于一种延异的（deferral）状态中，正因语词是构成意义的一部分而不能通过现象—本质的抽象抓取来捕获背后所谓的意义，讲故事的人脱离不了自己的体验及其意识形态作用。当大众社会新兴传媒大量涌现时，谁又能保证对个体社会苦难遭遇发声与个体冷漠情感判定没有偏见呢？

　　这不禁让人回想起两百多年前康德就"何谓启蒙"问题下内含的现代性话语探索。在康德看来，启蒙即"人类脱离自己所加之于自己的不成熟状态。不成熟状态就是不经别人引导，就对运用自己的理智无能为力。当其原因不在于缺乏理智，而在于不经别人的引导就缺乏勇气与决心去加以运用时，那么这种不成熟状态就是自己所加之于自己的了"①。简言之，康德倡导一种通过将理性回归自身而达致主体性证成的能动目的，最重要的途径便是在他所谓实践理性范畴中要"敢于运用自己的理性"，进而理性之公开运用与个体的主体性相互观照、互为证成。这就符应着米尔斯通过社会学想象力倡导以公共性的思维方式将个体私人生活与外部公共环境相互关联的旨趣，这一"敢于运用"就是具炽热情感色彩的呐喊。这样一来，似乎社会学想象力就带有现代性启蒙的色彩。进一步的问题是，这一启蒙意愿的未来效力又将如何？从历史心理学角度分析，如果说当今西方社会定位于正逐步迈向的"后现代社会"，那么原先由霍布斯、马克思、弗洛伊德以来的有关需求、使用价值为线索的社会运作逻辑就需要重新审视。鲍德里亚通过符号的结构逻辑认为，"有关交换价值与价值的关系需要重新解读"②，因为符号逻辑下交换价值的能指（signifier）与使用价值对应所指（signified）之间已然成为飘荡不定的关系。这样一来，以传统现代性话语指涉下的

---

　　① 康德：《答复这个问题："什么是启蒙运动？"》，何兆武译，载《历史理性批判文集》，商务印书馆 2005 年版，第 23 页。

　　② Baudrillard Jean, *For a Critique of the Political Economy of the Sign*, Trans by Charles Levin, St. Louis, Mo: Telos Press, 1981, p. 22.

诸如"利益""异化""剥削"所指就失去了固定的中心依附，以至于黏附其上的"焦虑""欲望""贪婪""冷漠"等一系列的情感也将失去依托。那么，米尔斯对大众群体诸如冷漠、麻木等的情感判断及现代性的想象力呐喊也将是特殊指向的，这是不是那些具现代性目光的知识分子于启蒙焦虑下的一厢情愿的幻想呢？这显然有很大讨论空间。①

因此，社会学想象力不应仅被视作一个批判结构功能主义的抽象概念，而更是它所包含的时代话语及其自我型构（figuration）。不过，当将米尔斯对美国大众社会特殊判断悬置一边而关注概念本身的要旨时，我们仍能受益匪浅，就其概念来说，也含有一定的与时俱进的后现代色彩。如果将公民社会视作现代社会普遍理念的话，那么大众社会中的权力早已旁落于少数权力精英，现代社会的历史规律已不被大部分人所掌握，进而社会就不能如之前那样具有总体性、单一的判断。基于社会异质性之认识论的判断，更使其倡导方法论的多元与合适性，使他有了与传统现代性理论的差异。同时，他的想象力也并非以纯粹价值中立的方式提出的，在时代冷漠判断下，对知识分子自身提出反思要求，同时将知识分子作为引导社会发展的责任一并纳入其中。这不得不说是米尔斯批判抽象经验主义与宏大主义背后所引申的必然。客观性不能通过技术与方法的改进而获得，这正是近年来社会学想象力内涵不断促使学者进行反思的原因。

又如全球化背景下，社会越发流动。一方面，增加了传统社会学理论框架面临的外部危机；另一方面，社会学面临来自内部的压力，"至少在某种程度上，发源于社会学母体的诸如犯罪学（criminology）、文

---

① 这里如将社会粗略划分初民社会、现代社会、后现代社会理解，那么两者的社会运作逻辑是各异的。现代性境遇下，建构于交换价值逻辑基础上的功利追逐及内含的理性话语将拒斥初民社会中象征交换下诸如爱恨交织、善恶一体等正负情愫交融状态。典型的即现代性话语中内含的逻辑一致性将其视作精神官能症加以诊断疗救。当步入后现代阶段后，符码逻辑似乎又重新让社会回到了初民社会中那种集体狂欢的正负情愫共融状态。当然，这种比对实有进一步探索可能，不过就社会学想象力的话语定位看，对焦虑情感体验的判定至少脱离不了现代性语境的考证。参见叶启政《象征交换与正负情愫交融：一项后现代现象的透析》第三章、第五章。

化研究（cultural studies）、妇女研究（women's studies）如寄生性的他者般反噬着它"①。由此，相当多的学者开始要么依循一种怀旧情结重新诉诸20世纪60年代激进的批判社会学（米尔斯社会学想象力普及的背景），要么以一种未来学（futurology）积极姿态介入，将新的领域纳入社会学研究的尝试，如富勒（Steve Fuller）提出"新社会学想象力"（the new sociological imagination），试图在承继米尔斯社会学想象力内含之人性（humanity）诉求的前提下，回溯到孔德社会生物学的思想中，借此将当下的基因、克隆、生态学等新问题进行跨学科研究的再融合。② 可以说，不管社会学想象力在当初米尔斯那里受到多大程度的话语局限，其自身的演变总不断回应着时代的诉求而得以更新。这是概念本身内含的理论反思性所展露的活力，一种寄寓于时代的特殊与一般的辩证交融下的发展隐喻。

五　从祛魅到返魅：现代性阈限下的人类学启示

作为一个极受当今社会学界认可的概念，尤其是对以研究现代性后果自立的社会学来说，"社会学想象力"的提出确实为那些以学术为志业的人提供诸多启示。但我们仍然不能忘了其概念背后亦含有大量社会文化的指涉。从古典社会学时期有关"社会的"方法论意涵，即有了社会学想象力的萌芽。当将时空从欧洲古典时期转至美国现代社会学时，米尔斯不仅承继了韦伯与本土实用主义哲学传统，同时也批判性回应了帕森斯式的美国现代社会学固囿，社会学想象力被正式提出。这对我们建构与反思理论本身很有益，也让我们有了想象"社会学想象力"本身局限的机会。

---

① Brewer J. D. , "Book Review. Fuller, The New Sociological Imagination", *European Journal of Social Theory*, Vol. 10, No. 1, 2007.

② 当然，这一批判传统建构主义路径融合诸如生物学、进化心理学的尝试是否恰切亦有商榷余地。甘恩指出，这一所谓新社会学想象力实属自然科学下的道德理性表达。参见 Gane, M. , "Book Review: The New Sociological Imagination by Steve Fuller", *Theory*, *Culture & Society*, Vol. 25, No. 2, 2006；Steve Fuller, *The New Sociological Imagination*, London：Sage, 2006。

正如波德莱尔首次对现代性进行界定，它即是过渡性、偶然性、瞬间性的化身，由此立基于现代社会的社会学想象力概念亦有一定的现代性话语成分。米尔斯在《社会学的想象力》序言即通过传统价值与社会变迁的关系进行自我定位："当人们感受到他们的价值没有受到威胁，他们就会觉得是健全的。当他们感受到价值的同时却受到威胁了，他们就会有危机感。……而当他们失去了对原先珍惜的价值的体验也一并感知不到威胁，那就会产生冷漠。而当失去价值同时却有莫名的威胁时，就会感到不安。"① 确实，传统与现代之间的过渡带来了个人的消极情感体验，或许这里用人类学家维克多特纳的阈限（liminality）概念能更好解释米尔斯建构概念的限度。

在初民社会的人类学考察中，阈限是"处于秩序与混乱的通过（passing）仪式的中间阶段"②。这即如上文所提及的涂尔干集体狂欢，非理性活动向制度之例行化过程，"人若要跨过这个门槛，需要透过仪式的方式予以达成"③。此时秩序问题是通过一种仪式的悬置与重置方式得以解决的，这就需要韦伯的克里斯马气质，让部落领袖、祭祀担当这一秩序的创建者。当我们将视域投入现代社会时，这种仪式下的魅力越发黯淡，也就是理性之逻辑一致性对初民社会象征交换与正负情愫之非理性的压制，继而社会秩序问题考察就须重新检视"阈限"本身。

在诸如韦伯、埃利亚斯等具反思性气质的社会学家看来，现代性祛魅下的理性秩序仍是可能的，因为此时达成秩序的"仪式"被当成一种韦伯眼中的禁欲而与资本主义勾连，或埃利亚斯宫廷礼仪/理性这一和平的暴力斗争继而将文明与暴力关联，也就是所谓的现代性阈限本身的永久化（permanent liminality）。它通过悬置现代性秩序问题，即以连

---

① Mills C. Wright, *The Sociological Imagination*, New York: Oxford University Press, 2000, p. 11.

② 阿尔帕德·绍科尔采：《反思性历史社会学》，凌鹏、纪莺莺、哈光甜译，上海人民出版社 2008 年版，第 123 页。

③ 叶启政：《象征交换与正负情愫交融：一项后现代现象的透析》，台北：远流出版公司 2013 年版，第 79 页。

续体的方式将动乱与秩序进行连续性观照，对秩序生成过程的理论予以可视化处理（反制度化反思），打破基于一阶反思——接受性现在对时间观、秩序生成过程的考察，即二阶反思审视"接受性现在"与"对于现在的过去"的过程。这是有关人类学象征仪式的内涵向社会学之现代性后果批判的拓展。现代性本身不仅是具过渡性的，同时亦将这种过渡性通过自身的话语偷换成普适的历史发展概念。仔细思之，极具科学理性活动不就是通过科学工具与方法等作为替代原先非理性象征仪式活动之当代"仪式"，进而成就另一种禁欲的化身吗？所以，在现代性话语虽然让初民社会的这种神秘的人类学文明发生逐渐失去说服力，但自己却代替了原先的神圣性，即以"祛魅"的方式来"返魅"。这样一来，只是理性本身的冷酷气质让其"仪式"所内含的非理性本身受到遮蔽，如果说米尔斯对现代性的时代发声仅是这种话语的一个特殊阶段而已。

于是，当社会步入个体化时代，表面上原先冷漠、禁欲的大众似乎又向一种新的狂欢体验嬗变，这又是对人所操持座架的另类阈限形式，并非米尔斯原先理性所能完整呈现的。但我们也不能太过苛责米尔斯形塑这一概念过程的局限，更重要的是，其从最初作为社会学学科得以可能的方法论意涵而不断随时代推进自我反思与革新的一面，即米尔斯就认识论面向对社会异质性的认知与接纳，从而能够反身性地对知识建构及其实证研究抱持清醒的意识，将自我也看作社会学想象力的一部分。"想象"属于每个人的知识建构能力，进而反思知识本身的话语。这也是如布迪厄等人发起的社会学的社会学即"元社会学"的目的所在。

最后，在情感研究层面，虽然米尔斯受制于现代性的话语，而未考虑完整文明进程下现代性阈限内含的"仪式"形态变迁，未能观照冷漠的时代气质与消费社会下的集体狂欢现象，但却也有助于让我们跳脱出许久以来有关"冷漠""私人""价值"等的现代性话语体系。那么，从人类学的阈限上反思社会学及其"想象力"，理性与非理性的情感将是两个不可分割的事实，个体化时代下两者就经历了从拒斥到共生以及祛魅下的返魅仪式替代的转变。理性话语却一直相安无事，从根本上说压制已经被吸纳方式取代，在理性的科学仪轨下，理性内含的恐惧、乐观意象让情感陷入不可自知的地步。个体化社会下消费时代与体力劳动时代不同，只有用阈限化方式才能发现其无处不在的"异化"成分。这种基于仪式之重构现在观（基于二阶反思对结构的批判）的启发意味，正是埃利亚斯对从早期现代社会逐步朝向个体化社会的情感研究挖掘的开始。那么，接下来要突破情感研究的这一阈限，就须深入这一理性又充满恐惧、非理性的个体性话语中，进行反思性的冒险。打破这一理性仪式下返魅咒语的便是历史社会学家埃利亚斯。

第三节　恐惧 & 乐观情愫下的个体性话语批判

在现代化浪潮的推进下，众多社会个体开始不断被卷入，其情感经历与体验模式随之受到冲击而发生嬗变。对此，作为为数不多率先对社会的个体化进程进行探索的德国社会学家，埃利亚斯采用其独特的型构视角，从对早期现代社会个体的情感现代化经验探索开始，同时观照个体与社会，挖掘出个体化社会中个人作为理性主体的质性与历史发展进程间的非线性关系，并敏锐洞悉到理性与情感之间互为证成的吊诡幻象，即他所谓恐惧与乐观之正负情愫交融的情感现代化进程。

是故，埃利亚斯情感现代化思想核心即型构的历史视角，不同于以往如吉登斯等人试图将反思的历史时间观定位于持具个体的"接受性现在"时间体系，埃利亚斯并没有急于就个体与社会的历史发展进行武断的判断分析，而是区分了个体之理性及由主体间互为作用推进之历史的非线性特质，从而跳离了由微观个体间的理性筹划所助推的"决定论"思路，反身性地给予"过去"以广大的反思性余地（日常生活逻辑影响历史的非线性导向），让两者都不是彼此的俘虏，进而以"重构现在"的方式达成一种独特的二阶反思性历史社会学。如此，埃利亚斯对情感现代化的文明考察既不同于帕森斯的结构功能论之共时性分析，也不同于弗洛伊德生理意义上的文明动力论，亦与法兰克福学派的启蒙理性批判不同。下面从其型构的历史观出发，看看他是如何一步步从经验到理论达成对个体化之理性话语除咒的。

一　复归人文的反思性历史社会学视野

在埃利亚斯看来，个体的情感体验就是由个体所处的环境——型构（figuration）决定的，个体情感的现代化也正由型构变化所引发。那么，何谓型构？埃利亚斯首先将视角放到微观的社会关系层次来界定，即指一群互为指向与依赖的人群所形成的结构。[①] 正是基于人际关系的动态结构性作用，才能在构成性意义上对原子层次（atomic level）的结构与动态关系给予根本的考察[②]，进而，这种基于个体的动态性关系考察摒弃了传统僵化的、抽象的二元理论形式，自然地，内含丰富个体关系性结构的日常生活是埃利亚斯研究情感结构变迁的重点。为了避免微观视野带来的个体还原论危险，他在化解原先抽象形上体系的同时，先见地将历史纵深视野纳入必要的考量。对他来说，情感现代化变迁作为一种社会现象，一方面，离不开社会关系性视角；另一方面，只有通过历史才能更好接合各个社会关系中情感演变的细微片段，进而个体情感与社会结构间的关系才能有效地互为证成。下面通过埃利亚斯与帕森斯、法兰克福学派的思想对话，将社会型构的微观与宏观历史进程间关系的复合意涵具体呈现出来。

在《文明的进程》序言中，埃利亚斯指出，以帕森斯为代表的结构功能主义倾向于将社会结构予以目的论式的功能分割，用诸如情感与非情感的对立形式进行共时性的还原分析，即"把事实上正在形成和已经形成的社会现象分解为两种对立的状态，从而这无论是在经验上还

---

① Elias, *What is Sociology?*, London: Hutchinson German, 1978, p. 261.

② Chris, Rojek, "Problem of Involvement and Detachment in the Writings of Norbert Elias", *The British Journal of Sociology*, Vol. 37, No. 4, 1986.

是在理论研究方面都意味着对社会学认识的不必要的简单化"①。以至于在个人与社会关系中，后者往往被当作真正的现实，前者被视为次要的，情感成了这一静态僵化的社会整体观的构件而失语。对此，埃利亚斯认为，"只有把个人和社会看作变化的，正在形成的和已经形成的东西，才能阐明个人心理结构和社会结构之间的关系"②。帕森斯的理论缺陷就在其用功能体系的话语将情感的自在之维——日常生活分割出去，继而宏观面向的历史视野也一并固囿于僵化的结构功能的普遍预设而失却。其实，在作为情感的栖居地——日常生活中，情感并没有按照通常的类型学标准进行机械式的功能运作。在具体情境中，持有不同惯习的人亦有不同的自我呈现与情感表达，相互作用下不断生成又不断消损，如此情感分析就不是简单的非此即彼的理论模式能解释的。在埃利亚斯看来，日常生活必然离不开社会历史发展的影响。

其实，早在上世纪之交，阿克顿勋爵（Lord Acton）就有过著名判断：我们应同样将注意力投向与进步对应的消逝的、衰退的事物，历史不应仅仅以自其他世代（other times）的传递者身份存在，而更应基于我们生活的当下周遭影响而存在。③ 历史是通过活生生的个体得以传递，只有通过历史，我们才能把握纷繁复杂的个体日常境遇。质言之，情感研究的根本立足点就是微观日常生活中的社会关系，历史是埃利亚斯所倚重的跨越微观与宏观分野，考察情感现代化机制的关键，两者互为证成。继而受越发复杂的现代社会型构作用影响，现代文明进程就不是通常先验的线性理性发展观所能解释的了。

就历史发展面向观之，埃利亚斯认为文明进程由无数个体间的复合作用所推动，个体虽意在以单个人的理性计划行动，但型构的历史并不是个人所计划的按特定发展方向行进。所谓黑格尔"理性的狡计"，即

① 埃利亚斯：《文明的进程》，王佩莉、袁志英译，上海译文出版社2013年版，序第6页。
② 同上书，序第9页。
③ Lord Acton, *Lectures on Modern History*, New York：The Macmillan Company, 1906, p. 33.

是对这一理性认知中的经典描绘。进一步说，文明进程不是靠理性的先验存在推动的，而是由无数个体基于关涉（involvement）与疏离（detachment）的相互作用得以发展，即虽然历史是由具理性的个体推动，但因个体相互型构而使得历史进程并未呈现线性的特质，即理性分析中表呈为一般的现象主义规律特性。所以，这就与弗洛伊德基于生物本能的文明发生不同，从而"将原先弗洛伊德对基于爱欲与破坏欲之间永恒冲突的文明本能导向转化为社会学意义上的型构基础"[①]。这也与借助马克思劳动异化与精神分析理论，从技术理性对人性异化批判的法兰克福学派不同，他们"更关注领导阶级与被领导阶级之间的生成关系，更关注马克思传统下的自然与资本主义经济条件下的人的关系"[②]。埃利亚斯更加注重国家的形成与超我内在化的过程性讨论，所以这与那些秉持"持具个体"的封闭历史观下指向社会秩序为目的的"解放政治"的思想有着根本不同，因为不同社会阶级都是文明进程中的一环而不可独立存在。所谓内部本真与外部强制之间的紧张对抗仅仅是文明进程的一个阶段，其理论充满中立化的博弈色彩。[③]

综上所述，社会型构论视野下，突破实在论的二元预设成为埃利亚斯情感现代化研究的基础，个体与社会之间的关系应投入历时性的视野进行考察。正是对历时性的捕捉，偏向社会事实分析的宏大理论与激进的解释理论便被抛弃了。在此理论建构基础上，埃利亚斯以早期现代社会的阶级结构变迁作为理解社会型构的现实基础，对个体情感的现代化

---

① Arthur Bogner, "Elias and Frankfurt School", *Theory Culture & Society*, Vol. 4, No. 2, 1987.

② Ibid..

③ 埃利亚斯的型构视角充分考虑社会关系的复杂性，其对法国宫廷社会的经典分析充满建构主义色彩。所以，当代学者通过社会思想史将埃利亚斯归为 Non-Partisan 的非批判的价值无涉立场，即使经典马克思的历史唯物与埃利亚斯的历史观间有相当大的容错度。在相关实际分析中，有学者就以非正式化（informalization）来解释 20 世纪 60 年代开始出现的解放的、革命的反文化运动（counter-culture）。不同于马尔库塞为代表的新马克思主义认为，这仅是理性发展的一种形变，继而在 80 年代出现正统文化的回归。相关的情感理论与应用研究可参考 Arthur Bogner（Elias and Frankfurt School, 1987）、Richard Kilminster（The Dawn of Detachment: Norbert Elias and Sociology﹦s two tracks 2014）。

境遇予以具体呈现，这也是他祛除传统理性迷思的开始。

二 早期现代社会的情感现代化解读

（一）迈向制衡的个体化社会境遇

在埃利亚斯看来，现代化即朝向个体化的过程，由此个体性在既联系又分殊的现代社会分工基础上生成，而其越发复杂的现代社会境遇使个体的情感趋于恐惧与不安，理性思维的强化正是情感现代化的应有之义。在《文明的进程》中，埃利亚斯通过早期现代社会的具体社会关系结构考察——社会阶级关系予以诠释。

在埃利亚斯跨民族区域的比较下[①]，13 世纪的法国，在货币经济下社会分工加剧，经济结构开始变化，继而商业繁荣刺激了农民等下层阶级投身城镇工场手工业，而代表工商业的市民与拥有全国税务支配权力的国王势力也得以发展。从另一端即依附自然经济的乡间地主、自由骑士来看，因受到自由开放与流动性货币经济的影响，其收入来源不断减少。经济衰退则进一步导致自身政治军事实力的衰弱，继而贵族间，贵族与王权的斗争随即消退。于是，不同社会阶级间的利益与实力开始趋同，相互制衡的情况出现了，比如说贵族和市民、资产阶级和工人阶级的情况即如是，不同利益集团既不能相互分离，也不能相互接近，这使得各利益集团为保持其眼前的社会存在特别仰仗最高的协调中央。[②] 最终，国王机制成为社会阶层势力制衡的标识，因经济支配而形成的军事暴力垄断的天平向王室倾斜，从而在这一权力结构内部，各个势力集团既是对手又是行动伙伴，彼此间相互牵制。[③] 把持权力的君主，他的利

---

① 在埃利亚斯生活的 20 世纪初，当时普遍盛行所谓文明与文化关系的辩论，文明在英法两国看来更像普遍社会世俗成就在政治、经济、道德风尚方面的体现，而在德国，一种类似个人的观念文化占据核心地位。正是英法两国的这种偏向外在行为整饰的风尚与德国人封闭的气质的反差，直接激发了他接下来具体围绕社会经济层面的历史追溯与推断的实证工作。

② 埃利亚斯：《文明的进程》，王佩莉、袁志英译，上海译文出版社 2013 年版，第 391 页。

③ 同上书，第 392 页。

益也和整个社会结构的安全与运转息息相关。他不得不和有些人结成联盟，但又从来不和其社会的某一个别阶层或集团的利益完全等同。[①]

从根本上说，这种各个阶级间的制衡状态是由货币经济更恰切地说是社会生产力发展推动的社会分工带来的。不同阶级社会成员都不同程度地卷入了商业化，而基于不同分工体系及其功能所属的行动链条也不断增长，个体间既彼此联系又相互分离，现代的西方社会关系结构成型了。中世纪的贵族骑士因为得不到经济保障逐渐蜕变为宫廷贵族，市民阶级的崛起则为他们获得更多市政治理上的话语，通过税收垄断获得军事暴力支配的王权势力得到加强，既对抗又合作的型构模式成了主旋律。最后，以这三者间的制衡状态为基础，它们卷入这一迈向个体化的浪潮。

如果说中世纪自由骑士的行为处在残暴与浪漫间的快速摇摆状态，现代个体却因各个集团间的利益与权力制衡而退出直接的暴力斗争，进而改变其对外的应激策略，"在其自身按照社会流行的范式和模式形成一种形同社会规范中继站的对本能进行自动监控的机制，形成一种'理性'，形成一种细致而稳定的'自控'，以致一部分被抑制的本能冲动和情绪根本不再直接被意识到"[②]。这种理性便是个人自我意识觉醒的标识，也是个体社会化要求越发严格的根本内涵。因此，儿童与成人之间自我意识的差异越发遥远，他必须经过比以往更长的教育经历才能适应外部事物的结构性流变对他造成的连锁反应。

随着诸多基于社会规范的压抑机制的启动，个人与社会间开始发生自反性的相互疏离。理性个体因不得不为了更好与他人相处而去习得各种社会规范、风俗，尽管人与人相互间的联系会对个体有所限制，但同时又为其提供了用武之地。此时人的社会组织构成一种培养基，从中产生个人的目标，而个人又总是将其个人的目的编织于上。[③] 所以，社会

---

① 埃利亚斯：《文明的进程》，王佩莉、袁志英译，上海译文出版社2013年版，第393页。
② 同上书，第453页。
③ 同上书，第620页。

化机制并非一贯地作用于个体上，个体性就源于具体型构中，"表达的
是他本人源自此种活动的易受影响性和可塑性，表达的是他人对他的依
赖性和他对他人的依赖性，是他的造币功能和自己作为硬币的功能"①。
质言之，理性的规范习得成为压抑个体情感表达的关键。就在与这种社
会性压抑的对抗中，社会成员的个性越发鲜明，这便是埃利亚斯现代文
明进程下的个体化历程。

一方面，个人与社会关系表现得异常对立，产生了诸如人可以脱离
社会而独立存在的吊诡话语；另一方面，个体的恐惧体验强化了理性的
线性思维，并将具有多元主体参与的、关系性的型构要素剔除，取代了
历史发展进程下的复杂性与不可规约性，人对自我认知更加积极、乐
观。由此，个体的心理结构也从上至下贯穿各个社会阶级，从原先的直
接对抗的张扬模式向开放、内隐、平缓的主体间性模式转变。其结果便
是情感阈限（threshold）的上升，心理越发敏感。

（二）恐惧与乐观间：情感现代化语境下的个体性话语批判

按照埃利亚斯对个体化社会境遇的考察，在社会结构的压抑作用
下，恐惧的情感体验与理性共生，情感现代化即从心理学化与合理化两
个维度展开，这也是情感与理性间于深处搓揉作用下迷思证成的开始。
心理学化即从横向对个人自身周遭进行理性权衡，"把个人总是置于社
会交织的网络之中，将其看成是与他人发生关系的人，看成是社会状况
中的个别人"②。这类似于现代符号互动论观点，即个人在行为处事时，
以"想象化他人"的角度检视自己行为的恰切性。合理化则从生命历
程的纵深角度来理解自我及行动，即它是世代愈益突出的整体心灵改变
的表现，也是从那时起，社会职能中越来越大的部分所培养、要求的长
远眼光的表现。③日常生活中，先前不计后果的行动被各种抽离于时空
的理性规划与算计取代，即以前因—后果为根本的因果阐释机制要义。

---

① 埃利亚斯：《个体的社会》，翟三江、陆兴华译，译林出版社 2008 年版，第 63 页。
② 埃利亚斯：《文明的进程》，王佩莉、袁志英译，上海译文出版社 2013 年版，第 483 页。
③ 同上书，第 485 页。

简言之，个体化社会下对复杂情境的焦虑与谋划心理成为诱发理性认知的重要契机，理性与个体性成了一组同位语。借此，埃利亚斯在《个体的社会》中就现代思想史有关个体性的二元话语进行批判。这是个体性话语对恐惧本身进行乐观主义式塑造的开始，也是对个体化进程中理性对正负情愫交融（恐惧与乐观）之返魅化的除咒开始。

　　与前作历史定位相当，埃利亚斯将对个体性话语的批判之矛投到文艺复兴以来的人的自我意象上。这里再次简要回顾前文章节中有关人文主义思潮变迁是有必要的。按照布克哈特的说法，文艺复兴运动成就了"人的发现"与"世界的发现"。就前者而言，以基督教人文主义及新柏拉图主义为代表，借助诸如类似"道成肉身"的上帝同型同构理念，人开始摆脱原先"罪身"而以"完美的人"的形象出现，自我意识开始觉醒。对后者来说，在自然科学领域中以"地心说"为代表的中世纪蒙昧传统相继被伽利略、哥白尼等人颠覆。到了18世纪启蒙运动后，随着理性主义精神的盛行，人与自然由原先的混沌状态开始通过机械唯物观的殊化作用得以澄清，自然与人之间存在的安全风险被生产力发展下的技术进步所消解，乐观主义精神成为这一时期的主旋律。这不得不说又是另一个人与社会分殊的特殊形式变种。[1]

　　由此在人与宗教、自然相互分离的趋势下，有关纯粹的个体性认知图式也得以证成。以笛卡尔主—客二元的认识论为起点，它告诉我们，人类有能力完全凭借自己的观察和思想活动，去破解自然体系这个谜并服务于人类的目的，而无须听命于任何教会或古代的权威。[2] 在个人的意识中，人作为个体的，作为与所有他人和他物相脱离的自身存在，自然就凸显出来，并且赢得了更高的价值。[3] 继而有关个人的体验与观察

---

　　[1]　科学进步带来了巨大的社会进步，这一过程极具理性化特质。由进步带来的心态的乐观附和正是对表面看似人与自然间和谐实则却是两者分殊的证明，只不过问题的边界被消解了，问题本身并未得以解决。这里的症结正是前面所论述的基于个体 VS 社会下恐惧的合理性心理幻想的发展结果。

　　[2]　埃利亚斯：《个体的社会》，翟三江、陆兴华译，译林出版社2008年版，第100页。

　　[3]　同上书，第109页。

以物化的方式通过言说与思想得以实体化表达，身体则成为这种外部表达与内部体验的中介，不管是认识论中的唯理论还是经验论者，都难以避免这一个体性的二元话语。如果说人与自然的关系得益于科学理性精神而对人的生存境况有所助益，其看似高效的线性逻辑关系被我们同样不由自主地承继下来。这无怪乎又是现代性悖论的翻版，乐观与恐惧只在一线之间。

尤有进之，从自然到社会，人的理性思维所及越发宽广，自然与社会却不可等而视之。从社会型构视角看，就难以让人通过科学主义精神完全把握社会本身的复杂性。这也是为什么当我们规避原先自然中的危险后，因自身的主观抉择及行动而却不可避免地产生了社会风险。所以，当寄居于理性的个体性话语通过集完美、乐观、冷酷于一体的自我形象确立后，个体性二元思维将以迷思的形式被推向极致，文明的幻象浮现。在里面，"人们还相当牢固地被那个可怕的魔圈束缚着而不得脱身。他们的生存越是强烈地受到不可控制的危险、紧张和冲突的威胁，越是被由此产生的恐惧、希望和愿望左右，他们就越是缺乏在行动和思想上针对事情本身来解决这些不得不面对的困难和能力。而他们越是这样缺乏阻止那些殃及自身的为难冲突和威胁的能力，他们的思想和行动就越难以切合于事情本身，就越是强烈地受到情绪和幻想的驱使"①。正是"鉴于人们所面对的巨大的风险、危害和易受挫性，集体的幻想和半巫术式的习惯便具有了特殊的功能……充当着人类保护性的和防御性的武器，它们强化着社会集体的凝聚力，让其成员感到自己对所发生的事情拥有控制理论，可事实上，这些时间常常很少是他们能控制的"②。此时文明进程下的"理性狡计"，在人的思想史中再度显现。

综上所述，在社会型构视野下，由货币经济助力的个体社会境遇被置入多重主体间的制衡个体化关系，个体情感由此展开合理化与心理学化的现代化历程。在个人对他者的不确定性与风险的焦恐下，来自社会

---

① 埃利亚斯：《个体的社会》，翟三江、陆兴华译，译林出版社 2008 年版，第 84 页。
② 同上书，第 84—85 页。

制度的压抑更是将个体内部的情感与理性以个体性的方式抽取出来，理性思维逐渐受到强化。继而表面上完美而又理性冷酷的人通过二元对立的社会思想形式得以呈现。其背后作为恐惧与安全为本体的情感心理就在表面上被乐观气质覆盖遮蔽了。这亦可看作个体化进程下，恐惧与乐观作为正负情愫的交融状态退居到幕后，以若隐若现神经官能的姿态存在（消解的方式问题化），内含愈恐惧愈理性而愈乐观的矛盾质性，表面的理性完满成了思维的终极要义。最终从宏观社会历史的型构变迁再到微观个体情感体验，情感 & 理性的现代化及个体与社会二元分立的认知模式得以证成。

三　晚期现代性境遇下的情感社会学再反思

个体性话语逻辑以理性为中介将恐惧情感体验转换成乐观的自我意象，这即自启蒙以来典型"人类中心主义"之封闭自我表达（homo clasus）。很多时候，认识本身带有主客二元预设，以至于当我们在苦苦思索理性与情感的关系时，总不免沾染上"伊卡洛斯"式的悖谬色彩。人们却不愿离开安全的个体性精神大陆进入不确定的海洋以获真知，理性迷思终成飘忽的海市蜃楼而久久不得消散。在当代学者的现代性及反思理论中，这对分处一明一暗的二元精神共谋同样迟迟不散，个体化社会下的个体性话语由原先个人的理性反思向风险社会下抽象的制度系统转变，此时情感现代化轨迹也转向晚期现代社会风险与安全的焦恐状态。对此，如何回应就成为当下情感社会学作为一门新兴学科进行其自身想象力拓展的前提与门槛。在晚期现代性阶段，以他者与自我作为对象的理性反思成了吉登斯、贝克等人自反/反思现代化理论的核心，这在很大程度上回应并附和着传统理性认知取向在当代的延伸。在吉登斯看来。反思即一种人类例行地与正在做的整体行为的保持[1]，继而在现实层面，它是一个人在晚期现代性境遇下不断应对社会变化而做出的智

---

① GiddensA, *The Consequence of Modernity*, Polity Press, 1991, p. 26.

识上的反馈。① 因而，他认为此时对个人与社会的关系考察，需要通过对自我意识的距离保持而将其他诸如失效的传统惯习、文化等因素排除出去。根据贝克的风险社会理论进一步提示，个人被不确定性所包裹而无法有效地依赖传统的理性算计的安全法则，个体性迷失于社会风险中，似乎传统的理性乐观精神重新转向焦虑的情感体验。

但问题是，随着传统工业社会中依赖个体性的理性乐观精神失效，超越时空的抽象专家系统取代了个体的智识性反思过程，这更像是将个体性研究语境置入认知的制度主义框架，试图通过不断地理性反思对流动的不确定性进行把握。这就意味着一项寄寓于外部的自我监控（self-monitoring）的形成，也就是前文所指的基于一阶反思的持具个人的能动考察理路。所以，这样以外控智识与持具来赋予个体反思性内涵是难以对主体能动予以观照的，过程性下的"现在观"并不能有效对非意图结果（风险）予以考量（被消解），所以不确定性本身就预设了这种自我监控的失败。正如拉什评论贝克风险理论的，"这仅是一种现代性反思的激进形态，是贝克受到吉登斯反思现代性（reflexive modernity）及其专家系统影响的结果。他的思想从根本上还是建立在启蒙以来理性法则的发展基础上"②。与其说个体性遭受"他者"的消解，毋宁说被替代了，并且与传统启蒙乐观精神仍具较强的家族相似性。那么，如将这一新的反思性理性形式投入社会型构即社会关系的理解时，对情感的认知以何种方式呈现，我们又当如何恰切地评议呢？这就成为通向未来情感研究的反思关键，也是我们具体透过埃利亚斯的历史社会学目光进行二阶反思的尝试。

从晚期现代性的社会关系结构考察，关于个体与他人交往基础——信任是理解个人情感关系的纽带。在《现代性后果》开篇中，吉登斯就

---

① Ian Burkitt, "Emotional Reflexivity: Feeling, Emotion and Imagination in Reflexive Dialogues", *Sociology*, Vol. 46, No. 3, 2012.

② Lash, "Reflexive Modernization: The Aesthetic Dimension", *Theory Culture & Society*, Vol. 10, No. 1, 1993.

借用卢曼信任与信心的划分，予以定义。所谓信任（trust），是有意识到风险的可能性，信心（confidence）则是自发的、毫无意识到风险的心理机制。①

也就是说，个人与外部环境的关系可通过意识觉知标准界定，信任是因个人失去传统文化土壤而对周遭被动产生的自省，信心则是更多发生在传统社会中因惯例作用而无须思考自身处境浑然天成的自我指涉（self-reference）状态。传统与现代之间的划分成为这项自我意识与外部客体关系的前提，似乎历史的连续性视野被忽视了。吉登斯进一步认定，"信任与风险相对，信心与危险相对，而风险与危险之间分离的现象则是近期现代性出现才开始差异"②。

从根本上讲，吉登斯认为，失去传统的信任机制依靠无意识的"本体论安全感"（ontology security）得以维系，以知识与反思为中介的抽象专家系统得以替代先前的个人理性法则而越发盛行，这即吉登斯结构化理论内含的持具个人的制度化反思的结果。信任因此处于对外部风险保护意识与自我防御的无意识之间，在对风险的恐惧焦虑及对个人处在时空脱嵌的理性困顿中，人际间的情感就被纳入理性的认知逻辑。也就是说，反思现代性理论更多的是以理性及其实用主义的方式看待个体与外部风险问题。③ 同时，它也没有清晰地界定这一无意识过程在对紧张不安管理下有何深层意味。④ 当他用一种制度主义认知方式把握信任关系中的个体现代性境遇时，个体的无意识部分就会被当成杂碎清理出去，进而有关这一缺失历史的又有关无意识发生的日常生活之维都被排除了。这就是吉登斯结构化理论对主体能动外控持具定位思想局限的延续，并未就个体的存在安全进一步进行日常生活的反思性关联，而仅停

① Giddens A. , *The Consequence of Modernity*, Polity Press, 1991, p. 28.

② Ibid. , p. 32.

③ Jeffrey Alexander, "Critical Reflections on Reflexive Modernization", *Theory Culture & Society*, Vol. 12, No. 4, 1996.

④ Ian Burkitt, "Emotional Reflexivity: Feeling, Emotion and Imagination in Reflexive Dialogues", *Sociology*, Vol. 46, No. 3, 2012.

留在表面。这正是晚期现代性下情感研究的重要立场。这样一来，个体被当作完满却又消极的姿态置入理性座架，难道这不是传统二元理性迷思的当代具现？最后，焦虑与恐惧成为书写个体情感体验的时代大写。

对此，当代如拉什等学者开始重新审视反思本身，认为反思具有的审美特质即反思性本身是审美的，这意味着它的理性与解释性是同等的。① 它不仅是自我反思的，而且是自我阐释的，意义存在于我们与他人相互关联的行动及自我中。② 混处于多方主体交往的信任，则极具自我阐释与审美色彩。尽管在现代化进程下，科学理性的反思进路成为我们理解现代性的方式，但反思本身内涵丰富，尤其在所谓后工业社会下人与人交互机会越发增多，个体不断面临理性抉择与主体间性的审美判断，主体的反思性不应局限于制度化的考量，而如身体与经验作为反思性的范畴观照（布迪厄惯习），将更有诸如将制度化之持具式关系性反思带向重构"现在"与自反独立的过去时间观境遇，从而链接当下与过去，进而给予日常生活中的社会关系以真正的洞察空间。这又与埃利亚斯型构视野下的个体情感现代化考察何其相似？即使不确定与安全感依旧存在，但于日常生活的主体间性的丰富指涉中，个体依然有可能建立区别于抽象专家的关系性情感纽带，谁又能保证在全球化进程下，对分处不同历史发展阶段的社会就必然有清晰的时空界限呢？

埃利亚斯对情感现代化的研究核心及贡献在于，以一种不同于吉登斯结构化理路的外控导向的关系性视野，将关系本身投入依靠日常生活的非线性历史型构，进而具体介入人际间互动过程，历时性地把握个人与社会之间的有机关系。这与单纯客体—主体的理性反思不同，不管早期现代化进程下的个体性话语或晚期现代社会基于专家系统的制度主义考察，都没有很好把握社会关系性本身。进一步说，如果现代化进程

① Lash, "Reflexive Modernization: The Aesthetic Dimension", *Theory Culture & Society*, Vol. 10, No. 1, 1993.

② Ian Burkitt, "Dialogues with Self and Others: Communication, Miscommunication, and the Dialogical Unconscious", *Theory & Psychology*, Vol. 20, No. 3, 2010.

是一条不断向前奔涌的江涛，历史正是在这一浪涛推波下的各种涌动暗潮，现代化内涵不仅仅是有关抽象制度的基于"接受性现在"时间观的，还属于日常生活的非线性的。所以，如果我们不花时间冒险进入不确定性的海洋，就不能避免落入虚假的确定性的矛盾和欠缺。[1] 如果我们继续按照理性反思的框架将当下新兴的情感研究议题强行纳入线性宰制的逻辑，在自我能动性排除后，即使情感研究被予以体系性的考察，最后也难免再次落入理性自身的窠臼，使情感研究经历传统的理性压制后再度面临失语。

半个多世纪前，米尔斯曾与埃利亚斯一道发起对结构功能主义的激烈批判。那时个体的公共意识正经历资本主义文化矛盾而日益衰退，导致我们的时代充满不安与冷漠，以至于不能通过合理性及感性的设计而得以解决。[2] 由此他发出著名的社会学想象力呐喊，抓住社会历史、个人境遇及两者之间的关系问题，继而以行动直面时代下的冷漠与困惑。[3] 这又与埃利亚斯的情感现代化诊断背后所揭示的弥合个体与社会关系的努力相契合。放眼当代情感社会学研究，以社会生物或个人主观建构为基础而生发的实证主义与建构主义开始逐渐将视野转向彼此，这是对社会—个体传统二元分立关系努力反思的结果。如玛丽·赫尔姆斯（Mary Holmes）、爱恩·柏克特（Ian Burkitt）、邓津（Denzin）等人开始吸收埃利亚斯、布迪厄、福柯及符号互动理论有关个体、心灵、社会的思想，批判以情感表象为分析的静态因果模型，关注非正式、情境性、身体的情感阐释。再次强调，从传统理性对情感话语压制，到现今所谓后工业、消费社会情感议题乍起，反思现代性话语充斥其间。不管其形式如何变化，理性话语所催生的对情感或冷漠或抽象化的体系建构，都有失公允。只有进入具体的反思性理论境遇，捕获疏漏的情感话语，将个人与社会、身体与心灵、主体与客体重新纳入历史的、关系性

---

[1] 埃利亚斯：《个体的社会》，翟三江、陆兴华译，译林出版社 2008 年版，第 97 页。

[2] Mills C. W., *The Sociological Imagination*, London: Oxford University Press, 1959, p. 11.

[3] Ibid..

型构的新境，才能更好地对情感社会学及社会学想象力拓展有所助益。

四 反思性历史社会学下正负情愫理性话语的再祛魅

现代文明进程下，社会逐渐朝向现代化而越发流动，人与人之间交往下所呈现的情感现象与问题开始受到关注。尤其对社会学来说，自20世纪80年代情感社会学的创立，催生了大量的情感研究。这不仅有来自现实的推动，也有学科本身为应对情感这一传统非理性存在带来的挑战。借助个体情感现代化的线索，埃利亚斯通过社会型构视角给出对基于个体与社会二元理性话语的建构性批判解读。

现代化进程下，社会逐渐转向相互制衡的个体化发展，越发规训的社会控制下，个人自我意识以内—外的方式得到强化，个体性成为这一进程下的显著标识，由此催生情感现代化基础上的恐惧（对未来，对周遭的理性筹划）。进一步地，在认知层面，由现代化带来的情感体验成为理性思维本身的精神同谋，在理性的压抑作用下，个体性与社会性开始对峙，个体也因受到外部的强制而越发对自我觉知且具有个性。因而，从文艺复兴的人文主义思潮开始，理性—感性、个体与社会的分裂同步展开，人与宗教、自然、社会以这样或那样的形式殊异隔离，理性对形上宗教开始祛魅。实际上，当个体于恐惧情愫下推动着理性的发展，乐观情愫进而借助启蒙理性的全能力道与恐惧交融，进一步证成理性的圆满，一正一反为理性鞍前马后，相互交融的正负情愫由此受到理性话语的遮蔽。不管是早期还是晚期现代社会，两者都难逃理性对情感的巫术化返魅魔咒，后者亦取代初民社会的仪式本身而成为不可从根本质疑的权威禁忌。因此，个体性话语本身蕴含情感与理性的双重向度，也恰恰是理性本身拒斥了情感所指向的难以令人忍受的不安与焦虑现实。从恐惧到乐观的个体情感演变考察，埃利亚斯对情感的现代化考察充满历史性的反思意涵。

从根本上以时间社会学角度看，埃利亚斯对个体化社会下理性与情感关系的反思性揭露，基于型构的反思性历史社会学视角是一种二阶的开放时间模式基础上的。具体来说，它与持具个体的外控封闭时间观殊异，与诸如西方马克思主义学者所秉持的线性历史不同。虽然日常生活由理性的个体所组成，但个体之间互相作用却并未使得日常生活的变迁能以线性的形式发展，尽管表面上他与弗洛伊德有关文明进程的理论结论相似。进而，以非线性的日常生活逻辑与历史发展相观照，依靠社会秩序的"解放政治"历史发展理念在埃利亚斯那里是没有地位的。

这样一来，于文明发生的社会人类学面向下，有关情感的现代化问题在埃利亚斯那里就成为理性逐渐将原始初民以来的恐惧、崇高、乐观等正负情愫予以至少是表面话语的消解过程，自我的个体性一并成为理性的俘虏。进一步地，从外控持具到如非正式化的操控（与个体化时代消费社会耦合）①，理性取代宗教及其集体狂欢内涵的情感成为文明发生下的社会秩序的逻各斯，最终以禁断的制度化安全图腾再现。可以说，埃利亚斯对理性之于情感的操持内里进行人类学意义上的反思性揭露，不仅接续了对个体化社会个体与社会关系的反思性探讨，也将正负情愫交融的人类学意涵与理性化进程给予了具体的观照，从二阶反思的历史现实维度大大拓展可供个体化进程的历史回溯与反思空间。

就当代情感社会学的发展趋势而言，埃利亚斯对个体化社会思想中有关理性与情感的关系考察亦有相当的贡献。理性思维的发生是在个体化型构中得以证成的，个体化型构最重要的特征即是基于个体间的制衡，通过制衡让行动者原先的直接暴力行径趋于缓和，即情感软化与非行动化。这即当代大卫·里斯曼（David Riesman）、梅斯特洛维奇（Mestrovic）所重要考察的后情感主义时代症候（post-emotionalism）。下面从所谓后情感主义作为情感考察的出发点进行反思性发展趋势的结尾观照。

---

①　参见第四章第三节，有关情感劳动与情商的非正式化理性话语对情感研究的变迁，诸如 Cas Wouters 等人即对埃利亚斯的基于身体经验意义的情感、性情非正式化的开放性情感整饰（emotion management）给予关注。有关非正式化所引生的情感现象将放在下一节论述。

第四节　迈向后情感主义文明：当代理性精神的历史回响与反思

埃利亚斯的型构社会学对情感现代化问题及理性之个体性话语的批评性考察，可以说为我们提供了围绕"现代化"为主题的有关理性与情感（正负情愫交融的非理性情感状态）之间关系变迁的敏锐启示。作为初民时代以正负情愫交融状态展现的非理性情感，自早期现代社会后便逐渐被理性压制了，甚至其中恐惧与乐观的正负情愫被理性返魅式的工具化仪式体系（如科学认识论、方法论）所遮蔽。

质言之，自文艺复兴以来，随着宗教对世界及人作为主体性的本体论地位被理性的话语所取代，对神明与自然的恐惧逐渐转换为科学思维下的风险恐惧模式，那道形上的咒语亦被制度化理性的安全图腾所替代。正如波德莱尔这位象征主义诗人首次对现代性发起界定那样，现代性本身即内含"过渡性""瞬时性""偶然性"。这一特质与初民时代由集体生发的立于感性与理性、无序与有序之间的原始仪式类同，现代文明进程亦如于现代性境遇下，通过理性的再返魅而达致仪式化的过程。这即前文有关现代性阈限的思想延展，可以说这一由埃利亚斯开启的社会人类学下的反思性历史视野为我们继续考察当代社会情感状态——后情感主义时代提供了可能。正是在这一阈限中（空间—型构、时间—现代），当代新兴出现的大众传媒与后现代解构主义逻辑让这一理性支配的"文明仪式化"进程有了进一步发展。

下面将从有关现代性与后现代性对情感问题研究的定位以及当下后情感主义的特质与内涵进行阐释，这也将接续前文社会人类学意义上的反思性思路、埃利亚斯的型构社会思想，并就后情感主义的原意进行批判性解读。

一　现代性与后现代性的谱系间：当代情感的死与生

通观现代西方思想传统，有关情感研究基本处于边缘的非主流地位。从根本上说，这是以理性话语为线索，进而无视人作为能动主体而造成思想反思缺失的结果。因而，要想重新将情感纳入反思研究视野，首当其冲的就须对理性话语所隐射的现代及后现代性之时代特质进行定位。简言之，即于现代性与后现代性的范畴，将两者进行情感研究范畴的观照，从一种批判理性的角度抽离出可供当代情感研究的反思性空间。以下从现代性与后现代性之内涵的批判社会理论谱系进行梳理澄清。

如果说现代性之理性话语塑造了实证主义的研究路径，而将情感抛离于社会发生意义上的考察，那么相应地，西学传统中亦有批判现代性之反理性的谱系，这或许是我们透过非理性的现代哲学来定位情感于当下境遇的可能性的关键。大体而言，批判理性的传统是通过将情感与理性的关系予以二元对立的基础上达成的，进而理性似乎将情感本身压制得喘不过气来，以至于情感问题在理性话语的操持下消失了。在这一理性与情感二元论关系的谱系中，最为耀眼的当数尼采。从《权力的意志》到《悲剧的诞生》，尼采将理性看作压迫非反思性之自然性（unreflective spontaneity）的存在，"将崇拜的逻辑与理性的苏格拉底看作西方历史的恶人"[1]。进而他倡导通过回归到原始神话（primordial myth）或狄奥尼索斯的力量中来获致自然的、健康的创造力。如果理性代表阿波罗主义，情感将与酒神狄奥尼索斯主义对应。可以说，大部分批判理性的现代思想家都持有尼采的这一二元论的设定。如陀思妥耶夫斯基对无法跨越欲望（desire）与行动（action）障碍的"秘密的人"（the underground man）与根据感觉（feelings）而活的"愚蠢的人"（stupid man）的设定，批判了理性感情之非自然、非本真的特质。涂尔干在就失范与自杀的现代性诊断中，也指出随着意识（conscience）范畴的扩大会引发导致失范的无限欲望。结合前面有关持具个体之能动证成的结论，智识作为个体的主体能动，关键是与欲望本身相互勾连的，以至于

---

① Stjepan Mestrovic, *Postemotional Society*, SAGE Publications：London Thousand Oaks New Delhi, 1997, p. 24.

社会秩序因个体的智识能力增强，进而通过欲望的中介而反身性地让社会失序。这不得不说涂尔干对有关社会失范议题下的现代性反思极具洞见。这亦如丹尼尔·贝尔在《意识形态的终结》中，认为随着 20 世纪后工业社会的来临，激情的意识形态也会随之消失。同时代的大卫·里斯曼（David Riesman）在《孤独的人群》（*The Lonely Crowd*）中提出他者导向（other-directed）下情感的消失问题。福山借用黑格尔历史的终结概念，提出了情感的终结论。

就以上的理性与情感分裂的二元论来说，基本上持有这一现代性批判的学者都不约而同发现了情感受到理性压制进而"失语"的现象，也就是情感与理性之间是水火不容的。不管什么形式，心智（mind）与心灵（heart）绝然不能相合。那么，是否真的是如此二元论断形式存在而不变呢？当代美国情感社会学家梅斯特洛维奇（Mestrovic）随即否定了这一非此即彼的二元论断。他认为，"进入 20 世纪以来，情感即开始受到理性建构的形塑……值得注意的即是所谓的后情感主义（postemotionalism）的出现揭示了基于仿真（simulations）中的狂欢内涵，这大体上与当初尼采的神话（myths）等同"①。也就是说，他认为情况并非现代性批判谱系内二元论者认定的基于理性与情感对立，现代社会是缺失情感的纯粹理性操控社会，情感只是通过诸如后现代的仿真形式重新内含于理性社会中。由此推断开来，此时情感样态就不是纯然批判理论家们试图与自然的本真与远古的初民神话相对应的情感了，而是"抽象的情感，看起来是一种矛盾修辞法（oxymoron）存在"②。也就是他所谓的后情感主义视野下（postemotionalism）看似冰冷的理性与炽热情感的混成。

因此，在梅氏看来，批判现代性的二元论说法并不合理，因为在现代性变迁下，理性话语会发生嬗变，这就如前面所提及的持具个体的生

---

① Stjepan Mestrovic, *Postemotional Society*, SAGE Publications: London Thousand Oaks New Delhi, 1997, p. 24.

② Ibid. .

产面向向弥散的涵摄的排除（inclusive exclusion）下的消费主导社会转变为背景，个体性话语与理性实为一丘之貉。此时情感因被理性收编而重新复活，这里的"后"（post）并非一断再断的、非此即彼逻辑下的"后"（after），而是一种界限的模糊性（ambiguity）特质。"情感并没有真的消失，有关情感的方面仍然在后情感时代存在，只是以新的智能化混合形式、机械化，以及大众生产形式的情感出现。"① 根据有关个体化消费时代的历史时间观，消费所对应的"接受性现代观"下，理性话语将极大地对"过去"之时间模式的操作利用，那么结合后情感主义情感的被吸纳收编境遇，此时后情感主义呈现的将更多的是以"抽象的""死的"（dead）形式②的情感。不过，这不是后现代主义者秉持的虚无性与无根性（rootlessness），而是情感于后情感主义时代证成自身并使当下情感研究反思得以可能的症结。以下就鲍德里亚为代表的后现代主义思想与情感做进一步厘定。既然批判的二元论并没有为情感与当下理性话语关系的形式转变予以关注，那么放眼当下，在后现代社会，理论自然成为当代情感之反思定向的重要参考坐标。在此以后现代主义的鲍德里亚为例就后现代与情感之间进行关系定位。在鲍德里亚的后现代视域内，他"将社会世界看作除了由一堆仿真、偶在的（contingent）、无根的（rootless）、循环的虚构组成的'无'（nothing）"③。即包含情感在内的所有事物都以一种近似虚无与无意义的符码逻辑而存在的状态。进一步说，如将原先批判现代性的二元论与后现代的这种虚无主义比照，后者并不存在任何要素的对应指涉，即能指与所指之间的分裂局面继而造就了情

① Stjepan Mestrovic, *Postemotional Society*, SAGE Publications：London Thousand Oaks New Delhi，1997，p. 26.

② 其实，这种"死的"情感可以从现代性之审美性一面来理解。现代社会中，一直存在浪漫主义、非理性的艺术精神（art for art' sake）。这种追求本真而逃避他者的类似埃利亚斯自我的封闭意象一直存在，这种非理性特质往往与现代性之指向未来进步的理念背反，因为死的、复古的、旧的等"过去"时间观的幽灵也一并随着现代性之风久久不散。进一步地，这也可以看作情感于后现代性境遇下的存在表现以及理性操控它的特质。

③ Stjepan Mestrovic, *Postemotional Society*, SAGE Publications：London Thousand Oaks New Delhi，1997，p. 32.

感本身也被虚无化了。简言之，后现代主义的结构性价值逻辑下，情感被抛离出理论的探讨范畴而成为无意义失语存在。

这样看来，后现代主义思潮似乎为情感提供了最终的归宿。它不需要为了什么与理性的抗争而继续存在，但问题确实如此吗？这里亦有讨论的空间。具体来说，按照有关基于日常生活逻辑下"重构现在观"的社会关系指涉，情感本身即具有一种附着于身体意味上的历史延沿性与当下情境性。如此，情感可以展现出一种基于过去中断性之理性的反思力道，此时情感不是单纯以理性内含的因果逻辑可以简单分析的，而是基于历史性的经验累存，以类似"惯习"的身体＆情境的过去＆现在之反思形式来证成自身而无须借助理性这一他者。简言之，情感即情感，情感即行动，情感行动（emotive action）发生前并未预设（pre-exist）任何可供解释的情感来解释行动本身。① 原先表面的情感与背后的动机分析已经逐渐失效，也就是说，情感依然有其存在的意义，只不过此时它是通过自我意义的指涉来予以证成，即使丧失了原先理性话语对应的坚硬外壳。

那么，由这一基于身体经验与日常生活关系的二阶反思视角来看待情感，它就不应被当作虚无存在了。因为就后现代的虚无主义气质来说，是针对现代性的实体性对比进行解构的，情感在尤其是消费社会导向下以形式化的方式来达致自身的立足，也就无所谓实体的虚无之合法性与否的问题。也正如此，梅氏将鲍德里亚的后现代主义思想定位为一种基于实体认知的解构风格，进而在汲取后现代之仿真逻辑而寄寓情感发生基础上。他批判道："鲍德里亚几乎是集中于仿真的认知事项上，而我则注重情感的仿真。"② 如此，在鲍德里亚的《美国》中，美国被当作后现代主义的代表，进而被认定是"排除了所有'多愁善感'（sentimentality）的荒漠"③。反之，梅氏则认为，美国"实际上不是沙

---

① IanBurkitt, "Social Relationships and Emotions", *Sociology*, Vol. 31, No. 1, 1997.

② Stjepan Mestrovic, *Postemotional Society*, SAGE Publications: London Thousand Oaks New Delhi, 1997, p. 32.

③ Baudrillard, *America*, London: Verso, 1991, p. 71.

漠而是仍然以装填着大量的奇异与奢侈的情感形式存在的热屋"①。根本上说，这是鲍德里亚"没有深入情感再造的险境，以便触及那些自以为处于自控抑或他控的大众所有的核心价值"②的缘故。因为当后现代的虚无被当作核心而起解构化作用时，对上述情感之二阶反思层次的日常生活语境考察，已然失去了意义与准星。

所以，在梅斯特洛维奇的后情感主义语境下，情感并没有如固定的二元论之批判语境那样，以相对脆弱的方式被压制以至失语。它也没有完全受到后现代之结构符码的虚无冲击而丧失研究的意义。此时情感正受到以日常生活语境下绵密理性话语的作用，进而在符码作为理性仪式的加持下，于后现代背景中同理性进一步结合在一起。这一过程亦如对埃利亚斯对情感现代化之现代性内涵的理性返魅 & 仪式化的延续。下面就让我们从个体情感体验模式的转变开始，在埃利亚斯与梅斯特洛维奇两人的观念比较下，看看后情感社会中情感到底有何内涵与表征。

二　从"内在导向"到"他者导向"：个体情感体验及本真性历史嬗变考察

从后情感主义时代背景下对情感的研究定位来看，情感于当代的展现既不同于现代性意义上基于本真的批判性论断，也不同于后现代性视野下对问题的消解，那么考察个体的当代情感体验模式及背后本真性的嬗变问题将是理解理性作用的关键。如以二战后美国资本自由主义文化兴盛为时代标识，吸收有关西方马克思主义批判理论的社会学家大卫·里斯曼（David Riesman），他提出的"他者导向"（other-direct）的行为模式概念应是当代情感体验模式考察的很好着力点。

在20世纪50年代出版的《孤独的人群》（*The Lonely Crowd*）中，里斯曼就提出"他者导向"的行为类型。首先，简单从字面上看，他

---

① Stjepan Mestrovic, *Postemotional Society*, SAGE Publications：London Thousand Oaks New Delhi, 1997, pp. 32 – 33.

② Ibid. , p. 33.

者导向即"驱使个体转向注视他们的群体的判断（jury of their peers）"①。如从传统相对固定的社会道德与价值取向看，以单纯他人的行为作为自身行为考量，看起来是一种类似个体化的过程。进一步地说，"他者导向类型是宇宙主义者，他在任何地方也不在任何地方，有能力通过肤浅的亲密来应付所有人……甚至他者导向的人能够接受来自不同愿景的讯息，尽管来源多，变化迅速。而其中得以内化的，不是行为的代码（code），而是对有关讯息循环的深度装置（elaborate equipment）……这个操控装置就如陀螺仪，一个雷达"②。基于个体自身出发，依据传统社会文化价值为导向的行为则是内在导向类型（inner-directed type），于现代性意义上，它"产生于文艺复兴与大革命，以诸如个人主义不断地探索扩展，殖民化及帝国主义形式呈现"③。总而言之，他者导向模式是向外，更确切说是由外对内的覆盖，内在导向模式则是由内向外的、自我限定式的指涉，较为固定与严格。

因而，在后情感主义范畴内，以他者为导向的情感体验模式亦有特殊表现，如里斯曼提及的"留存于世界上的激情（passion）最重要的将不是为了显著的实践、文化、信仰，而是为了特定的获得（certain achievements）——基于西方一定技术与组织力的对所有显著实践、文化、信仰的消解"④。情感被从特定时空的文化价值所系中抽离出来。伴随个体化进程的加速，情感通过不同的殊异个体所组构的结构关系体系被安顿，即与依附内心修养基础上的传统伦理道德的内在导向模式被变动不居的他者导向模式取代了。进而，不管个体有何举动，情感都是一种表面功夫，所有以往秉持如正义、崇高的内在价值导向的炽热澎湃的情感体验模式逐渐没落。他者导向下，情感越发随心所欲，以如马尔库塞"快乐意识"（happy consciousness）方式来追逐美好的事物（nice-

---

① Stjepan Mestrovic, *Postemotional Society*, SAGE Publications: London Thousand Oaks New Delhi, 1997, p. 44.

② Ibid., p. 47.

③ Ibid., p. 49.

④ David Riesman, *The Lonely Crowd*, New Haven, CT: Yale University Press, 1961, p. xl.

ness）。可以看出，里斯曼他者导向的行为类型与批判理论对文化工业内的本真性丧失与异化路径相当接近。但这在梅斯特洛维奇看来，他者导向下的本真性经历着一场后情感主义式的变迁，这就与他对二元论的理性批判思想态度一致，即在后情感主义时代，本真性并未消失，而是以工业化再生产的形式出现。回顾有关埃利亚斯情感现代化探索，事实上就埃利亚斯的型构社会理论学说，后情感的这一他者导向行为模式早就从欧洲现代文明进程下开始发生了。梅氏却误读了埃利亚斯有关文明进程下型构社会学的反思性内涵，以至于将本真性嬗变的判断限定于战后美国的一种全新的后情感主义议题。下面就将沿着早期现代化进程基于文明的本真性变迁问题来接续梅氏的后情感主义判定。

先就梅氏对现代性与本真的关系来讲，在《后情感社会》中，梅氏依据现代性的内涵分为两类。所谓一类现代性（Modernity 1），它强调社会秩序与功能整合，在就持有一类现代性倾向的学者那里，社会发展被认为以线性历史发展为主导态势。那么，据他所判定的，此一旗帜下就包括了围绕启蒙理性与批判启蒙理性的思想家，因为不管是维护还是批判，他们都是站在以这样或那样的近乎自认为本真的理性立场，一次次进行历史的"解放政治"。二类现代性（Modernity 2）则更多地与变迁议题相关联，如在后现代主义学者那里表现出来的"短暂的、无常的、偶然的"① 特征。进一步地，统观两种现代性内涵利弊，梅氏将后情感时代看作兼具一类与二类现代性特质，即以他者为导向的情感体验模式，一方面仍然与一类现代性内涵的本真相符应，同时情感的本真性却是以后续二类现代性的形式出现，诸如承载着当下极具变化的个体自由消费文化形式。所以，就后情感时代的本真性意涵来说，"最重要便是这两类现代性的融通，两者的汇合将有利于人工的返璞归真的社区（artificial communities）创造，同时也是人为本真涉及的开端，这即本真

---

① 　Chris Rojek，*Decentring Leisure*，London Sage，1995，p. 6.

的工业"①。在此，就他者导向下后情感主义的本真性"新论"是没有问题的，但就依附他者导向之时代限定本真性探讨仍有局限，即他没有就现代化进程下的一类现代性所内含本真性的历史性变迁予以观照，而直接将二类诸如后现代的变迁特质作为唯一考量引入一类，试图造成一种范式意义上的跃变，进而成就历史隔断下的内含于后情感主义之本真"新论"。事实上，埃利亚斯的型构社会学已然将一类现代性中的变迁因素考虑进情感现代化进程了。对埃利亚斯有关型构个体社会的挖掘，将无疑拓展后情感发生的时空维度。

　　具体来说，埃利亚斯独具洞察之处便是将历史作为连接个体与社会型构的纽带，继而将个体互动内涵的非线性日常生活逻辑与宏大历史进行观照，拒斥了线性的历史发生学局限。从空间与时间的双重维度，他开始对早期现代社会型构进行具体的结构内涵分析。就时间而言，埃利亚斯特别注重对变迁时间下的关注，认为"这样的变迁时期为反思提供了一个大好机会：旧的标准被质疑，而新标准却还没有被坚实地建立起来"②。在如此时间变迁视角下，身处其中的个体会感到秩序被打破、惯习难行的尴尬体验，进而"对于现实与幻象之关系的质疑，风行于整个变迁时期"③。如此，在变迁的历史时间视角下，埃利亚斯对具体型构的个体社会之空间考察尤为奏效。在其第一部学术著作《宫廷社会》中，他将当时的宫廷当作情感现代化的发生场域，以"可视性""互赖性""策略性"来总结现代化进程下个体交往的型构特质。这也符应了他后来以宏观社会历史背景来考察型构个体社会的情感现代化变迁路径，宫廷理性正是在独特的型构变迁下④产生。理性背后即是在宫

---

　　① Stjepan Mestrovic, *Postemotional Society*, SAGE Publications: London Thousand Oaks New Delhi, 1997, p. 80.

　　② Norbert Elias, *The Civilization Process*, Oxford: Basil Blackwell, 1994, pp. 517 – 518.

　　③ Ibid., pp. 250 – 252.

　　④ 埃利亚斯早期学术研究的路径上，大体上是从对具体的社会型构之结构性分析向宏观的社会历史变迁转换的。这即对应于《宫廷社会》宫廷的制度化空间角度来探讨宫廷理性的发生与情感嬗变。《文明的进程》则对应民族与国家层面的宏观社会型构变迁考察，后者可以看作对前者思想的拓展。

廷这一封闭空间内由可视性、个体关系互赖性为基础的策略性权力争夺
活动，以及权力掣肘下的恐惧与不安的情感体验。

就此，埃利亚斯对早期现代社会的型构考察可以说就与梅氏所倚靠
"他者导向"的行为模式有极强的家族相似性。现代文明进程下，个体
的型构关系已极具策略性活动支撑下的制衡性，理性正是靠制衡型构下
的恐惧与算计快感而得以证成。那么，可以将埃利亚斯这一制衡型构内
的理性行为看作早期现代社会中的"他者导向"的行为模式。在制衡
的理性思维下，承载着情感模式的礼仪也因此发生变化。在《文明进
程》中，埃利亚斯以伊拉斯谟有关早期现代社会儿童礼仪进行梳理，
礼仪教育向越发精致、细微的文明化转变。这亦如地方骑士之兼具残暴
和浪漫的气质向宫廷廷臣理性算计的狡诈气质转变的过程。质言之，在
埃利亚斯那里，本真性问题在理性化文明进程下亦会随由"他者"足
够的型构条件影响而发生变化。就他的时空范畴而言，基本上是从以生
产为导向的早期现代化社会开始的，也就是说，按照梅斯特洛维奇的现
代性划分，埃利亚斯类似"他者导向"的情感现代化之型构考察是属
于一类现代性所对应的时间范畴的。同时，他的型构历史社会学内涵并
不是如"一类现代性范畴"中有关启蒙与批判启蒙学者那样，将时间
问题归诸一种过去决定论的封闭史观。虽然埃利亚斯讨论社会型构与情
感现代化议题是基于一类现代性的时间范畴，却并未固囿于一类现代性
所秉持的"解放政治"为终极价值理念的封闭时间观。① 进而，型构制
衡下的情感现代化将是梅氏所谓后情感主义的前奏，也与他之前将本真
性问题以"一类现代性"的范畴进行动态的反思性捕捉。

①　因此，在《后情感社会》第五章中，梅氏从社会的整合性与秩序性判定上，将埃
利亚斯划分为一类现代性的社会学家并进而无视其对本真性的历史性考察，这基本属于误
读。因为埃利亚斯的型构社会学并没有决定论的封闭时间观念，而是将个体间的理性活动
及宏大历史的发展看作两种既分离又相互证成的过程，因此他在1968年《文明的进程》再
版序言中一再借用黑格尔"理性的狡计"来澄清，即使表面上历史发展有如梅氏看起来的
迈向文明的越发秩序化与理性化，但是其暗藏的确是从单个个体的理性到不同个体间互动
而生发的非线性所助推的暗流涌动。如此，埃利亚斯与弗洛伊德晚期的文明论及法兰克福
学派有着本质的不同。

综上所述，不管哪个时期，"本真性"都依附一定的"他者导向"的理性行为模式。其嬗变从早期现代社会便产生，进而延续到后情感主义社会。这正是埃利亚斯超越批判理性之本真性异化议题局限，继而也为拓展当代梅氏之"他者导向"情感体验嬗变的理论阐释厚度做出了巨大贡献。进一步地，在当代后情感主义本真性变迁下，个体的情感状况如何，下面沿着他者导向的行为思路与本真性问题继续探索。

三　怀古情愫的再造：迎向激情消逝的时代

通过对大卫·里斯曼"他者导向"行为模式的批判革新，梅斯特洛维奇不仅吸收了西方马克思主义对有关文化工业批判的异化思想，同时将现代性所内含的动态变迁性予以观照，"他者导向"情感理性化模式所指向的本真性问题也将随时代背景而有所变化。在后情感主义时代，"他者导向"的情感理性话语将更多地与诸如后现代消费文化相关联，在无根性与不确定性的大众媒体的符码逻辑助推下，根本上，后情感主义更多地内含着一种基于此刻之"现在"对"过去"吸纳的时间逻辑。这即前面所提及的"接受性现在观"，"过去"成了"现在"时间之符码延异逻辑下的俘虏，以至于寓于过去的传统既可以被任意抛弃亦能被人工改造成为"复古珍玩"。在无根的"他者导向"下，以正负性属为意涵的"怀古"的情愫就成为这一去传统之当代情感状况的最佳诠释。下面就依据有关后情感主义发生的时空拓展，从埃利亚斯早期现代社会有关恐惧、乐观的正负情愫发生开始，考察当代后情感主义之怀古情愫。除了前面依据以宫廷为型构现代化的具体空间为"他者导向"的微观行为模式提供分析外，下面将从社会型构的整体宏观变迁为视角来考察，以此切入整个时代的情感状态研究。

在西欧众多早期现代文明社会中，伴随资本主义商品经济的发展，地方与中央的社会阶级关系逐渐趋向平衡。"中世纪的贵族骑士因为得不到经济保障逐渐蜕变为宫廷贵族，而市民阶级的崛起则为他们获得更多市政治理上的话语，通过税收垄断获得军事暴力支配的王权势力得到了很大加强，既对抗又合作型构模式成了主旋律。"① 正是这种以力量愈趋均衡的型构，各阶层间有了对等的政治博弈空间，从外到内，社会变迁与个体情感心理结构互为共变。在埃利亚斯看来，制衡的型构导向对他者的关注。这符应了他早期在《宫廷社会》中所做的具体分析，个体间因权力的策略竞争关系而时刻处于恐惧状态，这直接逼促着个体对自身周遭及长远筹划下理性思维能力的增长。

　　随着理性精神发展的不断深入，个体性通过启蒙理性得到证成，随之而来的便是人的主体地位在与自然、社会的关系中得到极大增强，从对抗的二元关系向二元关系的消解转换（如个体持有的战胜自然的乐观幻想），进而个体心理从原先对自然、社会的恐惧与敬畏向实证主义的乐观心态转变。所以，乐观正是由基于制衡型构下的恐惧体验及理性思维再发展的结果，也是理性挟持恐惧 & 乐观正负情愫交融状态下自我返魅的仪式化过程。当进入梅斯特洛维奇意义上的"后情感主义"时，裹挟着大量后现代符码的"他者导向"的情感体验亦延续了返魅的理性仪式化，情感随时有被操持形变的危险。在后现代逻辑的推波下，后情感时代情感以"现在"对"过去"反噬的怀古情愫②为显。

　　有关后情感主义的"怀古"情愫（nostalgia）现象，可从现代化进程的长时段来考察，以符应前面对后情感主义思想及其现实发生时空拓展。因应埃利亚斯对早期现代社会的型构探索，文艺复兴时期正是这一怀古情愫与早期现代社会发生的典型时期，个人主体性得到增强，人类文明逐渐步入现代化轨道。如英国史家雷蒙德·西蒙斯（Raymond Si-monds）所言：文艺复兴的伟大成就，就是世界的发现和人的发现，它

---

① 徐律、夏玉珍：《论现代化进程中的个体情感体验变迁——基于埃利亚斯型构视角的解读》，《学习与实践》2015 年第 11 期。

② 这里的怀"古"并非一般意义上以简单历史时间序列中的事件为指向的怀"旧"情绪，更多的是在失去传统价值实体依附为基础下，以个体化社会为背景，指向个体日常生活下弥散的权力关系领域。由此，怀古与他者导向的行为模式对应，也以极其吊诡的方式将大量传统意义上不可混淆的情愫相互搓揉并入其中，即一种"现在"对"过去"的宰制。这里的"古"与其说是"旧"，毋宁的是通过本质上变迁的新形式来展现的。这也一并符合了下面将要提及的发生于早期现代社会文艺复兴运动的精神气质。

为近代世界所需的理性提供了解放。① 其中，个人主体性是通过基督教神学与古希腊和罗马的古典学、人文学结合下的人文主义思潮而确立的。也就是说，作为现代化萌芽的文艺复兴时期，个人之主体性即与"怀古"的情愫相伴而生，以诸如基督教人文主义、圣经人文主义、市民人文主义等一系列借助古老人文传统的人文主义思潮展现开来。不过，须进一步说明的是，这里的"怀古"并非完全依靠古典文化的文化复辟，而是借助过去的人文力量来达成个人主体的神圣性确立。② 质言之，从历史时间模式上观照即是个体自我意识觉醒下"现在"思维对"过去"思想的吸纳与改编，最终导致远古文明及中世纪黑暗的经院神学传统逐渐向启蒙的理性之光转换。

如将以上看作当代后情感主义于早期现代社会中朴素的"怀古"情愫发生，那么在这一时期，这一"怀古"情愫也流露出理性自身对情感的塑造。大体上，从14世纪后半期到17世纪上半叶，伴随"新经学运动""宗教改革""宗教战争"等诸多社会现实变迁，"怀古"情愫内含的恐惧与乐观成了一对相互交融的正负情愫，进而依理性价值的实现或破灭而波涛汹涌。当时步入以文化工业为主导的"他者导向"下的后情感主义时代时，这一"怀古"情愫依旧以"接受性现在"的时间观形式得以延续。不同的是，以结构性符码逻辑为主导，将个人主体性本身抛离开来，进而所有达致集体激情及其社会秩序的可能都消逝了。

具体来说，在《资本主义文化矛盾》中，丹尼尔认为，尤其在20世纪后半期，资本主义社会开始出现文化矛盾，社会文化层面倾向以审美方式展现其意义，即如现代艺术内"为了艺术而艺术"的口

---

① Raymond Simons, *The American Colonies*, London, 1900, p. 12.

② 这是说，文艺复兴的最大特点是通过对中世纪基督教神学之上帝本体论意义上的人性转化来间接地达成个体的主体性地位，诸如以"道成肉身""因信称义""平信徒皆祭祀"等理念来转换上帝的全能理念而予人身上。所以，此时人与宗教的关系是暧昧的，对人之主体性的证成亦是本体论意义上的。更重要的是，于社会现实的理念中也打破了中世纪以来的教阶制，这也为埃利亚斯早期现代社会的制衡型构考察思想奠定了基础。

号，原本的具有实质内涵的文化开始让渡于形式主义，"现代主义由此成为一种诱惑者（seducer），它的力量来源于对自我的崇拜"①。这也与更早的 19 世纪时期凡勃伦就有闲阶级依附无用、炫耀、非生产劳动的炫耀式消费内涵一致，可以说，这是个体化进程发展到高峰的产物。由此，在这一现代性审美化特质指涉下，个体的情感亦会以"无力的""颓废的""非行动"的样态展现出来，情感成了一种行动意义上的"奢侈品"。所以，"在以前，情感能够被人期待指向某种行动，但是在今天的后情感社会，这种情感与行动的自然纽带已经被永久地分割了"②。通观后工业社会，当代"他者导向"的行为模式更多地与消费文化内含的符码逻辑符应，情感的本真性不同于早期现代社会而借文化工业"再制"的形式复现，更具多元与易变面目，进而"在今天，后情感类型知晓他们能在任何范畴体验到所有的情感，并且也绝不会诉诸恰切的行动来论证情感的本真性"③。于是，情感本真性被审美化了。在一定程度上，这也超越当初米尔斯就美国大众社会弥漫的冷漠情感与非行动的启蒙式呐喊的现代性话语范畴，进而结果便是借助后现代的符码逻辑以"怀古"的方式将正负情愫交融的现象重新纳入理性体系。

　　在当代后情感主义下，在以消费的符码逻辑为要旨的他者导向的行为模式内，美好（niceness）与僵固的愤怒（curdled Indignation）成了这一阶段"怀古"情愫下的展现。一方面，个体需要考虑他人群体的监控窥视，履行自身"文明"的友好一面；另一方面，因"个体对改变政府或其他社会机构的效力上，根本上是无力的（powerless），此时愤怒能够作为一种'补偿'，或是对某些自尊伤害的特殊心理个案予以反映，总的来说，他者导向的愤怒的人不会感到他们能真正对具体世界

---

① Daniel Bell, *The Cultural Contradictions of Capitalism*, New York Basic Books, 1976, pp. 19 - 20.

② Stjepan Mestrovic, *Postemotional Society*, SAGE Publications: London Thousand Oaks New Delhi, 1997, p. 55.

③ Ibid., p. 56.

的影响"①。于是，两种正负情愫一时间成为此时文明进程下不可或缺的，交融的形式化力道则借助多元文化的历史性追溯得以保留。最明显的莫过于当下西方社会出现的各种依附亚文化群体之"歧视"类目的社会运动与法律诉讼案。如当下美国社会种族歧视、性别歧视下的反抗案件等，都无不例外地通过历史的追溯，而将现实扣以"歧视"的帽子。不管事实如何，至少这种"怀古"情愫的倾向是越发激烈的，根本上讲是"当下"话语对"过去"操纵的结果。很多时候，过去的社会运动并没有当今的条件，而仅被当成一种"奢侈"的非行动本真幻象而已。如此，因应这一"怀古"情愫，后情感社会中，本真性与内含符码的逻辑他者导向模式相伴，并被一再地人造出来。此时个体也在这种大众消费文化符码的改造下，于本真性范畴中寻求自我。即使当下通过"他者导向"的行为逻辑能为个体提供关注他人的契机，并能通过诸如消费等普遍活动有助于个体间发生关系，进而回返到类似初民社会集体狂欢境地，但无疑此时的个体已不能摆脱能指与所指脱离下意义消逝的困境，这是20世纪后情感主义社会与早期现代社会的不同之处。② 个体的自我存在似乎越发暗弱以至消失，原先指向集体认同与社会秩序的集体狂欢和炽热激情愈趋消逝。于是，社会最终陷入后情感时代由本真性工业支撑的理性返魅的仪轨。

---

① Stjepan Mestrovic, *Postemotional Society*, SAGE Publications: London Thousand Oaks New Delhi, 1997, p. 58.

② 梅氏的后情感主义概念的最大亮点是借用后现代有关符码的逻辑意涵而并未陷入虚无的境遇。个人主体性此时也在"他者导向"的消极循环反馈中消逝。这是不同于埃利亚斯对早期现代社会主体性证成的部分，至少在以生产为导向的社会中，私人与公共领域之间界限仍较为清晰，主体性仍有活动的空间，这与米德"一般化他人"概念不同，后者是在主体性证成的积极面向上来论述的。

第六章　结论与讨论

在西方思想文明的历史延沿下，对人本身的思考一直是捕捉其中主流思潮的风向标。"认识你自己"这一来自远古的神谕不断地激励着众多哲人并照耀着后来者的思想冒险旅途。当社会步入现代化发展阶段时，在理性精神的逼促下，有关"人的现代化"之人文主义思想开始萌发，自我意识开始觉醒，情感正是在有关人这一载体的思想发生基础上有了研究及其反思的可能。如此，接续着理性实证主义传统的社会学，于诞生之初就通过理性的强劲力道将情感视为分析的附属品给推搡开。这就有从反思性视角，以思想的对话、澄清，进而为越发朝向以消费为主导的社会发展提供情感研究的想象力拓展可能。

第一节　疏离与证成：不断坠落的人文主义及完美理性的辩证意象批判

可以说，有关"人的现代化"思想的探讨是具体介入理性与情感间反思性研究的前提，具体过程可从发生于文艺复兴运动的人文主义思潮开始考察。一般来说，在现代化进程前，西方文明中有关对人自身的定位基本是以从属地位依附宗教及自然的敬畏及恐惧中的。文艺复兴之后，随着经院哲学中"异端"的崛起，宗教权威开始在众多学者通过重译《圣经》、再释经典的新经学运动后遭受冲击，再加上对古希腊古典人文学思想的承继，产生了诸如"道成肉身""因信称义"等人与上帝同型同构的证成理念。于是，上帝之全能思想开始转向人，进而强化个体作为完美神性存在的自我意识。这是在本体论意义上以借助神学及古典人文学来证成人本身的存在。尽管此时人本身并未脱离宗教而成为独立的个体，但随着现实的发展，个体开始逐渐在自我意识上发生变化。

文艺复兴后期，随着"地理大发现"、宗教改革、反宗教改革运动及越发动荡的现实，原先极富神性荣光色彩、布克哈特的"完美的人"的理念开始消解，诸如莎士比亚、蒙田、马基雅维利等人都以较为"悲伤"的笔调论述那个时代的理性阴霾。现实成为自我觉醒个体关注的重要阵地。17 世纪以后，宗教这一原先作为本体论意义上指导个体的存在，开始被个体通过关注自然与社会现实的认识论逐渐取代。就这样，"完美的人"的意象开始从神性的存在向现实坠落，此时以自然科学的理性主义为依托，个体开始发起对自然的探索。近代认识论的特质以个人与他者的分殊为前提，进而将殊异的目光投入其中，不管是唯理论还是经验论，二元的理性逻各斯成为其背后幽灵。乐观成为科学理性下的主流形态，以至于作为主体，人以"消解"的方式将自然与人的现实对立关系予以消解，二元关系似乎被抹杀。当启蒙孕育了康德这一试图终结近代认识论的启蒙呐喊者时，他便试图以"敢于公开运用理性"的口号来发扬启蒙的要旨，启蒙精神由此开始作为时代的回响成为指引后来者的理性光芒。

在启蒙理性精神接棒下，资本自由主义应然理想与现实实然发生错位，法国大革命下社会动乱不已。正是在实证主义影响下，以现代性后果自立的社会学诞生了。由此作为对先前科学理性的回应，个体开始被强行纳入社会结构的分析体系，社会事实的强制集体意象萦绕于实证主义方法论之"均值人"意象的背后，通过将理念应然与现实实然的话语转换，理性继而以吊诡方式座架了个体。在个体与社会的关系层面，社会学作为一门在科学方法论基础上的学科将情感抛离于研究视域。综上所述，从文艺复兴、近代启蒙再到实证主义哲学发生的 19 世纪，个体分别于本体论、认识论、方法论的不同层次受到二元理性话语的逐渐遮蔽。当社会学进入发展时期，理性完美意象下，主体性被不断拉入僵化固囿，并尤以现代社会学围绕"结构"线索进行的理论建构为显著。可以说，这便是社会学视野下情感研究反思的着力点，而对人的考察也将以情感之日常生活及历史时间的双重角度加以反思。

第二节　思想对话与澄清：日常生活与历史时间观下的双重检视

一　日常生活之形而上的反思

从知识社会学角度看，现代社会变迁将透过不同形式影响身处其中的个体。工业革命以来，随着机械复制技术的兴盛，充斥着琳琅满目商品的日常生活随时面临日新月异的飞速变革，这直接冲击着人们的时代感受，以至于原先抱持脉脉温情经验讲故事的人开始逐渐被商品化浪潮吸纳。事物的"光晕"（aura）消逝，从经验到惊颤体验的嬗变成为平凡人普遍的感知。也正如此，作为日常生活的一分子，社会学家亦受影响，在理性实证主义精神的鼓噪下，在现代性变迁的刺激下，越发失去情感感知，理论的建构亦以趋向结构社会学的分析而将情感排除出去。"结构"问题及其实证研究范式可谓自古典社会学涂尔干以来，成为社会学研究的主旋律。

对于人与社会关系的探讨，一直是自社会学诞生以来试图解决社会发展问题背后的重点。诸如以涂尔干、帕森斯为代表等极具实证精神的社会学家，都尝试过去解决传统人与社会的二元关系问题。所以，涂尔干借助康德先验范畴以应然的态度加诸实然的现实之上，进而提出实证主义的方法论体系。美国现代社会学大师帕森斯，其早年便致力于对理性主义、功利主义、唯心主义等西方传统统合的努力。无论如何，他们都难以脱离以外在"结构"为主体的优势话语进而压制个体能动的固囿。可以说，在资本自由主义车轮的推动下，从现实个体的感知遭际到自然科学实证精神的延沿，情感成为静态理性分析的附属品。要突破这一理性精神下的"结构"话语，便需要从日常生活的视角来重新审视个体与现代性关系，这也是自马克思以来批判理论的关键。

日常生活范畴下的理论反思，基本上是由法国西方马克思主义学者列斐伏尔确立起来的。但是如从思想谱系来考察，以外控持具个人（possessive individuality）的"解放政治"的批判理论自青年马克思那里就开始萌发。不同于政治经济学单纯以制度化方式研究社会，日常生活作为原先被自然理性、科学理性所抛弃的范畴，它自身却饱含着能够重新为人赋予经验的反思性底蕴。从青年马克思那里，我们可以看到，吸收了黑格尔对宗教、费尔巴哈对自然的异化批判，重新将人性与社会劳动予以关联，进而将异化的反思拓展到社会人的范畴。这样其背后即以与异化相对应的"全人"（whole man）理念为支撑，成为有别于一般社会学研究的路径。当古典社会学家西美尔试图通过其文化形而上学的资本主义批判以试图"为历史唯物建造文化底楼"时，就接合了《1844年经济学哲学手稿》这一 20 世纪 20 年代才被发现，而首次内含青年马克思的异化理论。可以说，西美尔为资本主义货币经济对大都市中个体精神体验的影响与嬗变，重新通过日常生活的维度开拓出来。作为西美尔学生、法兰克福学派成员本雅明，在承继教师的审美主义式学术风格的同时，借用犹太神秘主义的历史观，将个体安置于现代性的恶之花丛中，以如发达资本主义抒情诗人波德莱尔似的碎步，在巴黎拱廊街内重新拾掇起散落一地的现代性碎片，通过局部、个体、特殊来通观总体性。这样一来，原先被现代性之神性大风吹散飘零的日常生活景观开始被以上思想家一步步地拼贴整合出来。

在诸如霍克海默、阿多诺之后，反启蒙话语一时间成了时代大写，而如列斐伏尔、德波尔等一众法国西方马克思主义者依然对消费社会的官僚机器发起猛烈批判，日常生活范畴被深深地以"解放政治"的方式提呈出来，社会秩序问题依旧是其背后的主要隐射。如果我们将视角放到个体化时代的消费社会，似乎依据青年马克思之异化/全能的对抗思想有很大局限，如以全能 & 本真为依据，在消费社会的符码逻辑下，这种本真将以人造的仿真方式出现，进而以非异化之本真所搭架起来的个人解放与社会秩序将会遇到困难。这也尤以外控持具个人下生产主导的社会面向向欲望证成的消费主导的社会面向转变时的挑战。

从日常生活的范畴来看，可以发现此一发生于经典时期，围绕结构批判下的解放政治理念基本上是形上的，超越时空的抽象批判，因而以法国人类学为基础的日常生活批判学派依旧沿着超现实主义的审美理路来试图达成一种解放的社会秩序目的，但同时却忽视了当下消费的基于日常生活范畴的此在逻辑，后者却拥有着对"过去"与"未来"极强的吸纳收编能力。也就是说，经典时期的日常生活概念，基本上是抽象的、无视时间的，进而思想的反思性只能停留在基于行为的异化表征中。当通过以历史的追溯方式来破解现代性时，历史本身似乎更多地被当作要么是永恒本真下的流溢附属，要么便是一种线性的时间观。不过，虽然青年马克思—西美尔—本雅明—日常生活学派的反思路径并没有很好地顾及历史时间本身的"他者"逻辑，却由此打开基于日常生活的历史时间的反思性开口。吉登斯的结构化理论成为基于日常生活形而下的情感反思性研究的突破口。

二 日常生活形而下的制度化反思批判

以晚期现代性为背景，吉登斯试图以洛克伍德的社会 & 系统整合的双向整合为理论基础来尝试突破传统结构社会学的固囿，提出著名的"结构化理论"。其理论的最大特质便是，将主体能动性与能知度（knowledgability）进行关联，知识则作为个体的力量与内含资源、规则的权力相照应，权力则进一步以与他者之间的关系作为总体的考量。这样一来，吉登斯的结构化理论是寓于权力关系内的，以"二元性"（duality）方式为主导，基于当下此刻的微分时间观的制度性反思理路。有关来自过去延绵下的"非意图"后果，则因微分—权力观下对时间的横切而失去可供反思的栖居，过去的未来与未来的过去不分。可以说，这也符应了持具个体的外控型思维模式，"结构"的阴影依旧。

针对吉登斯的微分的时间观下的制度化反思，以莫扎里斯（Mou-zelis）、阿切尔（Margert Archer）为代表的学者则尝试从一种积分的时间社会学角度试图跳脱出时间的"罗生门"。如前者通过层级化的思维对个体主体进行先赋的能力设定，以此来区分结构与个体之间的不同作用形态，以为主体在进入具体的权力关系前提供类似"局外人"的思路，或后者对个体与结构的作用机制进行先后次序的分类，并就主体本身以如沉思冥想、情绪感受等内在交谈的方式来凸显主体性的多元形态特质，以为微分的关系性制度化反思提供破口。

从吉登斯及后进者的对话来看，二元性问题的反思一直是西方社会学理论的主流。但"结构"问题依然很突出，即日常生活维度此时已经被化约为制度化的权力关系学说。在当代情感研究中，无论是较为封闭正式的情感劳动概念，还是开放的情商理论，相关情感研究议题亦受到制度化反思的逻辑制约而不能自拔。从根本上说，这是理论本身没有很好地跳出日常生活本身的"流变性"逻辑而陷入其中的结果。这与前述形上的日常生活逻辑对反，后者是过于出离，前者是过于固围其中而造成一种理论的"共谋"。那么，依据形上日常生活批判与形下制度化反思，要改变这种不利反思局面的落脚点就需要以历史的时间观做进一步的线索。对现代性反思的问题，根本上是就其中的事物流变保持一种"审慎"的，既关涉（involvement）（针对形上日常生活而言）又出离（detachment）（针对形而下的制度化反思而言）的态度，就日常生活中的制度性问题发起反思性追问，同时又不能陷入其中，要就行动的结构性特质进行跳出式的探查。如果从历史时间观与反思性的力度来考察（形上考察是永恒时间观，排除了时间话语而没有时间），将吉登斯的微分时间观对应于行动的制度化表层反思，继而视作一阶反思，那么如要进一步推进到基于行动的结构性本身的反思即二阶反思，就需要重估时间问题。

如果说形上的日常生活批判理论对应的是永恒时间观而将时间（具反思性中断意味的过去历史）排除出论域，继而造成思维与存在之间的疏隔，并以绝对出离的形式出现，吉登斯的微分权力关系说则对应于"接受性现在"的时间观，将过去与未来同时吸纳并予以（范式意义上中断性与创造性）改造成当下的持具个体的制度性话语，以绝对关涉的层面而证成。那么，二阶反思的关键即在于时间的把握，更确切的是如何重估"过去历史"的问题。正如此，"现在"就需要以重构的方式被看待，跳出此刻"现在"的共谋境遇，重新将反思置于制度化反思之结构性再反思的一层。我想，这应是情感理论反思的增长点，只有这样，才能赋予处于日常生活中的人更多的反思性游走空间。

第三节 再识社会学想象力：当代情感话语的时空拓展与反思

当社会开始全面进入个体化时代时，原先以生产为主导的社会发展逻辑开始向弥散的自恋主义式心理学化的消费主导逻辑转变。由此，个体与社会的关系就不是传统持具个体的启蒙理性及批判启蒙理性的各类学说能予以澄清的。这不仅扩大了原有从生理性之人文性思路下的持具个体思路的局限，也为当代理性及其情感研究的反思提供了契机。

回顾有关人文主义思潮的发生发展，如将个体化视作自我意识觉醒与"他者"认知性分离的过程，这样的个体化进程早在启蒙时代就有着显著的表现，即基于个体理性精神之应然理念与社会现实之实然的矛盾。所以，在启蒙理想的导引及现实的动荡下，个体与社会之间的关系呈现出反复搓揉的过程，最耀眼的莫过于实证主义方法论下对个体进行"均值人"的设定。此时个体被看作既相对平等又相互独立的"人口"，并以依据某一或多个属性来作为命题的前设，继而通过正态分布的形式将样本中的个体经数量的统计转换成区间范畴的"质性"判断，诸如"大数法则"便是其中的经典引生。在以历史哲学进而影响现实的短短几个世代，社会结构对个体的作用方式也通过科学的工具及思维作用于人及其日常生活。不同于传统持具个体"解放"意义的强制意义，随着个体化进程的加速，社会与个体的这种相互排斥又相互涵摄的关系被强化了，即一种涵摄的排除逻辑（inclusive exclusion）的强化。那么，对个体与社会间理性话语的考察就需要从日常生活内部发起二阶反思，情感此时应当从身体与惯习的角度探索。

不同于制度化的"接受性"现在观，建立在身体与惯习意义上的日常生活中的关系既有对"过去"累积经验意义上的指示，也有对当刻"现在"的情境性的把握，两者相互成为对日常生活反思的历史时间基础。正如此，在这一个体化社会机制的考察下，有关情感才能一并以正负情愫交融的方式重新纳入理性反思的视野。因为如将个体化以生产与消费为两个标准划分，那么从一种社会人类学的文明发生意义上看，正负情愫作为人从动物性到社会性之集体狂欢进而引生集体意识与社会制度的不可必要的情感体验，在以生产为主导的社会中，解放政治为社会主导理念，外控持具个体与社会的对抗是其主流，进而正负情愫这一难以被理性之逻辑一致性所覆盖的看似矛盾情愫就被问题化了，进而被打入社会学理论研究的"冷宫"。当进入以消费为主导的个体化发展阶段时，持具个体的理念愈趋消逝，个体获得比以往更多的自由，进而与社会的对抗性体验开始瓦解。此时，初民时代的正负情愫交融这一文明发生的非理性情感似乎又被接纳了。但是如从后一阶段的个体化理性操控逻辑看，问题并没有如此简单地被解决。这与当年启蒙理性下乐观情愫推动个体在理念应然上拒斥个体与自然二元对抗关系的局面异曲同工，问题不是被解决了，而是被消解了。

所以，随着个体化进程的深入，在文明发生意义上所生发的作为证成理性的非理性之正负情愫交融状态亦会受到承载着不同形式理性话语&咒语的作用，或被拒斥，或借助消费的符码进行涵摄、收编。似乎当代文明下，情感以"怀古的形式"返回到初民时代的集体狂欢，大有以类似能产生社会秩序的正负情愫交融的复古态势。但无疑，情感并没有进入原先的和谐状态，它是被理性以消费导向的个体化逻辑所深度操持了，也就是理性替代宗教成为当下文明返魅的神圣性存在。从社会情感状况而言，此时进入了梅斯特洛维奇的"后情感主义社会"。

　　梅氏搭架其"后情感社会"的思想是通过现代性与后现代性有关情感和理性的关系开始的。如将情感看作理性所一直试图吸纳操控的存在，两者间的关系必然不是线性式的，历史本身将以重构的方式被"现在"所操控，由此就情感与理性，批判启蒙的非理性哲人从二元对立的角度将情感视作无可救药，以至被理性抹杀的悲观理论就不应成立。于后现代一头，其内含的虚无主义却错误地将情感视作现代性产物而一并消解，这有过犹不及之嫌。按照梅氏的说法，支撑当代情感研究的因是以"他者导向"（other-directed）行为模式对本真性问题的探讨为基础才有可能。所以，在他借助大卫·里斯曼"他者导向"的行为模式下，将情感投注到承载着诸如"美好"（niceness）与"僵固愤怒"（curdled indignation）等正负情愫的怀古容器中，以后现代之无根性、不确定性为背景，将原先批判现代性理论的相对固定的本真性说法予以改进，认为本真性仍然存在，只是以个体化消费时代下的符码逻辑为主导，受到变动不居式的人工形塑而已。这样既避开了后现代的虚无气质，又能避免以启蒙理性及反启蒙理性思想家试图借助如"解放政治"的理路来达成相对固定的"自然"本真之回返诉求。不过，既然本真性是隐藏于他者导向之情感体验模式的根本，这种形塑本真性的逻辑并非仅存在于消费为导向的后工业社会。

　　埃利亚斯的型构社会学鲜明地通过西欧（除德国外）的文明社会的型构考察挖掘出型构之个体化社会的进程，在各个阶层愈趋制衡的状态下，恐惧与乐观正负情愫并存，理性也随之从宫廷社会以宫廷理性及礼仪的方式表现出来。其型构所内含的个体理性与宏大历史的非线性理论，也拒斥了梅氏于《后情感社会》中对他的误读。埃利亚斯不是传统意义上的一类现代性（Modernity 1）的历史社会学家，而是秉持以"过去"来反刍当下，为反思提供重构时空契机的人文主义学者。因此，他就早期现代社会的情感现代化考察并没有为诸如后现代性之自我完全丧失的本真情感工业提供解释，但无疑却从生产面向下，接续了梅氏有关"他者导向"的情感体验模式，即人人畏惧人人，正负情愫相伴而生。就此，当梅氏以本真性的情感工业来诉说当代社会时，米尔斯对美国大众社会之冷漠情感与公共行动意义上的社会学想象力呐喊也有新的诠释空间。

也就是说，在后现代的本真工业下，情感被大量地制造，其背后的理性话语依靠着如咒语般的符码逻辑而将集体情感牢牢地把控住。初民时代，基于炽热集体狂欢的正负情愫交融状态及其生发的集体意识，因个体化及其本真工业的再造而得以重塑。激情消逝了，集体意识亦不可能。在现代性审美作用下，情感成为"奢侈品"，继而蜕变成于个体化时代展现个人自恋主义的封闭心理满足品。这亦如凡勃伦《有闲阶级论》中对炫耀性消费之懒惰与非生产特质的界定那样。此时情感仅是情感，而与行动本身无关，更确切地说，情感本身即是行动，即是意义。那么，原先米尔斯通过对美国大众社会诸阶层之社会心理考察，以及为私人向公共领域探索、行动的极富启蒙理性色彩的呐喊努力，此时似乎就受到后情感主义时代"他者导向"下"非行动"情感症候的冲击。这是个体化境遇下公共领域向私人领域塌陷而引发的一系列问题。由此，原先由情感与行动而搭架起来，并内含启蒙理性之现代性话语的想象力何去何从呢？

就反思想象力本身而言，亦须出离想象力发生的具体背景。当米尔斯试图通过美国大众社会的考察进行巴尔扎克"人间喜剧"式的激进批判时，我们需要保持一份谨慎，即在具体运用社会学想象力进行经验考察时，需要对"什么样的人""什么样的历史""什么样的社会"给予开放考察，既出离又介入，这样才有可能摆脱原先米尔斯建构理论概念时的方法论局限，并不至于原地停留，以至任性地将社会学改造为无作为的"愤青"式学科，基于异质性的社会认识论判断来不断认知人、认知社会、认知情感。最终这也符应了本书最初在梳理国内外文献所提出的情感研究的反思性展望，即通过情感研究的反思深入西学语境进行建设性批判的解读。这尤其对国内现有大多停留于概念的引介与实证经验的简单应用来说，有本土化的理路与经验研究的助益。

参考文献

中文文献

著作

《费尔巴哈哲学著作选集》下卷，商务印书馆 1984 年版。

《马克思恩格斯全集》第 2 卷，人民出版社 1995 年版。

《马克思恩格斯全集》第 3 卷，人民出版社 1995 年版。

阿尔帕德·绍科尔采：《反思性历史社会学》，凌鹏、纪莺莺、哈光甜译，上海人民出版社 2008 年版。

阿伦·布洛克：《西方人文主义传统》，群言出版社 2012 年版。

埃利亚斯：《个体的社会》，翟三江、陆兴华译，译林出版社 2008 年版。

埃利亚斯：《文明的进程》，王佩莉、袁志英译，上海译文出版社 2013 年版。

昂惹勒·克勒默－马里埃蒂：《实证主义》，管震湖译，商务印书馆 2001 年版。

《本雅明文选》，陈永国译，中国社会科学出版社 1999 年版。

本雅明：《发达资本主义时代的抒情诗人》，王才勇译，江苏人民出版社 2005 年版。

本雅明：《机械复制时代的艺术作品》，王才勇译，中国城市出版社 2002 年版。

本雅明：《经验与贫乏》，王炳钧、杨劲译，百花文艺出版社 2006

年版。

本雅明：《论瓦尔特·本雅明》，郭军、曹雷雨译，人民出版社 2003
年版。

本雅明：《摄影小史＋机械复制时代的艺术作品》，王才勇译，江苏人
民出版社 2006 年版。

彼得·伯格：《与社会学同游》，何道宽译，北京大学出版社 2008
年版。

彼得·盖伊：《启蒙时代》，汪定明译，中国言实出版社 2004 年版。

伯恩斯：《俄界文明史》第 1 卷，商务印书馆 1981 年版。

布克哈特：《意大利文艺复兴时期的文化》，何新译，商务印书馆 1997
年版。

车铭洲：《欧洲中世纪哲学概论》，天津出版社 1982 年版。

陈戎女：《西美尔与现代性》，上海书店出版社 2006 年版。

陈永国、马海良：《本雅明文选》，中国社会科学出版社 1999 年版。

丹皮尔：《科学史》上册，李珩译，中国人民大学出版社 2010 年版。

伽桑狄：《对笛卡尔〈沉思〉的非难》，庞景仁译，商务印书馆 1981
年版。

胡塞尔：《欧洲科学危机和超验现象学》，张庆熊译，上海译文出版社
1988 年版。

卡西尔：《人论》，甘阳译，上海译文出版社 1985 年版。

康德：《纯粹理性批判》，李秋零编译，载《康德著作全集》第 4 卷，
中国人民大学出版社 2005 年版。

康德：《答复这个问题："什么是启蒙运动?"》，何兆武译，载《历史理
性批判文集》，商务印书馆 2005 年版。

康德：《道德形而上学的奠基》，李秋零编译，载《康德著作全集》第
4 卷，中国人民大学出版社 2005 年版。

康德：《什么叫做在思维中确定方向?》，李秋零编译，载《康德著作全
集》第 8 卷，中国人民大学出版社 2010 年版。

孔德:《论实证精神》,黄建华译,商务印书馆 1996 年版。

里夏德·范迪尔门:《欧洲近代生活宗教、巫术、启蒙运动》,王亚平译,东方出版社 2005 年版。

马克思:《1844 年经济学哲学手稿》,人民出版社 2000 年版。

孟广林:《欧洲文艺复兴史哲学篇》,人民出版社 2008 年版。

米尔斯:《白领:美国的中产阶级》,周晓虹译,南京大学出版社 2006 年版。

帕特里克·贝尔特:《时间、自我与社会存在》,陈生梅、摆玉萍译,北京师范大学出版社 2009 年版。

托马斯·库恩:《科学革命的结构》,北京大学出版社 2012 年版。

王太庆:《古希腊罗马哲学》,商务印书馆 1961 年版。

韦伯:《社会学的基本概念》,胡景北译,广西师范大学出版社 2005 年版。

西美尔:《〈大都市与精神生活〉,桥与门——西美尔随笔集》,涯鸿、宇声译,生活·读书·新知三联书店 1991 年版。

西美尔:《货币哲学》,陈戎女等译,华夏出版社 2002 年版。

西美尔:《金钱、性别、现代生活风格》,刘小枫编、顾仁明译,学林出版社 2000 年版。

邢贲思:《费尔巴哈的人本主义》,上海人民出版社 1981 年版。

徐瑞康:《欧洲近代经验论与唯理论哲学发展史》,武汉大学出版社 2007 年版。

叶启政:《进出"结构—行动"的困境——与当代西方社会学理论论述对话》,台北:三民书局 2004 年版。

叶启政:《迈向修养社会学》,台北:三民书局 2008 年版。

叶启政:《社会理论的本土化建构》,北京大学出版社 2006 年版。

叶启政:《象征交换与正负情愫交融:一项后现代现象的透析》,台北:远流出版公司 2013 年版。

伊利亚德:《圣与俗——宗教的本质》,杨素娥译,台北:桂冠图书公司 2000 年版。

伊利亚德：《宇宙与历史：永恒回归的神话》，杨儒宝译，台北：联经
　　出版公司 2000 年版。

张华夏、杨维增：《自然科学发展史》，中山大学出版社 1985 年版。

论文

陈水勇：《论货币桎梏中个体价值的拯救》，《兰州学刊》2011 年第
　　7 期。

陈玉霞：《"机械复制艺术"与"文化工业"——本雅明与法兰克福学
　　派大众文化之比较研究》，《理论探讨》2010 年第 3 期。

成伯清：《情感社会学：通过情感透视时代精神》，《中国社会科学报》
　　2015 年第 2 期。

成伯清：《情感社会学的意义》，《山东社会科学》2013 年第 3 期。

淡卫军：《情感：商业势力入侵的新对象》，《社会》2005 年第 2 期。

淡卫军：《社会转型时期的情感精英》，《社会》2008 年第 3 期。

邓晓芒：《西方启蒙思想的本质》，《广东社会科学》2003 年第 4 期。

龚天平：《试论欧洲近代哲学中的人学思想》，《郑州大学学报》1998
　　年第 1 期。

龚秀勇：《费尔巴哈人本主义与马克思人本学》，《湖北社会科学》2005
　　年第 5 期。

管小其：《启蒙定界，康德启蒙观的革命性意义》，《求是学刊》2009
　　年第 1 期。

郭景萍：《情感资本社会学研究略论》，《山东社会科学》2013 年第
　　3 期。

郭景萍：《西方情感社会学理论的发展脉络》，《社会》2007 年第 5 期。

郝苑、孟建伟：《从"人的发现"到"世界的发现"——论文艺复兴对
　　科学复兴的深刻影响》，《国家行政学院学报》2013 年第 4 期。

纪逗：《本雅明的历史观解读》，《马克思主义与现实》2008 年第 3 期。

蒋逸民：《西美尔对现代都市生活的精神诊断》，《华东师范大学学报》
　　2011 年第 6 期。

李梦雅：《当代怀旧情感之社会学分析》，硕士学位论文，南京大学，
　　2012 年。

李文阁：《遗忘生活：近代哲学之特征》，《浙江社会科学》2000 年第
　　4 期。

刘放桐：《超越近代哲学的视野》，《江苏社会科学》2000 年第 6 期。

吕付华：《社会秩序何以可能：试论帕森斯社会秩序理论的逻辑与意
　　义》，《甘肃行政学院学报》2012 年第 6 期。

马冬玲：《情感劳动：研究劳动性别分工的新视角》，《妇女研究论丛》
　　2010 年第 3 期。

马雪影：《康德启蒙原则的困境》，《道德与文明》2003 年第 2 期。

孟建伟，《科学与人文主义——论西方人文主义的三种形式》，《北京师
　　范大学学报》2005 年第 3 期。

潘泽泉：《理论范式和现代性议题：一个情感社会学的分析框架》，《湖
　　南师范大学学报》2005 年第 4 期。

上官燕：《讲故事的人中的经验与现代性》，《三峡大学学报》2011 年
　　第 4 期。

史福伟：《批判理论的人本主义范式研究》，博士学位论文，首都师范
　　大学，2014 年。

宋维静：《论马克思人学思想对西方人文主义的继承与超越》，硕士学
　　位论文，西北大学，2008 年。

万书辉：《本雅明：关于经验的几个问题》，《求索》2003 年第 4 期。

王宁：《略论情感的社会方式——情感社会学研究笔记》，《社会学研
　　究》2000 年第 4 期。

王鹏：《基于情感社会学视角的社会秩序与社会控制》，《天津社会科
　　学》2014 年第 2 期。

王鹏：《情感社会学的社会分层模式》，《山东社会科学》2013 年第

3 期。

王鹏、侯钧生：《情感社会学：研究的现状与趋势》，《社会》2005 年第 4 期。

文军：《论社会学理论范式的危机及其整合》，《天津社会科学》2004 年第 6 期。

文军：《论社会学研究的三大传统及其张力》，《南京社会科学》2004 年第 5 期。

文军：《论西方社会学的元理论及元理论化趋势》，《国外社会科学》2003 年第 2 期。

吴冠军：《什么是启蒙：人的权利与康德启蒙的遗产》，《开放时代》2002 年第 4 期。

吴小英：《社会学危机的涵义》，《社会学研究》1999 年第 1 期。

伍光良：《科学技术何以成为人本主义的杀手》，《科学技术与辩证法》2001 年第 6 期。

夏玉珍、徐律：《论都市意象下本雅明对现代性的辩证批判》，《理论探讨》2011 年第 6 期。

肖瑛：《回到社会的社会学》，《社会》2006 年第 5 期。

谢立中：《帕森斯"分析的实在论"反实证主义还是另类的实证主义》，《江苏社会科学》2010 年第 6 期。

谢燃岸：《青年农民工的都市体验》，硕士学位论文，南京大学，2013 年。

徐律、夏玉珍：《论现代化进程中的个体情感体验变迁——基于埃利亚斯型构视角的解读》，《学习与实践》2015 年第 11 期。

杨豹：《马克思异化劳动思想的启示》，《兰州学刊》2006 年第 5 期。

张小山：《实证主义方法略论》，《江汉论坛》1996 年第 6 期。

张学广：《科学主义、人文主义的演进与生存危机》，《社会科学》2007 年第 1 期。

赵立玮：《世纪末忧郁与美国精神气质：帕森斯与古典社会理论的现代

转变》,《社会》2015 年第 6 期。

钟谟智:《人文主义的由来及定位》,《四川外语学院学报》1999 年第
2 期。

周春生:《论文艺复兴时期的人文主义个体精神》,《学海》2008 年第
1 期。

周晓虹:《经典社会学的历史贡献与局限》,《江苏行政学院学报》2002
年第 8 期。

周晓虹:《理想类型与经典社会学的分析范式》,《江海学刊》2002 年
第 2 期。

周晓虹:《社会学理论的基本范式及整合的可能性》,《社会学研究》
2002 年第 5 期。

周怡:《社会结构:由"形构"到"解构"——结构功能主义、结构主
义和后结构主义理论之走向》,《社会学研究》2000 年第 6 期。

周永康、冯建蓉:《农民工生活困境的情感社会学分析》,《城市问题》
2011 年第 11 期。

英文文献

Agnes Heller, *Renaissance Man*, trans. Richard E. Allen, Routledge &
K. Pau, 1978.

Anderson Perry, *Considerations on Western Marxism*, London: New Left
Books, 1976.

Antonio Damasio, *Descartes' Error: Emotion, Reason and the Human Brain*,
London: Vintage, 2006.

Antonio Damasio, *Looking for Spinoza*, London: Vintage, 2004.

Antonio Damasio, *The Feeling of What Happens: Body, Emotion and the
Making of Consciousness*, London: Vintage, 2000.

Archer M. S. , *Culture and Agency: The Place of Culture in Social Theory*,

Cambridge: Cambridge University Press, 1988.

Archer Realist, *Social Theory: The Morphogenetic Approach*, Cambridge: Cambridge University Press, 1995.

Arthur Bogner, "Elias and Frankfurt School", *Theory Culture & Society*, Vol. 4, No. 2, 1987.

Atkinson, "Anthony Giddens as Adversary of Class Analysis", *Sociology*, Vol. 41, No. 3, 2007.

Averill J. R. , "An Analysis of Psycho Physiological Symbolism and its Influence Theories of Emotion", in R. Harré and W. G. Parrot, eds. *The Emotions: Social, Cultural and Biological Dimensions*, London: Sage, 1996.

Baudrillard, *America*, London: Verso, 1991.

Baudrillard Jean, *For a Critique of the Political Economy of the Sign*, Trans, by Charles Levin, St. Louis, Mo. : Telos Press, 1981.

Bauman Zygmunt, *Modernity and Ambivalence*, Cambridge, England: Polity Press, 1990.

Beck Ulrich, *Risikogesellschaft*, Frankfurt: Suhrkamp, 1986.

Beck Ulrich, *Risk Society: Towards a New Modernity*, London: Sage, 1992.

Benton, "Biology and Social Science: Why the Return of the Repressed Should Be Given a (Cautious) Welcome", *Sociology*, Vol. 25, No. 1, 1991.

Bourdieu Pierre & Loic J. D. Wacquant, *An invitation to Reflexive Sociology*, Chicago, III. The University of Chicago Press, 1992.

Brewer J. D. , "Fuller, the New Sociological Imagination", *European Journal of Social Theory*, Vol. 10, No. 1, 2007.

Brewer J. D. , "Imagining the Sociological Imagination: The Biographical Context of a Sociological Classic", *The British Journal of Sociology*, Vol. 55, No. 3, 2004.

Chris Rojek, *Decentring Leisure*, London Sage, 1995.

Chris Rojek, "Problem of Involvement and Detachment in the Writings of Norbert Elias", *The British Journal of Sociology*, Vol. 37, No. 4, 1986.

Clarke S. , *The Foundations of Structuralism: A Critique of Levi-Strauss and the Structuralist Movement*, Sussex, England: Harvester, 1981.

C. E. Trinkaus, "The Theme of Anthropology in Renaissance", In *The Renaissance: Essays inInterpretation*, By N. Rubinstain, eds. , London, 1982.

Daniel Bell, *The Cultural Contradictions of Capitalism*, New York Basic Books, 1976.

David Riesman, *The Lonely Crowd*, New Haven, CT: Yale University Press, 1961.

Delanty G. & Strydom, P. eds. , *Philosophies of Social Science: The Classical and Contemporaryreadings*, Milton Keynes, UK: Open University Press, 2003.

Denzin Norman K. , *Post Modern Social Theory*, Harvard University Press, Paper Back, 2002.

Denzin Norman K. , "The Sociological Imagination Revisted", *The Sociologicalquarterly*, Vol. 31, No. 1, 1990.

Desrosieres, *The Politics of Large Numbers: A History of Statistical Reasoning*, Cambridge, MA, 1998.

Durkheim Emile, *The Division of Labour in Society*, London: The Macmillan Press LTD, 1984.

Durkheim & Mauss, *Primitive Classification*, London: Cohen & West, 1963.

Durkheim Emile, "The Dualism of Human Nature and Its Social Condition", in Kurt H. Wolf, ed. *Essays on Sociology and Philosophy by Emile Durkheim et. Al*, Columbus, Ohio: Ohio State University Press, 1960.

Elliott A. , *Subject to Ourselves: Social Theory, Psychoanalysis and Post-modernity*, Boulder, CO: Paradigm, 2002.

Gane M. , "The New Sociological Imagination by Steve Fuller", London:
Sage, 2006, *Theory, Culture & Society*, Vol. 25, No. 2, 2008.

Gavin W. Cornel West, "The American Evasion of Philosophy: A Genealogy
of Pragmatism", University of Wisconsin Press, 1992.

Giddens A. , *Central Problems in Social Theory*, Berkeley, CA. : University
of California Press, 1979.

Giddens A. , *Modernity and Self-Identity*, Cambridge, England: Polity
Press, 1991.

Giddens A. , *New Rules of Sociological Method*, London: Hutchinson, 1976.

Giddens A. , *The Consequences of Modernity*, Cambridge, England: Polity
Press, 1990.

Giddens A. , *The Constitution of Society*, Cambridge: Polity Press, 1984.

Giddens A. , *Contemporary Critique of Historical Materialism Volume* 1, Lon-
don: Macmillan, 1981.

Goleman, *Emotional Intelligence: Why It Can Matter More Than IQ*, Lon-
don: Bloomsbury, 1996.

Gordon, Steven L. , "The Sociology of Sentiments and Emotion", in
M. Rosenberg & R. H. Turner, eds. , *Social Psychology: Sociological Per-
spectives*, New York: Basic Books, 1981.

G. Simmel, *On Individuality an a Social Forms*, University of Chicago Press,
1971.

H. Garfinkel, *Studies in Ethnomethodology*, New Jersey, Prentice
Hall, 1967.

Hochschild Arlie, "Emotion Work, Feeling Rules, and Social Structure",
American Journal of Sociology, Vol. 85, No. 3, 1975.

Hochschild A. R. , *The Managed Heart: Commercialization of Human Feel-
ing*, Berkeley, CA: University of California Press, 2003.

Holmes M. , "The Emotionalization of Reflexivity", *Sociology*, Vol. 44,

No. 1, 2010.

Iain Wilkinson, "With and Beyond Mills: Social Suffering and the Sociological Imagination", *Cultural Studies & Critical Methodologies*, Vol. 12, No. 3, 2012.

Ian Burkitt, "Dialogues with Self and Others: Communication, Miscommunication, and the Dialogical Unconscious", *Theory & Psychology*, Vol. 20, No. 3, 2010.

Ian Burkitt, "Emotional Reflexivity: Feeling, Emotion and Imagination in Reflexive Dialogues", *Sociology*, Vol. 46, No. 3, 2012.

Ian Burkitt, "Fragments of Unconscious Experience: Towards a Dialogical, Relational, and Sociological Analysis", *Theory Psychology*, Vol. 20, 2010.

Ian Burkitt, "Social Relationships and Emotions", *Sociology*, Vol. 31, No. 1, 1997.

Ian Craib, "Social Constructionism as a Social Psychosis", *Sociology*, Vol. 31, No. 1, 1997.

Ian Craib, "Some Comment on the Sociology of the Emotions", *Sociology*, Vol. 29, No. 1, 1995.

Ian Burkitt, "Beyond the 'Iron Cage': Anthony Giddens on Modernity and the Self", *History of the Human Sciences*, Vol. 5, No. 3, 1992.

Ian Burkitt, "The Shifting Concept of the Self", *History of Human Science*, Vol. 7, 1994.

Jason Hughes, "Emotional Intelligence: Elias, Foucault, and the Reflexive Emotional Self", *Foucault Studies*, Vol. 8, 2010.

Jeffrey Alexander, "Critical Reflections on Reflexive Modernization", *Theory, Culture & Society*, Vol. 13, No. 4, 1996.

J. Cullinane & M. Pye, "Winning and Losing in the Workplace—the Use of Emotions in the Varization and Alienation of Labour", paper presented to

Work Employment Societyannual Conference, University of Nottingham, 11th 13th September, Joseph Ledoux, 2001.

Kant I. , *The Moral Law*, trans. H. J. Paton, London: Hutchinson, 1948.

Kemper Theodore, "Dimensions of Microinteraction", *American Journal of Sociology*, Vol. 96, 1990.

Kemper Theodore, "Social Constructionist and Positivist Approaches to the Sociology of Emotions", *America Journal of Sociology*, Vol. 87, No. 2, 1981.

Kilminster Richard, "Structuration Theory as World-view", in: Bryant C and Jary, eds. Giddens Theory of Structuration: A Critical Appreciation, London: Routledge, 1991.

Koselleck, *Critique and Crisis: Enlightenment and the Pathogenesis of Modern Society*, Cambridge, Mass: MIT.

Lash, "Reflexive Modernization: The Aesthetic Dimension", *Theory Culture &Society*, Vol. 10, No. 1, 1993.

Lash, "Reflexivity and Its Doubles: Structure, Aesthetics, Community", in Ulrich Beck. Anthony Giddenss & Scott Lash, eds. *Reflexive Modernization: Politics, Tradition and Aesthetics in the Modern Social Order*, Cambridge. England: Polity Press, 1994.

Lefebvre Henri, *Critique of Everyday life (Volume I): Introduction*, London: Verso, 2002.

Lefebvre Henri, *Dialectical Materialism*, London: Jonathan Cape, 2009.

Lefebvre Henri, "Toward a Leftist Cultural Politics: Remarks Occasioned by the Centenary of Marx's Death", in Cary Nelson & Lawrence Grossberg, eds. *Marxism and the Interpretation of Culture*, Urbana, III : Unverisity of Illinois Press, 1998.

Levi Strauss C. , *The Elementary Structures of Kinship*, Boston: Beacon Books, 1969.

Levine D. N. , Leck R. M. , "Georg Simmel and Avant-Garde Sociology:

The Birth of Modernity, 1880 to 1920", *Contemporary Sociology*, Vol. 32, No. 2, 2003.

LeviStrauss C. , *French Sociology*, in G. Gurvitch, eds. , Twentieth Century Sociology. New York: Books For Libraries, 1946.

Lord Acton, *Lectures on Modern History*, New York: The Macmillan Company, 1906.

L. Taran Parmenides, *A Text with Translation, Commentary, and Critical Essays*, New Jersey, Princeton University Press, 1965.

Malinowski, *A Scientific Theory of Culture and Other Essays*, Chapel Hill, N. C. : University of North Carolina Press, 1960.

Mauss M. , "A Category of the Human Mind: The Notion of Person; The Notion of Self", in M. Carrithers, S. Collins & S. Lukes, eds. *The Category of the Person*, Cambridge: Cambridge University Press, 1989.

Merton R. K. , "Structural Analysis in Sociology", in P. M. Blau, eds. *Approaches to Study of Social Structure*, New York: Free Press, 1975.

Mills C. Wright, *The Sociological Imagination*, New York: Oxford University Press, 2000.

M. Norton Wise, "How Do Sums Count? On the Cultural Origins of Statistical Causality", in Kruger, Daston & Heidelberger, eds. *The Probabilistic Revolution*, Volume1: Ideas in History, Bradford Book, MIT Press, Cambridge, MA.

Mouzelis N. , *Back to Sociological Theory*, London: Macmillan, 1991.

Mouzelis N. , *Sociological Theory: What Went Wrong?*, London: Macmillan, 1995.

M. Foucault, *Discipline and Punishment: The Birth of the Prism*, Harmondsworth, Penguin, 1979.

Norbert Elias, *The Civilization Process*, Oxford: Basil Blackwell, 1994.

Norbert Elias, *The Court Society*, Oxford: Blackwell, 1983.

Norbert Elias, *What is Sociology?*, London: Hutchinson German, 1987.

Norbert Elias, "On Human Beings and Their Emotions: A Process Sociological Essay", *Theory Culture & Society*, Vol. 4, No. 2, 1987.

Norbert Elias, *What is Sociology?*, London: Hutchinson German, 1978.

Parsons Talcott, "On Building Social Systems Theory: A Personal History", *Daedalus*, Vol. 99, No. 4, 1970.

Radclifee Brown, *A Natural Science of Society*, New York: Free Press, 1948.

Radcliffe Brown, *Structure and Function in Primitive Society*, New York: Free press, 1952.

Rainer Rochlitz, *The Disenchantment of Art—The Philosophy of Walter Benjamim*, The Guilford Press, 1996.

Raymond Simons, *The American Colonies*, London, 1900.

Ridgeway, C. L., "Status in Group: The Importance of Emotion", *American Sociological Review*, Vol. 47, No. 1, 1982.

Scheff, Thomas J., "Shame and Conformity: The Deference-Emotion System", *American Sociological Review*, Vol. 53, No. 3, 1988.

ScimeccaJ. A., "Paying Homage to the Father: C. Wright Mills and Radical Sociology", *The Sociological Quarterly*, Vol. 17, No. 2, 1976.

Shott, Susan, "Emotion and Social Life: A Symbolic Interactionist Analysis", *American Journal of Sociology*, Vol. 84, No. 6, 1979.

Simon J. Williams and Gillian A. Bendelow, "Emotions and 'Sociological Imperialism': A Rejoinder to Craib", *Sociology*, Vol. 30, No. 1, 1996.

Steve Fuller, *The New Sociological Imagination*, London: Sage, 2006.

Stjepan Mestrovic, *Postemotional Society*, SAGE Publications: London Thousand Oaks New Delhi, 1997.

Stryker Sheldon, *Symbolic Interactionism: Asocial Structural Version*, Menlo Park, Ca: Benjamin Cummings, 1980.

Stryker Sheldon, "Integrating Emotion to Identity Theory", *Advances in*

Group Processes, Vol. 21, 2004.

Stryker Sheldon, "The Interplay of Affect and Identity: Exploring the Relationships of Social Structure, Social Interaction, Self, and Emotion", Paper presented at social psychology section, American Sociological Association, Chicago, 1987.

S. Toulmin J. Goodfield, *The Discovery of Time*, Chicago: The University of Chicago Press, 1982.

Thrift N., "The Arts of the Living, the Beauty of the Dead: Anxieties of Being in the Work of Anthony Giddens", *Progress in Human Geography*, Vol. 17, No. 1, 1993.

Tim Newton, "The Sociogenesis of Emotion: AHistory Sociology?", Gillian Bendelow and Simon Williams, eds. Emotion in Social Life Critical Themes and Contemporary, 1996.

Turner & Maryanski, *Functionalism. Reading*, *Mass*, Benjamin & Cummings, 1979.

Turner & Maryanski, "Is Neofunctionalism Really Functional?", *Sociological Theory*, 1988.

Tylor E. B., *Primitive Culture*, New York: Harper, 1958.

Weber, *Economy and Society* (I), Berkeley: University of California Press, 1968.

Wittgenstein, *Zettel*, Berkeley: University of California Press, 1967; Macmillan, Hanfling, Wittgenstein's Later Philosophy (Macmillan 1989) .

Wouters Cas, "Formalization and Informalization Changing Balance in Civil Process", *Theory Culture & Society*, Vol. 3, No. 2, 1986.

Wouters Cas, "The Sociology of Emotions and Flight Attendants: Hochschild's Managed Heart", *Theory Culture & Society*, Vol. 6, No. 1, 1989.

致　　谢

坦白地说，写作这本书时，并没有很大把握能否达到自己的心理预期。越到完稿时，自己的心境并没有多少如释重负，或许更多的是夹杂着惆怅失落以及很少有过的孤寂感，也可能这就是人生路途中之重要界碑所隐含的"成人"仪式与征象的重要内涵吧。不管如何，一路来战战兢兢，其中纵使有多般不满，现在总算是完成了，多少对自己的研究兴趣与热情有些交代吧。

从事理论研究最重要的当是志趣，如果没有长期阅读与思考的习惯，忍受未卜前途的焦虑与恐惧，那注定将是不可持久的。很庆幸，至少现在看来，学术激情于我一直相伴，这本书正是在激情与孤寂的正负情愫交融下写作完成。谢谢那个仍驻留于心的单纯的我，否则别说读博，怕还未开始便已结束。

回首六年前，就读社会工作专业时便对社会学产生浓厚兴趣。记得当初在浙师大学习，李伟梁、张兆曙、方劲、周绍斌等教师的专业启蒙与开路指点，让我心中的兴趣亮光得以萌发、持存，对社会学理论的兴趣正是于那时培养起来的。尤其借着西方青年反文化运动的研究兴趣，我便将社会学研究投入社会批判理论的研究中来，这更是得到我研究生的导师夏玉珍教授的鼓励与点拨。承蒙夏老师不弃，对我这样一个在专业学习上任性却又笨拙的学生，给予了尽可能的包容，并在我研究的徘徊时进行化朽般的点拨。所有这一切无不闪透着她为师30余载勤勤恳恳做人做事的态度，这让我受用不尽。如果没有她的提携点拨，我想我也不会做至此。

于他人看来，理论的学习注定是枯燥的。确实，与其他方向的同学相比，我的大部分时间是在图书馆度过的。这也如百余年前凡勃伦所言，越是人文的、古典的，越是奢侈的，心无旁骛地读着喜爱的书，深入历史，死磕抽象学理，这样的生活学习状态怕是他人艳羡不来亦难以体会的。在此，要感谢南京大学的成伯清教授，一本《西美尔》，领我入古典社会学理论学习。当初进入情感社会学的学习，更是离不开成老师的指引。仍记得他那"我不入地狱，谁入地狱"的学者格言，一直鞭策着我。同时也要感谢罗朝明博士，写作时有诸多困惑，每当求教，他总是不厌其烦地解惑，是我一路来学习的榜样。

在此，还要感谢院里诸多老师、同学，没有他们的帮扶，我也不可能顺利地写作。江立华教授、陆汉文教授、李亚雄教授、符平教授、李雪萍教授，他们从我读研以来就一直给予我无私的帮助，提供良好的科研环境与氛围。同时，也要感谢我的师弟卜清平，读研以来就是同学的王蒙、徐晓攀。

最后，我还要对我的父母说声感谢，没有你们物质、精神上的支持，我也不可能安心地写作。我想这本书是对你们的付出最好的回报了吧。

2016 年 4 月 30 日